영화에서 만난

불가능의
과학

영화에서 만난 불가능의 과학

초판 1쇄 발행 2003년 5월 22일
초판 8쇄 발행 2012년 8월 13일

지은이 이종호
펴낸이 고영은 박미숙

상무 김완중 │ 편집장 인영아
청소년팀 이준희 김현정 │ 세모길팀 박경수 김영은 홍신혜 │ 콘텐츠기획팀 이진규
어린이팀 이경화 이슬아 여은영 │ 디자인실 김세라 오경화
마케팅팀 이학수 오상욱 진영수 김은숙 │ 총무팀 김용만 고은정

펴낸곳 뜨인돌출판(주)
출판등록 1994.10.11(제313-2011-185호)
주소 121-840 서울시 마포구 서교동 396-46
홈페이지 www.ddstone.com │ 노빈손 홈페이지 www.nobinson.com
블로그 blog.naver.com/ddstone1994
대표전화 02-337-5252 팩스 02-337-5868

ISBN 978-89-86183-88-7 03400
(CIP제어번호 : CIP2012003588)

영화에서 만난
불가능의
과학

이종호 지음

뜨인돌

정말 궁금한 것을 과학이 해결해 줄 수 없다는 것을 알았다.

- 안토니 호프만 -

머리말

과학의 뿌리는 문명이 나타나기 이전까지 뻗어 있다. 인간이 단순한 도구를 사용하기 시작한 것 자체가 과학이기 때문이다. 과학의 역사적 뿌리는 두 가지의 기원을 갖고 있다.

첫째는 기술적 전통으로 과거의 경험과 솜씨가 손에서 손으로 옮겨져 시대를 거치면서 발전하는 것이고, 둘째는 정신적 전통으로 인간의 소망과 꿈이 계승되고 확대되어 가면서 새로운 기술이 개발되는 것이다.

인간이 지구상에 태어난 이래 항상 불가능이라는 영역은 존재했다. 바퀴가 발명되기 전에 뛰는 것보다 빨리 간다는 것은 불가능의 영역이었고 비행원리가 알려질 때까지 하늘을 난다는 것도 역시 불가능의 영역이었다. 그러나 진실한 의미에서 과학이 발전하게 된 것은 아이러니컬하게도 불가능하다고 생각하는, 어떤 의미에서 절대로 실현될 수 없는 꿈에 대한 집착 때문이었다.

'하늘을 날아봤으면…….'
'저기 보이는 별에 가봤으면…….'
'슈퍼맨이 되어 악당들을 마음껏 처치했으면…….'
'타임머신을 타고 클레오파트라를 만나보았으면…….'
'투명인간이 된다면…….'

이런 꿈을 꾸어보지 않은 어린아이는 거의 없을 것이다. 상상력을 한껏 자극한 이런 꿈들은 그 시절을 지나 돌이켜보면 대개 황당무계한 것으로 웃어넘기기 일쑤이다. 그러나 과학이 인간의 기본 요소로 자리를 잡기 시작한 후부터 '이룰 수 없는 꿈'을 현실화시키기 위해 진보해 왔음을 헤아린다면, 꿈은 불가능할수록 진가가 나타나는지도 모른다.

19세기 말 과학이 모든 것을 해결할 수 있다고 생각될 때에 마르슬랭 베르틀로는 자신 있게 말했다.

"과학이 있으므로 이 세계에는 이제 더 이상 수수께끼가 존재하지 않게 될 것이다."

베르틀로의 이런 자신감에 문제가 있다고 공식적으로 제기한 사람은 20세기 최고의 과학자라고 일컬어지는 아인슈타인이다. 그는 상대성이론으로 현 우주가 존재하는 한 불가능한 분야가 있음을 명확하게 제시했다. 타임머신, 초광속 여행, 공간이동 등 현대인이라면 누구나 잘 알고 있는 것이 원천적으로 불가능하다는 것이다. 불가능하다는 것은 가능성을 원천적으로 봉쇄한다는 뜻이므로 유쾌하지 못한 이야기임은 틀림없다.

그러나 이러한 불가능의 영역이 전혀 통하지 않는 분야가 있다. 바로 영화이다. 「스타워즈」에서 해리슨 포드는 우주선이 고물인데도 불구하고 초속 1.5광년의 속도를 갖고 있다고 말한다. 슈퍼맨은 우주 공간을 아무런 보호 장비 없이도 날아다니는 것은 물론 역사를 되돌리기까지 하며, 「터미네이터」에서는 금속 인간이 나와 어떤 상황에서도 재생된다. 「타임머신」에서는 주인공이 미래와 과거를 자유자재로 왔다 갔다 하며 미래가 어떤지를 친구들에게 이야기하기 위해 돌아오기도 한다. 「투명인간」에서는 남의 눈에 보이지 않는 이점을 이용해 갖가지 재미난 일을 꾸민다.

영화가 태어나고 SF라는 장르가 인간의 호기심을 자극하기 시작한 이래 영화인들의 상상력은 끝이 없었다. 우주의 끝도 간단하게 다녀올 수 있고 인간이 초소형으로 변형되어 신체 내에 들어갈 수도 있으며 양탄자를 타지 않고 하늘을 날 수도 있다. 영원히 죽지 않는 사람도 등장하고 지구를 돌릴 수 있는 슈퍼맨이 탄생하기도 한다. SF 영화에서는 과학의 가능성을 마음껏 펼치며 관객들도 특별한 거부감을 갖지 않고 고개를 끄덕인다. 오히려 불가능한 주제일수록 아, 그런 아이디어도 있구나, 하며 놀라운 상상력에 찬사까지 보낸다.

이와 같은 장면들이 현실로 나타나리라고 생각하는 과학자들은 없지만 영화감독들은 자신의 상상력을 키우는 데 주저하지 않는다. 그럼에도 불구하고 그들은 궁극적으로 과학이 아무리 발달해도 무엇이 불가능한가에 가장 관심을 기울인다. 과학적으로 불가능하다는 것을 안다면 그것을 역으로 이용하여 가장 재미있고 호기심을 끌 수 있는 소재를 준비할 수 있기 때문이다.

이 책은 영화에서 보여주는 각 장면 장면을 하나하나 지적하여 문제점을 제기하지 않는다. 영화의 내용이 진부하다거나 엉터리라고 평하는 것도 아니다. 이 책에서 얘기하고자 하는 것은 두 가지이다.

첫째는 영화의 소재로 사용된 큰 틀을 논하되 궁극적으로 과학이 해결할 수 없는 불가능한 분야를 정확히 집어내는 것이다. 이 책을 읽은 후 영화를 다시 본다면 새로운 재미를 찾을 수 있을 것이다.

둘째는 불가능한 분야를 근거로 하여 앞으로 실현될 수 있는 무한한 가능성을 검토하는 것이다. 불가능의 영역을 정확히 알면 아직도 실현되지 않은 가능성들을 실현시키는 데 도움을 줄 수 있기 때문이다.

이 책의 몇몇 장에서 아인슈타인을 비롯한 많은 과학자들이 중요한 이론을 제공했다. 아인슈타인의 상대성이론을 운운한다고 해서 너무 어려운 책이 아닐까 미리 겁을 먹을 필요는 없다. 부득이한 경우를 제외하고는 가능한 한 고도의 수학이나 물리학에 대한 사전 지식은 필요하지 않도록 풀어서 서술했다.

이 책을 통해 무한한 가능성을 갖고 있는 불가능의 영역을 모든 분들이 쉽게 이해하기를 바란다. 폴 데이비스의 말을 인용한다.

"과학적 질문은 미지의 세계로의 여행이다. 각 단계의 진전은 전혀 예측하지 못한 새로운 발전을 이루었고 비일상적이며 때로는 전혀 다른 개념으로 우리의 정신에 도전해 왔다."

이종호

차 례

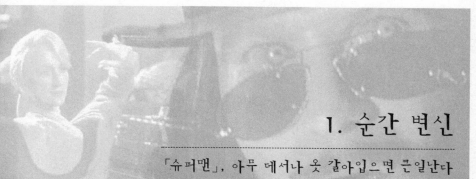

1. 순간 변신

「슈퍼맨」, 아무 데서나 옷 갈아입으면 큰일난다

　영화 「슈퍼맨Superman」에서 슈퍼맨(크리스토퍼 리브)은 평소에는 다소 멍청한 기자이다가 긴급한 상황이 벌어지면 인적 드문 곳에서 슈퍼맨의 트레이드마크인 붉은 망토를 걸치고 나타나 위기에 처한 사람들을 구해준다. 그런데 상황이 워낙 다급하여 인적 드문 곳으로 가기가 여의치 않게 되면 한 건물의 출입구인 회전문을 통해 외부로 나가면서 슈퍼맨으로 변신한다. 그가 망토 등 변신에 필요한 옷을 평소에 지니고 다니지 않는 것을 볼 때, 슈퍼맨은 회전문 안에서 옷을 순식간에 만들어 입는다고 볼 수 있다.

　영화 「해리포터와 마법사의 돌Harry Potter and the Sorcerer's Stone」에서 해리포터가 주문을 외우며 지시봉을 휘두르면 금세 근사한 식탁이 차려진다. 해리포터는 마법사이며 슈퍼맨은 이름처럼 그야말로 슈퍼맨이므로 당연한 일이라고 생각할 수 있겠지만 조금이라도 과학 상식이 있는 사람이라면 고개를 갸우뚱거릴 것이다. 에너지보존의 법칙이나 질량보존의 법칙에 의하면 그러한 것은 불가능하기 때문이다.

공전의 출판 기록을 세운 도리야마 아키라 원작의 만화영화 「드래곤볼」은 중국의 고전인 『서유기』가 원전으로 일곱 개의 드래곤볼을 모으면 어떤 소원도 들어준다는 전설이 토대가 되었다. 우주에서 가장 매력 있는 행성이 지구임을 알게 된 우주인들이 지구인을 몰살시키려고 덤벼들고, 악당 '부우'는 지구에 살고 있는 모든 인간들을 단숨에 전멸시킬 정도의 초강력 파워를 갖고 있다. 물론 손오공과 손오반을 비롯한 주인공들이 이들을 물리쳐 지구를 지키지만.

「드래곤볼」에서 가장 흥미 있는 캐릭터는 오룡이다. 오룡은 자신이 원하는 모습으로 순식간에 변할 수 있는 능력을 가진 변신요괴로 마음만 먹으면 황소·돼지·박쥐와 같은 동물로 변하는 것은 물론, '철인28호'와 같은 거대한 로봇으로도 순식간에 변신한다. 그러나 놀랍게도 오룡이 변형된 괴물들은 힘이 전혀 없다.

사람들은 주인공이나 괴수들의 변신에 매력을 느낀다. 야나기타 리카오 원작의 만화영화 「울트라세븐」의 주인공 모로보시 단은 키가 1.7m인데 위급한 상황이 되면 신장 40m, 체중 3만 5,000t이나 되는 '울트라세븐'으로 변신하여 악당들을 쳐부순다. 만화 『공상과학대전』에서는 모로보시 단과 같은 역할의 주인공 히카가쿠가 등장하는데 그 역시 똑같은 신장과 체중을 가진 '우타맨'으로 변신한다. 울트라세븐이나 우타맨이 동일한 능력을 갖고 있는 것은 두 작품의 원작자가 같기 때문이다.

그렇다면 한번 변신한 후 어떻게 되느냐? 물론 특정한 시간이 지나면 본 모습으로 되돌아온다.

오룡이 변신할 수 있는 시간은 5분(변신 횟수는 무한정)으로 다시 변신하기까지는 1분간의 여유가 있어야 한다. 히카가쿠나 모로보시 단이 변신하는 시간은 단 3분이다. 「드래곤볼」에서 손오공이나 손오반이 초(超)사이언으로 변신할 수 있는 시간도 제한을 받는데(30분에서 1시간 정도) 오룡보다 변신하는 시간이 긴 것은 이들이 지구와 우주를 구하는 임무를 부여받은 주인공이기 때문이다.

감독들의 놀라운 아이디어는 여기에서 끝나지 않는다. 주인공이나 조연급만 변신하는 것이 아니라 영화에 나오는 소도구들까지 원래의 형태에서 다른 형태로 변환된다. 만화영화 「머털도사」에서 머털도사는 머리카락을 뽑아서 불기만 하면 원하는 것을 이것저것 만들어내고, 해리포터도 소도구를 자주 변화시킨다. 히카가쿠도 캡슐을 던져 2만t이나 되는 피클스를 만든다. 그들은 이름만 다른 똑같은 괴수이다.

「드래곤볼」의 주인공들도 유사한 물건을 갖고 있다. 「드래곤볼」에서 호이포이 캡슐의 위력은 정말로 대단하다. 말괄량이 부르마는 천재 과학자인 아버지가 만들어준 조그마한 호이포이 캡슐 세트를 갖고 다니다가 필요할 때마다 캡슐을 던지는데 던지기만 하면 자동차(약 1.5t), 주택(약 20t), 비행기(약 50t) 등이 순식간에 어마어마하게 큰 크기로 확대되어 나타난다. 여기에서 톤 수는 필자가 대략으로 설정한 숫자에 지나지 않는다.

호이포이 캡슐이 개발된다면

SF 영화에서 자주 선보이는 변신 또는 변환 방법은 다양하지만 대체로 다음 두 가지 유형으로 분류할 수 있다.

첫째는 지상에 있는 어떤 형태의 물건들이 순식간에 다른 형태로 변하는 것이다. 『신데렐라』처럼 호박이 마차로 변하기도 하고, 「터미네이터2The Terminator2」처럼 액체금속이 금속인간으로 변형된 후 자신의 의지대로 필요한 모습으로 변형된다. 남자가 여자의 모습으로 변하기도 하며 팔이 칼로 변형되기도 한다. 대부분 변신의 주인공들은 악당이지만 정의의 주인공에 의해 변하는 경우도 적지 않다.

둘째는 인간이나 동물들 자체가 변형되는 것이다. 주인공의 몸이 커지기도, 작아지기도 하며 인간이 동물로 변하고 동물이 다른 동물로 변형되기도 한다. 동물이 인간으로 변하기도 하는데 놀라운 것은 인간으로 변한 동물이 사람처럼 말을 하는 것이다.

『호두깎이 인형』에서는 인형이 사람으로 변하기도 하는데 무기질에서 유기질로 변환한다는 아이디어는 작가가 아니면 상상할 수 없는 독특한 권한이라고 볼 수밖에 없다. 아직까지 생명체를 인공적으로 만드는데 성공한 과학자는 없기 때문이다.

이 장에서는 주로 첫째의 변환 방법만 설명하며 다음 장에서는 설명의 각도를 달리하여 생물체가 초대형이나 초소형으로 변환되는 것을 중점적으로 설명한다.

제일 먼저 「드래곤볼」에 나오는 호이포이 캡슐과 같은 것이 개발된다면 얼마나 편리할까? 서울에서 부산으로 출장 갈 경우 군이 자동차를 직접 몰고 갈 필요가 없다. 버스나 기차를 타고 부산에 내려 자동차 캡슐을 던진 후 자동차가 나오면 직접 몰고 다니기만 하면 된다.

기름값이 안 드니 경제적인 것은 물론, 사고 걱정도 없다. 교통위반으로 딱지를 끊지 않아도 되며 몰래카메라에 찍히지도 않을 것이다.

호이포이 캡슐 같은 것만 있으면 환상적인 여행을 할 수 있다. 해외 여행시 필요한 주택이나 자동차를 캡슐로 휴대한 후 외국에 도착, 마음에 드는 곳에서 자신이 묵을 만한 주택을 던지기만 하면 된다. 호텔 산업이 파산한다고 아우성하겠지만 공터를 임대하여 수입을 얻을 수 있으므로 그다지 비관적이라고만은 볼 수 없다.

그러나 이렇게 편리한 캡슐이 아직까지 우리 주위에서 보이지 않는 이유는 간단하다. 캡슐을 발명하기 위해선 해결해야 할 몇 가지 문제가 있는데 불행하게도 그 문제가 '불가능의 과학' 영역에 속해 있기 때문이다.

가장 먼저 떠오르는 골치아픈 법칙이 '질량보존의 법칙'이다. 질량보존의 법칙에 의하면 물질은 어떤 변화가 일어나 그 모양이나 부피가 변하더라도 질량은 변화하지 않는다.

부르마의 캡슐이 자동차, 주택, 비행기를 아주 작게 만들어 설령 부피는 줄어들었다고 해도 이들이 원래 갖고 있던 질량 71.5t이 감소되는 것은 아니다. 폐차장에서 자동차를 커다란 해머로 찌그러뜨린 후 조그맣게 압착시켜 커다란 전자석으로 옮기는 장면이 영화에 자주 나오는데 이것은 자동차의 크기가 작아졌다고 해서 무게가 줄어드는 것이 아니라는 것을 간접적으로 보여주는 것이다.

부르마의 몸무게를 추정하면 40~45kg 정도로 볼 수 있는데 그녀의 주머니 속으로 수십 톤이나 되는 호이포이 캡슐 세트가 들어간다는 것은 넌센스라고 볼 수 있다. 그래도 이 정도는 약과이다. 『공상과학대전』의 주인공 히카가쿠의 능력은 더욱 놀랍다. 그가 갖고 있는 캡슐은 던지기만 하면 곧바로 2만이나 되는 괴수 피클스로 자라는데 그렇다면 조그마한 캡슐의 무게가 무려 2만t이나 된다는 것이다. 캡슐을 길이 5cm, 반지름 1cm라고 가정한다면 15.7cm³의 부피에 무려 2만t이 된다. 밀도가 1,274,000,000g/cm³라는 이야기다.

지구상에 존재하는 금속의 밀도를 보면 철의 밀도 7.86g/cm³, 은의 밀도 10.49g/cm³, 금의 밀도 19.3g/cm³, 백금의 경우 21.4g/cm³이며, 지구상에서 밀도가 가장 큰 금속인 이리듐과 오스뮴일지라도 22.5g/cm³에 불과하다. 그런데 부르마가 갖고 있는 비행기 캡슐(히카가쿠가 갖고 있는 캡슐과 크기가 같다고 추정)은 이리듐보다 318,500배의 밀도를 갖고 있고 히카가쿠는 이리듐보다 56,622,000배나 큰 밀도의 피클스를 캡슐로 갖고 다닌다. 놀라지 않는 사람이 오히려 이상할 지경이다.

올림픽의 투포환 던지기 세계 챔피언이라 할지라도 그 자신이 400kg 정도의 황소를 가볍게 던질 수 있다고 믿는 사람은 없는데 말이다(세계에서 가장 힘센 사람을 선정하는 '세계 힘센 사람 경연대회'에서는 120kg의 공을 두 손으로 들고 달리는 게임이 있는데 모두들 끙끙거리며 걷는다).

간단한 질량보존의 법칙을 적용하더라도 물질의 변환이 현실적으로 불가능하다는 것을 이해했겠지만 그래도 감독들이 신중하게 내놓은 아이디어이므로 이와 같이 순간적으로 변형이 가능한 방법이 없는지 찾아보면 어떨까.

「드래곤볼」에서 변신 오롱이 솜방망이인 이유

「울트라 세븐」은 「울트라맨」의 후속편으로 주인공들은 'M78' 행성에서 온 외계인들로 볼 수 있는데 가족이 점점 늘어 20명이 넘는다 (그들이 살고 있는 행성의 총인구가 무려 180억 명이므로 울트라맨을 지구로 수출하지 않으면 문제가 생겼을 것이다). 우타맨으로 변형되는 히카가쿠도 외계인이 틀림없는데 놀랍게도 동물체임에도 불구하고 태양에너지를 흡수하여 활동을 한다.

순식간에 3만 5,000t의 거인인 우타맨이 되는 데 태양에너지를 이용한다면 적어도 에너지 공급에 대한 문제점은 없다. 태양은 앞으로도 몇십억 년 동안은 에너지를 토해낼 것이기 때문이다.

아인슈타인의 이론에 의하면 질량과 에너지는 본질적으로 같으므로 우라늄 1g이 모두 변하면 820억J(주울, Joule)의 에너지를 방출한다. 이 양은 석유 9드럼, 석탄 3t이 타는 에너지와 같다. 그러나 질량으로 거뜬히 에너지를 만드는 것은 원자폭탄이나 수소폭탄을 생각하면 다소 쉬운 일이지만, 에너지로부터 질량을 만들어내는 것은 단순한 일이 아니다. 1g의 우라늄235로 820억J을 낼 수 있다는 것은 820억J의 에너지가 있더라도 고작 우라늄235를 1g밖에 만들 수 없다는 뜻이니 말이다.

히카가쿠나 모로보시 단의 몸무게를 70kg으로 볼 때 3만 5,000t이 되려면 349만 9,930kg의 물질이 공급되어야 하는데 이때 필요한 에너지를 우라늄235(계산을 간단하게 하기 위해 우라늄235로 인간이 만들어졌다고 가정했음)로 계산하면 2,870,000,000,000,000,000,000J (287 뒤에 붙은 0자를 끝까지 세어 본 독자에게 경의를 표한다)이 된다. 이 정도의 에너지를 만들어내기 위해서는 한국에 있는 모든 발전소를 수억 년 동안 가동시켜야 한다. 하지만 히카가쿠는 태양에너지로 충당을 하니 그럼 태양에너지는 어떨까? 태양으로부터 지표에 쏟아지는 빛의 에너지는 1m²당 1초간에 고작 1,050J에 불과하다. 히카가쿠가 태양에너지를 모두 받는다고 가정하여 획득한 에너지를 물질로 바꾼다면 1초간에 증가하는 체중은 0.0000000000088g이다. 이 정도로 물질 증가를 한다면 히카가쿠가 3만 5,000t으로 변신하기 위해서는 866억 년이 필요하다. 우주의 나이를 120~150억 년으로 추정하는데, 866억 년 동안 태양에너지를 받으면서 거인으로 변신한다는 것은 불가능하다는 사실을 알 수 있다.

결론. 물질 그 자체가 순식간에 증가하는 변환은 불가능하다. 그렇다면 다른 방법을 찾아야 한다. 가령 40m의 거인이 아니라 보통 크기의 주인공에게 특수한 능력을 주어 악당과 대적하게 만드는 것이 더 합리적이다.

체중 70kg을 그대로 간직하면서 체구가 커지는 방법은 『아라비안 나이트』 혹은 만화영화로 만들어진 「알라딘」에 나오는 거인과 같이 만들면 가능하다. 알리바바가 호리병을 열었더니 기체가 빠져 나오면서 거인으로 변한다. 영화의 소재에 따라 호리병에서 나온 거인이 인간의 모습에서 괴물의 형태로 변신하기도 하는데 이들이 호리병 안으로 빨려들어가는 것을 보면 기체 상태를 유지하고 있는 것이 틀림없다.

이런 변형이 가능할까? 'O, X 문제.

대부분 X를 선택하겠지만 놀랍게도 정답은 O이다. 원칙적으로 이와 같은 상황을 만드는 것이 불가능하지 않기 때문이다.

인체의 65% 정도가 물인데 히카가쿠의 몸을 구성하는 물질 모두가 물이라고 가정하자. 70kg의 물이 수증기가 되어 3만 5,000t이 되는 우타맨의 몸 체적으로 펼쳐진다고 생각하면 꼭 억지라고만 볼 수는 없다.

문제는 수증기로 뻥튀김할 경우 그 공간의 기압은 주위의 약 10분의 1이 되므로 변신하는 순간 우타맨의 몸이 거의 진공 상태가 된다는 점이다. 그러므로 수증기로 원하는 사람의 형태를 만든 후 곧바로 수증기가 사라지는 것을 막기 위해 온도를 2,000℃ 정도로 고정시켜야 한다. 놀랍게도 이때 소요되는 에너지는 고작 2억J, 휘발유를 6l만 태우면 된다.

그러나 여기에도 문제는 있다. 우선 우타맨의 거대한 몸은 수증기로 되어 있기 때문에 우타맨의 펀치는 솜방망이에 지나지 않는다. 더구나 그가 상대할 악당과 부딪힐 경우 그대로 몸을 통과해 버릴 것이다. 또한 높은 온도로 체형을 고정시켜야 하는데 주인공이 악당을 쳐부수기 위해 공격하는 순간 에너지를 소비해야 하므로 에너지가 소비된 만큼 체형이 축소된다. 솜방망이 주먹을 몇 번 휘두르고 몸이 축소된다면(우아한 모습이 되지 않을 것이라는 것은 장담할 수 있다), 결국 거인으로의 변형엔 전혀 이점이 없다는 뜻이 된다.

더불어 순식간에 사람의 몸을 수증기로 만들거나 재빨리 원형으로 되돌릴 수 있는 기계가 있어야 한다. 조그마한 호리병 속에 그런 기계가 들어 있다고 생각하는 사람이 얼마나 될지 궁금하다.

「드래곤볼」에서 오룡이 거대한 로봇으로 순식간에 변신할 수는 있

▶「드래곤볼」
오룡이 태양에너지를 이용해 거인이 되려면 866억 년이 걸리고, 몸을 수증기로 뻥튀기하여 거인이 될 경우엔 펀치가 솜방망이에 지나지 않을 것이다.

지만 힘은 없다고 실토하는 것도 이런 이유로 생각된다. 결국 오룡은 거대한 체구로 폼은 잡지만 무공을 쌓은 손오공에게 여지없이 비밀이 탄로나 꼼짝 못하고 잡히고 만다. 작가들의 아이디어가 마냥 비과학적이 아니라는 것을 여실히 증명한다.

🎞 변신의 천재들

어떤 형태의 물건이 순식간에 다른 형태의 물건으로 변신하는 것은 SF 영화에서 자주 사용되는 아이디어이다.

판터지가 결합된 황당무계한 SF 영화 「스폰Spawn」. 주인공인 스폰은 그야말로 변신의 천재이다. 말레불자라는 악마가 제시하는 악마군을 지휘하지 않겠다고 고집을 부려 여러 가지 불이익을 당하지만 꿋꿋하게 자신의 소신을 지킨다.

정의의 편에 서서 고독하게 세상을 지키려는 정의의 사자에게는 항상 이에 걸맞은 무기가 제공되는데 놀라운 것은 그의 변신 능력이다. 특수갑옷을 입으면 그가 생각하는 대로 각종 무기가 몸에서 만들어져 나온다. 입에서 칼이 나오는 것은 물론, 팔에서 철퇴나 쇠사슬이 마음먹은 대로 변형되어 나온다.

스폰의 몸속에 애초부터 그런 무기들이 들어 있다고 생각하는 사람도 있겠지만 천만의 말씀이다. 영화 「형사 가제트Inspector Gadget」의 경우 모든 기자재(헬리콥터용 프로펠러 등을 포함)를 옷 속에 감추고 있어 필요할 때마다 꺼내서 사용한다. 그러나 스폰의 경우 오토바이를 타고 가다가 오토바이가 순식간에 장갑차로 바뀌면서 악당과 싸운다. 가제트처럼 옷 속에 모든 물건들을 갖고 다닌다는 것은 그런대로 이해할 수 있다지만 옷 속에 장갑차를 갖고 있다고 생각하긴 아무래도 힘들다. 악마 말레불자의 지시를 받는 '윈'은 도마뱀 형태의 괴물과 유사한데 그는 스폰보다 더 자유자재로 몸을 바꿀 수 있는 재주를 갖고 있다. 갖가지 형태의 사람으로 변하거나 괴물로 변형되는 것은 약과. 심지어는 거대한 로봇으로 변형되기도 하는데 오룡과는 달리 파워도 보통이 아니다.

「천방지축 모험왕」도 만화영화답게 화려한 변신 장면이 잦다. 마계의 강자 인드라 신(神)은 전투에서 불리해지자 거대한 금속 로봇으로 변신한다. 변신 방법은 놀라지 마시라, 머리로 집중하기만 하면 된다.

엄밀한 의미에서 인드라는 신이므로 전지전능한 능력을 갖고 있다고 인정하므로 상술할 필요가 없을 테고 '스폰'과 '윈'도 원래 생물체가 아니라 인조인간이라면 그래도 설명할 수 있는 조그마한 틈새가 생긴다. 인조인간은 인간과 같은 유기질로 되어 있다고 볼 수 없으므로 순간적으로 한 형태에서 다른 형태로 변형되는 방법만 따진다면 생물체의 변신보다 비교적 간단하다.

우선 『공상과학대전』의 저자 야나기타가 제시한 방법이 있다. 야나기타는 인조인간의 표면을 일체형으로 성형하지 않고 모자이크와 같이 다수의 작은 조각으로 나누면 얼마든지 가능하다고 제시했다. 하나하나의 조각을 겉은 사람의 외형, 안은 변형될 물체의 형태로 만들어 순간적으로 회전시킨다. 모든 조각을 앞면으로 향하게 하면 A 모습이 되고, 모든 조각을 뒷면으로 향하게 하면 B 모습이 되는 것이다. 이런 변환은 카드섹션의 효과와 같다고 볼 수 있는데 몸속에 변환에 필요한 여러 종류의 카드 시스템이 있는 것이다.

다소 무리한 방법이지만 원리는 간단하므로 호기심이 동할 만하다. 그러나 실무적인 문제로 들어가면 골치아픈 문제가 한두 가지가 아니다.

우선 앞뒤를 회전시킬 때 필요한 에너지를 어떻게 공급하느냐이다. 하나하나의 조각에 모터를 붙이면 간단할 것 같지만 중량이 무거워지는데다가 수많은 배선이 필요하며 변환될 가짓수가 많아지면 내부가 너무 복잡해진다. 더구나 한번 고장이 나면 수리를 하기 위해 수많은 공정을 거쳐야 하는데 배보다 배꼽이 더 클 수도 있다.

조각마다 모터를 부착하지 않고 전자석을 이용하는 방법도 있다. 조각을 평면자석으로 만들어 표면의 바로 안쪽에 작은 전자석을 깔아두면 스위치를 켜거나 끄는 방법만으로도 겉과 안을 순간적으로 바꿀 수 있다. 하지만 이것도 문제점은 많다. 자력이 강하면 로봇을 조종하는 컨트롤 장치가 말을 듣지 않을 확률이 높으므로 고정하는 힘을 약하게 하지 않으면 안 된다. 작동 자체가 불가능하게 된다는 뜻이다.

🎞 슈퍼맨은 옷을 어떻게 만들까

영화에서는 간단하지만 만능 로봇이 태어나 자유자재로 변신하면서 악당을 쳐부순다는 생각은 애초부터 포기하는 것이 현명한 일이다. 그러나 이러한 제한 때문에 참신한 아이디어를 살리지 못하면 영화의 소재가 진부해진다.

눈을 딱 감고 이러한 제한조건들이 모두 충족되었다고 생각하자. 로봇이 순간적으로 다른 형태로 변형되며 「터미네이터 2」의 금속인간이 자유자재로 다른 형태로 변형될 수 있다고 가정하자. 형태가 달라진다면 재료도 달라져야 한다. 그렇다면 어떠한 방법으로 필요한 재료를 순식간에 공급할 수 있을까? 부르마가 호이포이 캡슐을 던져

▶「터미네이터」
터미네이터가 변신하는 데 필요한
재료들은 놀랍게도 공기를 이용해
만들 수 있다.

오토바이나 비행기, 주택을 만들거나 「스폰」에서 주인공이 필요한 물
건을 만들려면 재료부터 확보해야 하는데…….

그런데 이런 류의 영화를 보면 아무리 눈을 씻고 봐도 주인공들이
변형에 필요한 원자재를 지니고 다니지는 않는다. 주변에 재료를 공
급할 수 있는 시설도 보이지 않는다. 그렇다면 주변에 존재하지 않는
물질들을 어떻게 조달하는가? O, X 문제.

이번에도 X를 선택한 사람은 틀렸다. 놀랍게도 학자들은 그 방법
론을 간단하게 제시한다. 필요한 재료들은 공기를 이용해 만들 수 있
다는 것이다. 원리적으로 핵융합에 의해 질소와 산소로부터 금속을
만들 수 있다. 거대한 별의 중심에서는 이러한 일이 실제로 일어나고
있다.

원리는 제시되었으므로 만들기만 하면 된다. 천재과학자 아인슈타
인을 모셔온다. 그런데 아인슈타인이 곧바로 계산을 하더니 고개를
절래절래 흔든다. 그의 노트에는 이런저런 공식들이 빽빽하게 적혀
있다. 공기로부터 필요한 재료를 얻는 것 자체는 불가능하지 않지만

변형에 필요한 엄청난 온도와 압력을 현실적으로 감당할 수 없다고 아인슈타인은 설명한다.

간단하게 말하여 부르마가 비행기나 오토바이 캡슐을 던져 순식간에 필요한 재료를 공기로부터 만들려면 적어도 수소폭탄 몇십 개를 폭발시키면서 원소를 먼저 만들어야 한다는 것이다.

실제 상황. 부르마가 캡슐을 던진 후 벌어지는 장면은 그야말로 엉망진창일 수밖에 없다.

원자폭탄과 수소폭탄을 터뜨린 후 우선 살아야 하므로 재빠르게 현장을 피해야 한다. 100m를 10초 이내(세계신기록은 2002년 9월 16일 몽고메리가 세운 9초78)에 달린다고 해도 1분에 고작 600m밖에 달릴 수 없으므로 폭발 반경을 벗어나는 데는 어림없다. 오토바이로도 어림없어서 주인공 부르마는 즉사했을 것이 틀림없다. 그러므로 캡슐을 던지려면 적어도 비행기 정도는 타야 하는데 그렇다면 오토바이를 만들기 위해 캡슐은 무엇하러 들고 다니는가?

감독들이야 물론 변명할 답변이 준비되어 있다. 부르마가 요술쟁이나 초인이라고 간주해 준다면 재빨리 피했다가 다시 올 수 있다는 것이다. 그러나 여하튼 영화 장면만 보면 부르마는 요술쟁이가 아니며 캡슐을 던진 후 우아하게 서 있다.

SF 장면을 꼼꼼히 뜯어보면 영화에서 다반사로 나오는 장면들이 정말로 썰렁한 아이디어로 되어 있다는 것을 이제 이해했을 것이다. 그래도 SF 영화는 계속 나온다. 감독들의 기개에 찬탄을 보낸다.

더구나 많은 SF 작품의 경우 일반인들이 가장 의아하게 생각하는 것은 주인공들이 모두 주민등록증도 발급되지 않는 미성년자라는 점이다. 주인공들 거의 모두 초등학교나 간신히 중·고등학교를 다닐 나이이다. 이들이 악당들을 퇴치하며 지구를 구하고 심지어는 우주를 구한다.

많은 작품들이 주요 목표로 삼고 있는 관객의 주 연령층이 주인공과 같은 초·중·고등학생이라고는 하지만 아직 운전면허증도 발급받지 않은 상태에서 마징가제트나 태권V를 조종하는 것은 물론 대형 오토바이, F1 경기자동차도 거뜬하게 몰고 나타난다. 소형자동차를 몰기 위해서 1, 2종 운전면허증(한국의 경우)이 있어야 하며 이보다 큰 차량을 운전하려면 대형운전면허증이 필요하다.

작가나 감독들에게 이런 한심한 질문을 하면 물론 피식 웃을 것이다. 우선 작가나 감독들이 이들의 나이에 따른 현실적인 법규에는 신경을 쓰지 않을 만한 충분한 이유를 갖고 있다. 말하자면 주인공들은 '시간이 없다' 는 것이다. 주인공들이 일일이 각국의 법규에 따라 자격증을 따야 한다면(초등학생에게 운전면허증을 발급해주는 나라는 없겠지만) 언제 악당들을 쳐부수고 지구를 구할 수 있단 말인가?

운전면허증 정도는 눈감아 줄 수 있다지만 조금 더 세밀하게 보면 이들이 인간에게 주는 피해는 상상을 초월한다. 애니메이션에 나오는 괴물들이나 로봇들의 몸무게는 대부분 몇만 톤(심지어는 10만t도 넘음)이 되는데 이들은 총알처럼 날아와(빛의 속도로 날아오는 경우도 다반사) 지표면을 약간 울리면서 사뿐히 착지한다.

어떤 물체가 공기를 통과하면서 날아갈 때 몸체는 공기와 부딪혀 파동을 일으킨다. 공기의 파동은 물체가 정지해 있을 때 동심원을 이루며 퍼져 나가는데 이때 물체(음원〔音源〕)가 이동하면 음파의 중심이 앞으로 이동하면서 이미 발생한 음파가 단시간에 겹치는 형태가 되며 그 에너지는 소리가 되어 주변으로 전달된다.

우타맨(울트라맨)이나 슈퍼맨이 하늘을 날 때도 이런 현상은 어김없이 일어나야 하므로 슈퍼맨이 두 손을 앞으로 뻗으면서 날 때에도 손끝 부분에서 음파가 겹쳐지게 되며 이때 공기의 벽이 발생한다. 간단하게 말하여 공기라는 매체에 머리를 들이밀고 달리면 속도가 빠를수록 머리에 강한 바람을 받는다는 뜻이다. 슈퍼맨의 경우 공기의 벽은 슈퍼맨의 손끝 부분에서 생기지만 계속해서 달리면 공기의 진동에너지가 좁은 곳에서 무수히 겹쳐지므로 충격파가 생긴다.

우타맨이나 슈퍼맨은 외계인이므로 자신이 날 때 생기는 충격파를 견딜 수 있다고 가정해도 되겠지만 문제는 지상에서의 피해이다. 3만 5,000t의 우타맨이 최첨단 고속전투기와 비슷한 마하 5의 속도로 난다고 하면(정의의 사자인데 이 정도 속도는 되어야 하지 않겠는가) 이때 나오는 에너지는 6,700억J. 우타맨이 도시 위를 날아다닐 때 1,700t의 폭탄이 융단폭격하는 것과 같은 피해가 발생한다.

공항 근처에서 비행기들이 이·착륙할 때의 충격파로 인해 유리창이 깨지는 정도는 문제가 아니다. 지구를 구하려고 우타맨이나 슈퍼맨이 출동할 때마다 도시가 초토화된다니…….

우타맨의 체중이 무려 3만 5,000t이나 되는 것도 문제이다. 충격파에 의한 피해를 감안하여 음속 이하로 속도를 줄여 착지한다고 하더라도 그가 사뿐하게 대지에 내려앉는다는 것은 불가능한 일이다. 3만 5,000t의 우타맨이 하늘에서 온갖 폼을 잡으며 1km 상공에서 내려올 경우, 착지시에 대지가 받는 에너지는 3,000억J. 폭탄 86t이 일제히 폭발한 효과를 내어 깊이 35m, 직경 350m의 크레이터가 생긴다.

만화영화에서는 우타맨보다는 주로 울트라맨이 등장하는데 울트라맨은 8km 상공에서 내려온다(야나기타는 점프력을 8km로 가정했는데 이는 자기 키의 200배 높이 뛴다는 뜻이다). 높이뛰기 천재인 벼룩은 일반적으로 자기 키의 50배 정도를 뛸 수 있는데 울트라맨의 능력이 벼룩보다 못하다는 것은 참을 수 없다고 작가가 생각했는지도 모르겠다.

여하튼 울트라맨이 지면과 충돌했을 때의 에너지는 공기저항으로 40%가 날아가더라도 1조 6,200억J이 된다. 이 진동으로 일어나는 지진의 규모는 지진진도 4.9로 웬만한 건물은 파괴되고 이때의 진동으로 착지 지점부터 반경 50km 이내에 있는 사람들은 모두 기절한다.

그 정도는 그래도 봐줄 만하다. 더욱 놀라운 것은 10만t도 넘는 악당들은 울트라맨처럼 감속하여 지표면에 착지하는 것이 아니라 온갖 폼을 재면서 지구에 떨어지는데 이때 지표면에 충돌할 때 나오는 에너지는 직경 200m의 소행성이 떨어질 때보다도 크다(폴란드 천문학자 안가돔스키의 계산에 의하면 직경 130m의 소행성이 떨어진다면 반경 20km² 지역은 초토화되고 직경 260m의 소혹성이 떨어지면 160km² 안의 지역은 초토화됨). 울트라맨이 서울이 아닌 도쿄에서 싸우길래 망정이지 그들이 행동반경을 서울로 넓힌다면 괴수 몇 마리를 처치하는 대가로 서울은 완전히 쑥대밭이 될 것이다.

이때의 충격으로 날아오른 토사와 건물의 잔해에서 나오는 먼지가 하늘을 뒤덮어 태양의 모습을 가려버리는 것도 심각한 문제를 야기한다(2001년 9월 11일 뉴욕에서 일어난 무역센터의 붕괴장면을 연상해 보라). 대형 로봇이 좌충우돌할 때마다 지표에서 수많은 먼지가 일어나면 며칠 혹은 몇 달 동안 햇빛을 볼 수 없고 결국 태양을 받지 못한 식물은 모두 고사하게 된다.

칼 세이건 박사는 1만 메가톤 이상의 핵폭탄이 지구에서 폭발할 때 핵겨울이 올 수 있다고 전망했는데(일본 히로시마에 떨어진 원자폭탄은 12.5~15kt으로 추정함) 지구를 구하려고 출동한 정의의 로봇과 악당 로봇이 싸우는 것만으로도 핵겨울이 올지 모른다니 로봇을 만든 과학자들에게 어떤 제재가 가해질지 궁금하다. 사표로 끝난다면 약과이고 일부 선진국가에서는 과학자 모두 체포되어 재판을 받을 것이 틀림없다.

로봇끼리의 전투로 인한 지구상의 재앙이 핵폭탄이 터졌을 때 초래되는 핵겨울보다 나은 점 한 가지. 적어도 방사능은 없다는 점이다.

로봇이 착지할 때만 이러한 피해가 생기는 것은 아니다. 우타맨이 몇만 톤이나 나가는 우주 악당이나 괴수를 필살기로 엎어치기를 하거나 던지기도 하는데 이때도 핵겨울과 같은 피해가 생긴다. 과학자들이 지구를 지키기 위해 몇만 톤이나 되는 거대한 로봇을 등장시키거나 외계에서 우타맨이 지원하러 오는 것이 반드시 바람직한 것만은 아닌 것 같다.

보다 현실적인 문제점을 거론하자면 정의의 사자들에 의해 파괴된 도시에 대한 피해보상은 누가 해주는지 궁금하다. 마징가제트와 태권V(이들의 체중은 몇십 톤에 지나지 않지만)가 출동한 후 그 지역이 재해지역으로 선포되었다는 기사는 보지 못했고 소송이 걸렸다는 소식도 없다.

▶「로보트 태권 V」
로보트 태권 V가 몇만 톤이나 되는 거대한 로봇을 엎어치기할 경우, 지진은 물론이고 핵겨울까지 초래할 수 있다.

영화 속에서 자주 나오는 변환의 경우 대형 로봇이나 괴물들은 사실 거대한 몸으로 인해 거동조차 불가능하므로 이런 소재를 다룬 영화는 '비현실적'이라는 것을 이해했을 것이다. '호이포이 캡슐'도 불가능하며 '스폰'과 같이 자유자재로 변신하는 것도 불가능하다.

그런데 딱 한 가지, 어느 상황도 가능하게 만들 수 있는 주인공이 있으니 바로 슈퍼맨이다. SF 영화에 초능력을 갖고 있는 주인공들은 수없이 많이 등장하지만 슈퍼맨과 같은 능력을 갖고 있는 주인공은 없다.

'배트맨'은 보통 인간이지만 과학적인 장비를 사용하기 때문에 다른 사람들을 제압할 수 있으며, '6백만 불의 사나이'나 '제이미 소머즈'는 신체의 일부분을 교환하여 초능력을 발휘할 수 있다. '스파이더맨'은 방사능을 띤 거미에 물려 거미의 능력을 지니게 되었으며, '헐크'는 감마선을 심하게 쬐는 바람에 화가 나면 괴물로 변형되어 초능력을 발휘한다. 하지만 그들의 능력은 인간의 한계를 웃도는 정도이다.

일본 만화계에서 로봇의 아버지로 일컬어지는 데즈카 오사무가 창조한 만화 『철완 아톰』의 주인공 아톰은 발바닥에서 불을 뿜으며 날아다니고 배꼽의 뚜껑을 열어 가정집의 콘센트에 플러그를 연결해서 에너지를 공급받는다. 그러나 엉덩이에서 쌍기관총이 나와 총알을 날릴 정도로 괴력을 갖고 있는 아톰이라지만 고작 어린아이 정도의 키(135cm)에 지나지 않는다.

반면에 슈퍼맨은 지구보다 정신적·육체적 능력이 뛰어난 행성 크립톤에서 태어난 외계인이기 때문에 초능력을 발휘할 수 있다. 그의 능력이 얼마나 대단한지 지구를 돌아 과거로 돌아가서 애인을 구할 수도 있으며 보호복을 입지 않고 우주를 활보할 수도 있다. 반사능력

▶「철완 아톰」
거동이 불편한 대형 로봇들과는 달리 아톰은 어린아이 키 정도의 작은 몸집으로 가정집의 콘센트를 통해 에너지 공급을 받으며 지구를 지킨다. 얼마나 경제적인가.

도 빨라 몇 미터 앞에서 권총을 쏘았는데 총알을 잡기도 한다.

놀라운 것은 그가 석탄을 한 움큼 손에 쥐고 꽉 짜면서 눈에서 나오는 광선으로 태우자 잠시 후 호두만한 크기의 다이아몬드가 영롱한 빛을 발하는 것이다. 이것은 다이아몬드의 특성은 물론 그것이 어떻게 만들어지는지 잘 보여주는 실례이다. 석탄과 다이아몬드 모두 탄소로 만들어져 있고 단지 탄소원자의 배열에 따라 다이아몬드와 석탄으로 나눠지는데, 열과 압력을 주면 탄소가 다이아몬드로 변하는 것이다. 물론 다이아몬드가 빛을 발하려면 잘 연마해야 하겠지만 슈퍼맨이 그런 능력을 갖고 있다고 설정해도 무리는 아니라고 생각한다. 슈퍼맨은 이름 그대로 슈퍼맨이기 때문이다.

그러나 「슈퍼맨」에서의 압권은 아무래도 무에서 유를 창조할 수 있는 능력이다. 슈퍼맨은 자신이 필요하다고 생각할 때 몇 번 몸을 돌리기만 하면 순식간에 슈퍼맨의 마크가 찍힌 옷을 입는다.

슈퍼맨은 옷을 어떻게 만들까?

원리적으로 슈퍼맨이 옷을 만들 수 있는 '원소이용장치'를 갖고 있다면 불가능한 일은 아니다. 영화에서는 그런 기자재가 보이지 않지만 슈퍼맨이 몸 어디엔가에 갖고 있다고 생각하거나 그런 능력을 보유하고 있다고 하면 실제 만드는 것은 그리 어려운 일이 아니다. 슈퍼맨이 20세기 최대의 발명품이라 불리는 플라스틱류의 폴리에스터라는 화학섬유로 옷을 만들었다면 '질량보존의 법칙', '에너지보존 법칙'에도 저촉되지 않는다. 폴리에스터라는 화학섬유는 탄소, 산소, 수소만을 원료로 해서 만들어지는데 이 원소들은 공기 중에서 얼마든지 뽑아 쓸 수 있기 때문이다. 그러므로 슈퍼맨이 회전하면서 옷을 만들려면 이들 원소를 공급할 공기의 양이 충분하기만 하면 된다.

슈퍼맨이 입는 망토를 비롯한 최첨단 옷이 1kg 정도의 무게를 갖고 있다고 생각하자. 산소와 수소는 공기 중에 무한대로 있으므로 간단하게 해결할 수 있다. 문제는 탄소이다. 1kg의 옷을 만들려면 탄소가 700g 정도 필요한데 탄소를 포함한 이산화탄소는 공기 중에 0.03%밖에 들어 있지 않다. 그러므로 슈퍼맨이 순식간에 자신이 입는 옷을 만들려면 4,400m³의 공기를 확보해야 한다. 이 양은 길이 50m, 폭 25m의 국제경기 수영장의 규모에다 3.5m 높이의 체적에 꽉 찬 양이다. 슈퍼맨이 0.5m³도 되지 않는 회전문 안에서 이 정도 양의 공기를 1초 안에 확보하여 자신이 입을 옷으로 만들려면 1초에 무려 8,800m³의 공기를 빨아들여야 한다.

2000년 8월 31일 태풍 '프라피룬'이 흑산도를 지났을 때 최대 풍속이 초속 58.3m였고, 2002년 8월 31일 태풍 '루사'가 제주 고산지역을 통과할 때 풍속이 초속 56.7m였다(태풍에게 8월 31일은 힘을 쓰기에 가장 좋은 날인 모양이다).

기상청에 의하면 초속 17~20m의 바람에 작은 나뭇가지가 꺾이고 초속 21~24m면 굴뚝이 넘어지고 기와가 벗겨지며, 그 속도가 초속 25~28m에 이르면 나무가 뿌리째 뽑힐 수 있다고 한다. 초속 60m도 채 안 되는 태풍에 의해 건물은 물론 나무, 전신주 등이 초토화되는 것을 감안하면 이보다 약 147배 정도 빠른 슈퍼맨이 옷을 만들어 입으면 그때마다 회전문과 건물이 왕창 파괴되는 것은 물론, 주위에 있던 사람들도 모두 사망했을 것으로 보인다.

정의의 사자인 슈퍼맨이 옷을 만들어 입는 것 때문에 사람들이 사망하거나 건물이 파괴된다면 말이 안 된다. 결국 슈퍼맨에게 미국 대통령(영화를 보면 슈퍼맨은 미국 국적이다)은 간곡하게 요청했을 것이다. 옷을 입으려면 사람들에게 피해가 가지 않는 남극이나 북극 또는 사막에서 옷을 입으라고……. 슈퍼맨이 나는 속도가 광속보다 빠르다고 볼 수 있으므로(과거로 거슬러 올라가는 것을 감안한다면) 직경 1만 2,700km 정도인 지구 안에서라면 옷을 갈아입고 1초도 안 되어 목적지에 도착할 수 있다.

사실 슈퍼맨은 위험에 처한 사람을 구하고 악인을 무찌르는 것이 목적인데 인간을 위한다는 명목으로 인간에게 피해를 준다면 존재의 의미가 없다. 이 점을 슈퍼맨이 잘 알기 때문에 황당무계한 변신 등 골머리 아픈 작업은 하지 않고(옷 만드는 것은 제외) 지구인을 위해 일하는 모양이다. 여하튼 슈퍼맨이 있기 때문에 지구는 안전하며 계속 지구인들의 머리 속에 남아 있다. 물론 원작 만화에서 슈퍼맨은 사망했지만 말이다.

사족 한마디. 슈퍼맨이 악당을 쳐부술 때마다 관객들은 신이 나서 박수를 치지만 모든 면에서 슈퍼 능력을 갖고 있는 주인공의 등장은

▶「슈퍼맨」
슈퍼맨이 옷을 입을 때마다
회전문과 건물이 모조리 파
괴되는 것은 물론, 주위에 있
던 사람들도 모두 사망했을
것이다.

그야말로 불공평하다고 볼 수 있다. 그러므로 감독은 모든 분야에서
슈퍼맨이 뛰어나게 하지는 않았다. 「슈퍼맨 2」에서 동료 기자인 루이
스 레인과 결혼하자 슈퍼맨은 보통 인간으로 돌아가고 그의 능력은
사라진다. 사랑이 슈퍼맨의 모든 능력을 빼앗아간다니 얼마나 놀라운
설정인가! 물론 지구의 위기를 구하기 위해 슈퍼맨은 어렵사리 얻은
사랑을 포기하고 다시 슈퍼맨으로 돌아가지만, 보통 인간으로 사는
슈퍼맨의 모습은 정말 신선했다.

2. 생명체의 거대화

「고질라」의 사망 원인은 호흡장애

  조나단 스위프트(1667~1745)의 『걸리버 여행기』는 아직도 즐겨 읽히고 있는데 상반되는 두 독자층에서 인기를 끌고 있는 것으로도 유명하다. 어린아이들은 모험담 그 자체를 즐기고, 어른들은 인간본성이나 현대문명에 대한 날카로운 비판과 풍자정신을 즐기는 것이다.

  『걸리버 여행기』에서 가장 잘 알려진 이야기는 키 15cm 정도의 초미니 인종이 사는 릴리퍼트와, 키가 20m나 되는 거인족의 나라 브롭딩나그 항해기이다.

  외과의사인 걸리버가 항해를 하다가 난파를 당해 두 기묘한 나라에 도착해 겪은 이야기는 시기, 질투, 악습, 배신, 배은망덕, 권력욕, 증오 등 인간의 도덕적·정신적 왜소함에 대한 가혹한 비판으로 읽힌다. 그리고 독자들로 하여금 이 세상 어디엔가 진짜 그런 사람들이 모여 살고 있는 것이 아닐까 하는 즐거운 상상을 하게 하는 것이다.

랜달 클레이저 감독의 「아이가 커졌어요Honey, I Blew Up The Kids」라는 영화를 보자. 물체확대기 개발에 여념없는 아빠, 과학자 웨인(릭 모라니스)의 연구소에 따라간 두 살배기 아담은 실수로 아버지의 개발품인 레이저 총에 맞아 전선줄 곁을 지날 때마다 에너지를 받으면 무려 30m나 되는 거인이 된다. 그러나 몸은 크지만 지적 수준은 두 살 갓난아기인지라 아담이 겁에 질려 걸을 때마다 라스베이거스의 네온사인을 파괴하는 등 온 도시를 공포로 몰아넣는다. 영화는 결국 아담의 엄마를 거인으로 만들어 아이를 잠재운 후 다시 정상으로 돌아가게 만든다.

1998년 최악의 영화로 치열한 경쟁을 벌였던 것은 「아마겟돈 Armageddon」과 「고질라Godzilla」이다. 「고질라」는 일본 영화 「고지라Gojira」가 원작으로 「고지라」에서는 핵실험의 부작용으로 태어난 거대한 고지라(일본어로 고래를 뜻하는 '구지라' 와 '고릴라' 의 합성어)가 일본을 강타한다는 내용이다. 반면에 「고질라」는 핵실험의 여파로 돌연변이가 된 거대한 도마뱀으로서 길이가 무려 40배나 커져 121m나 된다. 섰을 때의 키는 55m(고질라의 키와 길이가 다르다는 것을 곧바로 파악한 독자는 그야말로 천재임에 틀림없다. 힌트 : 도마뱀은 꼬리가 있음)이며 몸무게는 6만t에 이르는데 이 거대한 도마뱀이 뉴욕 시내를 쑥대밭으로 만든다는 내용이다.

조 존스톤 감독의 「애들이 줄었어요Honey, I Shrunk The Kids」라는 영화는 「아이가 커졌어요」보다 먼저 만들어진 작품이다. 웨인 박사(릭 모라니스)의 발명품 물체축소기에 의해 아이들이 작은 개미 정도로 작아지자 이들을 찾으려고 벌이는 소동극이다. 콩알 크기로 작아진 아이들이 사람들의 발에 밟히지 않도록 요리조리 빠져나가는 장면이 재미있게 그려진다.

이보다 더욱 극적인 내용을 주제로 한 영화가 공전의 히트를 기록한 「마이크로 결사대Fantastic Voyage」이다. 정상적인 수술로는 치료할 수 없는 뇌장애환자를 위해 실험용 잠수함과 선원 그리고 의료팀을 미생물 크기로 축소시켜 환자의 혈관에 주입한 후 대동맥을 타고 뇌의 상처 부분까지 항해, 레이저 광선을 통해 환자를 치료하고 눈물을 통해 극적으로 탈출한다는 내용이다.

소설가나 감독의 고유권한인 상상력을 두고 왈가왈부할 수는 없는 일이지만, 영화 속 같은 일이 실제로 일어나기 위해서는 '불가능의 영역'을 모두 극복하지 않으면 안 된다.

감독은 마법사

어린아이를 거인으로 만들거나 거대한 괴수를 탄생시키는 영화감독의 능력은 세계적인 과학자에 비견될 정도이다.

우선 아담이나 고질라가 생물체라는 것을 감안하여 순간적으로 중량을 늘릴 수 있는 방법을 생각해 보자.

생물체가 재빠르게 거대화될 수 있는 첫 번째 방법은 이미 만들어져 있는 생체물질을 소화·흡수하는 것이다. 이른바 인간을 비롯한 동물들의 증식 방법이다. 그런데 생명체의 경우 자신이 섭취한 음식 100%가 생장에 충당되는 것은 아니다. 열역학법칙에 의하면 투입된 에너지는 기관을 움직이는 데 필요한 동력을 제공해야 하므로 100% 원하는 일에 투입될 수 없다.

그럼에도 불구하고 증식 효율을 30%(전기를 만들 때 투입되는 총

에너지와의 비율)로 가정한다면 고질라가 체중을 6만t으로 늘리기 위해서는 무려 20만t의 식량을 섭취하지 않으면 안 된다(고질라는 먹는 대로 체중이 커진다고 가정함). 제아무리 수학을 싫어하는 사람이라도 20만t이라면 400kg짜리 황소 50만 마리, 5t짜리 코끼리는 4만 마리를 먹어야 한다는 것을 알면 기가 질리지 않을 수 없을 것이다.

영화에서 핵 관련 돌연변이를 연구하는 박사 닉은 고질라를 유인하기 위해 길거리에 생선을 쏟아놓는 것이 최선이라고 말하며 지하에 숨어 있는 고질라가 생선 냄새를 맡도록 하수통로를 열게 한다. 영화 장면만 놓고 볼 때 새끼를 밴 고질라를 유혹하기 위해 제공된 생선은 덤프트럭 열두 대 분량에 지나지 않는다. 덤프트럭 열두 대에 담긴 생선이라면 아무리 많아도 20~30t 정도에 불과하다. 고질라가 6만t이라면 제공되는 생선은 몸무게의 1/2,000에 지나지 않는데 이는 60kg의 체중인 성인 남자에게는 콩사탕 하나밖에 되지 않는 꼴이다.

그래도 고질라는 그 콩사탕 하나 분량의 생선 때문에 모습을 드러낸다. 결국 고질라는 후각이 워낙 발달한데다가 먹는 대로 커지지 않았기 때문에 주인공들의 손에 죽임을 당하는 것이다. 고질라가 먹는 대로 커졌다면 6만t은커녕 600만t으로 되었을지도 모른다. 600만t의 고질라가 나타났다면 영화처럼 브룩클린 다리에서 고질라를 죽일 수 있을지 의문이다. 감독이 600만t의 고질라를 만들지 않았다는 것은 역설적으로 흡수한 생체에너지만큼 몸이 커지지 않는다는 것을 간접적으로 보여준다고 볼 수 있다.

두 번째 방법은 생물의 몸을 구성하는 원소만 제공하면 조그마한 생명체가 급속하게 성장한다고 가정하는 것이다. 다행하게도 생물의 몸을 구성하는 원소 중 탄소·수소·질소·산소는 공기 중에 얼마든지 있다. 인·유황·나트륨·칼슘·철·요오드 등은 토양에 가득하

▶ 「고질라」
고질라는 겨우 콩사탕 하나 분량의 생선을 먹으려다가 목숨을 잃고 만 것이다.

다. 이들을 순간적으로 흡수하여 생체물질을 거대화한다면 논리적으로 크게 이상할 것은 없다.

생체물질로 변환하는 데 필요한 재료가 변신 장소에 모두 있다고 가정할 경우 재료 문제는 일단 해결된다. 그러나 이러한 방법도 반드시 식물 생장방식을 채택하지 않으면 안 된다는 데 문제점이 있다. 히카가쿠처럼 외계인이라면 인간이 상상할 수 없는 과학적 지식과 기술을 갖고 있다고 생각할 수 있지만 지구의 생명체인 경우 제약조건이 많다. 우선 식물은 태양빛을 에너지원으로 하여 화학반응을 일으켜 이산화탄소와 물에서 포도당을 만든다. 그 후 토양에서 흡수한 원소를 조합하여 단백질과 그밖의 생체물질을 차례로 합성한다.

히카가쿠가 캡슐을 던져 2만t의 피클스를 만드는 데 걸리는 시간은 단 3초. 이 동안에 15.7cm³의 부피가 무려 2만t이 된다. 히카가쿠가 갖고 있던 캡슐을 던져 캡슐이 열리는 순간 주위에 있는 원료로 2만t의 괴물을 만들기 위해서 빨아들여야 하는 공기는 2억m³. 1km 사방에 높이 200m까지 진공이 되어야 한다. 여기에다 토사도 빨아들여야 하는데 이 양도 7,000m³, 100m 사방이 지하 70cm까지 파인다. 히카가쿠가 캡슐을 도시 안에서 던졌다가는 사방 1km 안에 있는 건물이나 자동차는 물론 사람들이 모두 즉사한다. 결국 히카가쿠는 도시 파괴자에다 살인자라는 오명을 쓰고 구속되었을 것이 틀림없다.

보다 합리적인 것은 변환에 필요한 에너지를 광합성으로 해결하는 것이지만 이번에도 만만치 않은 문제점이 도사리고 있다. 광합성에 의해 100g의 포도당을 만들어낼 때 약 160만J이라는 에너지를 흡수한다. 히카가쿠가 거대화될 때 필요한 증가 체중 349만 9,930kg의 생체물질을 만들기 위해서는 320조J이 필요하다. 이 정도의 에너지를 공급하려면 우리나라 발전소 전부가 몇 시간 동안 풀가동해야 한다. 히카가쿠가 변신하는 순간 우리나라는 암흑의 세계로 들어가는 것은 물론 순간적으로 변신해야 하므로 주변은 절대온도(-273℃)에 가까운 얼음지옥으로 변한다. 우타맨이 한국을 구하는 것이 아니라 일본을 구하기 위해 출동한다는 것을 우리들은 고마워해야 할 것이다.

다행히도 히카가쿠는 태양빛을 이용하여 거대화될 수 있다. 히카가쿠가 태양에너지를 받아 70kg에서 3만 5,000t으로 성장하는데 태양에너지만 받으면 세포분열이 되는 특수한 체질이라고 설정하자(지구에서의 생물번식을 감안하면 30분에서 한 시간에 세포수가 두 배로 늘어난다).

우타맨의 세포도 30분 만에 배로 증가한다면 세 시간 후에 신장은 4.6m, 체중 4.48t이 된다. 단 3시간 만에 코끼리 덩치가 된 후 6시간 후에는 신장 12.6m, 체중 268.72t이 되며 드디어 9시간 28분 후에는 신장 40m, 체중 3만 5,000t의 거한이 된다.

앞장과 비교하여 시간이 왜 그렇게 적게 걸리냐고 생각하겠지만 앞에서는 에너지 공급적인 차원에서 히카가쿠가 커지는 시간을 계산했고, 여기에서는 에너지는 어떤 방법으로든 충분히 공급된다는 가정하에 히카가쿠의 세포가 기하급수적으로 성장한다고 보았기 때문이다.

9시간 28분이 걸려 우타맨이 되더라도 문제는 간단하지 않다. 우타맨이 등장할 때까지 괴수가 기다린다고 생각하면 오산. 실제 상황이라면 우타맨이 등장하기 전에 도쿄는 이미 괴수에 의해 완전히 파괴되었을 것이다.

그러므로 영화에서는 우타맨이 고속으로 증가하는 데 걸리는 시간은 단 3초. 이 속도는 세포가 기하급수적으로 성장한다고 생각할 경우에 비해 무려 1만 1,560배나 빠르다.

결론. 결국 두 가지 방법 모두 실현성이 없다는 뜻이다. 그러나 관객들에게 새로운 비전과 아이디어를 보여주고 싶어 안달하는 감독들이 이 정도에서 좌절할 리 없다. 랜달 클레이저 감독은 「아이가 커졌어요」에서 사람들이 감히 상상할 수 없는 아이디어로 현실적인 문제를 간단하게 해결했다.

영화에서 아담은 전기를 먹기만 하면 커져 무려 30m의 거인이 된다. 생체에너지를 얻는 데 전기를 쏘이기만 하면 된다니 얼마나 참신한 아이디어인가! 아담의 원래 키를 60cm라고 생각하면 50배가 커진 것이다.

문제는 아담이 인간, 즉 생물체이므로 전기로 성장할 수는 없다는 것이다. 그러므로 아담이 커지기 위해서는 전기를 먹되 무언가 변환장치가 있어야 한다. 전기에너지를 생체에너지로 변환시켜야 하기 때문이다. 전기를 먹기만 하면 몸이 커지는 장치가 영화에서는 보이지 않지만 그런 장치를 개발하게 된다면 그 사람은 분명히 노벨상을 받고도 남았을 것이다.

노벨 물리학상, 화학상, 생리 · 의학상 중에서 어느 분야로 받았을까? 이 질문의 정답을 두고 골치아파할 필요는 없다.

필자는 노벨상 위원회에서 아담이 30m로 커졌고 걸음을 걸을 수 있다는 것을 확인하는 순간 그 해에 수여되는 노벨상의 세 가지 과학 부분 모두를 수여할 것이라고 장담한다.

거인의 질식사

고질라든 아담이든 현실적으로 생명체가 급속도로 커질 수 없는 보다 근원적인 문제점이 있다.

모든 생물체는 외부에서 들어온 에너지들을 소화 등의 분해과정을 통해 획득한 후 일련의 화학반응을 일으켜 그들 몸의 각 부분에 공급한다. 만약에 화학반응 중 손상되었거나 노후되어 제 기능을 못하는 부분이 생기면 분해해 버리고 새 것으로 대체한다.

그러나 이러한 복합작용을 착오 없이 수행하는 생물체의 기본구조는 놀랍게도 미세한 규모의 세포인 것이다. 모든 생물체는 한 개 또는 다수의 세포들로 구성되어 있다. 이 속에서 수천 가지의 화학적 반응이 일어나면서 생명을 유지한다. 세포는 대체로 공 또는 타원 모양으로 생겼으며 1에서 100마이크로미터(1mm의 1/1,000)의 크기이다. 모든 세포들은 세포막을 가지고 있어 세포의 본체인 세포질을 둘러싸고 있다. 세포의 중심부에는 세포 크기의 수분의 1 정도밖에 되지 않는 진한 덩어리가 있고 이것을 세포핵이라고 한다.

인체의 세포들은 너무너무 작아서 현미경의 도움 없이는 볼 수 없다. 물론 달걀이나 개구리알들은 커다란 세포의 한 예이지만 아주 특별한 경우이다.

세포들이 그들 내부에서 일어나는 모든 작용을 위해 영양분을 섭취하고 또한 찌꺼기를 배출하는 과정은 세포 부피를 둘러싸고 있는 표면적에 의해 가능하다. 그러므로 영양분의 섭취와 노폐물의 배출에 요구되는 충분한 표면적을 갖지 못한 세포는 살아남을 수 없다. 또한 외부의 자극에 대한 세포의 반응 시간은 세포가 신호를 내부로 전달하여 적절한 반응을 시작하는 능력에 의해 결정된다. 만일 세포의 크기가 너무 커져 신호가 이동해야 할 거리가 너무 길어지면 세포는 외부의 자극에 대해 아주 느린 반응을 보인다. 그렇게 되면 세포는 심한 손상을 입고 죽게 된다.

사람은 허파와 혈액순환계를 이용하여 공기를 몸 전체로 강력히 순환시킨다. 이 작용을 위해 인간은 통상적인 호흡뿐만 아니라 피부호흡도 하는데, 만약 거인이 피부호흡을 제외하고 단순하게 호흡만 통해 공기를 공급한다고 가정하자.

아담의 몸속으로 공급되어야 할 공기의 공급속도는 거리의 제곱에 비례하여 줄어들게 되므로 성장된 50배의 제곱인 1/2,500로 줄어들게 된다. 그러나 거인과 일반 사람의 각 세포에서 요구되는 산소의 양은 비슷할 것이므로 2,500배에 달하는 산소공급의 속도 차이를 어떻게 해서든지 상쇄할 수 있어야 한다.

슈퍼맨이 옷 한 번 만들 때마다 빨아들이는 공기로 주위를 초토화시킨다면, 아담의 경우는 한 번 숨쉴 때마다 태풍이 불고 주변 사람들을 즉사시킨다.

결국 몸이 커진 아담은 주변 상황을 고려하여 조심스럽게 숨을 쉬어야 한다. 그리고 몸이 50배로 커졌으니만큼 산소 부족으로 질식사할 가능성이 높다.

실제로 거대증 현상을 보이는 거인들에게는 호흡계통에 문제가 많은 걸로 알려져 있는데 그래봤자 그들의 키는 고작 2m 정도밖에 되지 않는다.

⊙⊙ 헐크의 팬티의 비밀

거대한 괴물이나 거인이 존재하려면 골치아픈 생체조직의 역학적 문제도 말끔하게 해결해야 한다. 물리적으로 생물체의 크기를 마음대로 증가시킬 수 있다 하더라도 그 몸을 지탱할 수 있을 만큼 역학적으로 안정된 구조를 가져야 한다.

「그들Them」이라는 영화를 보면 원자폭탄 방사능이 사막의 개미에게 돌연변이를 일으켜 거대한 개미를 만든다. 엘로리 엘카엠 감독의 「프릭스Eight Legged Freaks」에서는 산업폐기물에 의해 강이 오염된 후 강가에 서식하는 귀뚜라미를 먹은 거미들이 대형 독거미로 자라나는데 인간보다 훨씬 크다.

일반 개미를 1cm로 가정하고 방사능에 의해 커진 거대한 개미의 크기를 인간보다 약간 큰 2m라고 하자. 근육과 뼈의 세기는 단면적에 비례하므로 그 세기는 생물체 길이의 제곱에 비례한다. 그러나 생물체의 무게는 길이의 세제곱에 비례한다.

그러므로 갑자기 커진 개미는 원래의 개미에 비해 더 굵은 다리를 가져야 한다. 자신의 몸무게를 지탱하기 위해 비정상적으로 보이는 굵은 다리가 필요한 코끼리의 경우와 마찬가지이다. 개미의 세기가 뼈를 가진 일반 동물과 같은 비율로 증가한다고 가정하면 개미의 세기는 원래보다 4만 배에 이른다. 그러나 거대한 개미의 무게는 원래 1cm 길이의 개미보다 800만 배 더 무겁다(200^3).

갑자기 커진 개미나 바퀴벌레, 거미(거미가 인간들에게 가장 유익한

▶「프릭스」
프릭스의 거미는 800만 배나 무거워진 몸을 지탱하기 위해 더 굵은 다리를 가져야 한다. 코끼리처럼 말이다.

곤충이라는 것을 알면 거미가 영화감독에게 얼마나 모욕을 당하고 있다는 것을 알지 모르지만) 등 곤충들에 의해 인간들이 재난을 당하는 SF 영화들이 많은데 실제로 작은 개미나 거미가 인간보다 더 크게 대형화될 때의 문제점을 아담의 예로 살펴보자.

조 존스톤 감독은 아담을 브롭딩나그족보다 4배나 더 크게 만들었는데 문제는 아담의 키가 원래보다 무려 50배로 커졌을 때 체중은 50배가 아니라 50×50×50배, 즉 12만 5,000배가 된다는 사실이다. 어린 아담의 최초 무게를 20kg이라고 보면 아담의 적정 체중은 2,500t이다. 아담의 몸을 지탱하기 위해 다리나 몸통의 단면적은 12만 5,000배, 직경은 그 제곱근인 353배가 되지 않으면 안 된다는 뜻이다. 신장은 50배로 늘어났지만 몸의 폭은 두께만 353배. 영화에서는 아담의 몸이 배율에 맞추어 커졌지만 그의 몸무게는 황소에 비해 무려 6,250배나 되며 5t 코끼리에 비해도 500배이다. 이쯤되면 영화에서 보는 것처럼 어마어마하게 커진 개미, 거미, 바퀴벌레 등이 실제로는 불가능하다는 것을 이해했을 것이다.

감독들이 꼭 거인만 선호하는 것은 아니다. 영화 「두 얼굴의 사나이「The Incredible Hulk」에서 과학자인 브루스 베너 박사는 감마 방사선의 영향으로 참을 수 없는 심한 모욕이나 스트레스를 받으면 215cm의 괴력을 가진 초록색 인간 헐크로 변신한다. 헐크는 주체하지 못하는 분노의 폭발로 극단적인 파괴행동을 일삼으며 악당들을 통쾌하게 쳐부순다.

베너 박사가 헐크로 변할 때는 보통 사람에서 체격이 우람한 보디빌더 수준으로 변하는 것이다. 당연히 헐크로 변할 때는 입고 있는 옷이 찢어진다. 그런데 신기하게도 하체의 팬티는 찢어지는 법이 없다.

비결은 2002년 한국·일본에서 동시에 열린 월드컵 때 이탈리아 선수들이 입은 것처럼 신축성이 뛰어난 팬티를 입었기 때문인지 모른다. 2002년 6월 18일 한국과 이탈리아의 8강전 경기 때 한국 문전 앞에서 이탈리아의 비에리 선수가 헤딩슛을 위해 솟구쳐 오르자 한국의 최진철 선수가 필사적으로 비에리의 유니폼을 붙잡았다. 그러나 비에리의 유니폼만 고무줄처럼 늘어났고 결국 그의 헤딩으로 한 골 먹고 말았다.

이탈리아 축구팀이 입은 유니폼은 신축성이 강한 재질인데 무려 일곱 배나 늘어난다는 것이다. 엄밀한 의미에서 헐크의 팬티는 불가능한 영역이 아니며 헐크 역시 세계 육체미대회에서 두 번 우승한 루 페리노라는 실제의 인물이다. 보통사람이 운동을 열심히 하면 헐크와 같은 몸을 만들 수도 있다고 하니 독자들도 한번 도전해 보시기 바란다.

초소형 인간으로의 변환 또한 불가능하다. 그것은 거인의 반대로 생각해 보면 된다. 「애들이 줄었어요」의 경우 어린아이들의 몸은 줄어들었지만 형체는 사람과 똑같다. 일반적으로 인간은 약 60조의 세포를 갖고 있는데 그것들도 모두 비례하여 줄어들었다는 뜻이다. 그

▶「애들이 줄었어요」 150cm의 어린아이가 6mm로 줄어들었다면 체중은 1,562만 5,000분의 1로 줄어들고, 뇌도 비례해서 줄어들어 작아지기 전의 기억은 모두 잊어버릴 것이다.

런데 세포의 절대적인 크기는 대체로 1에서 100마이크로미터이다. 이보다 작을 경우 세포로서의 역할을 하지 못한다.

인간이 다른 동물에 비해 잘난척할 수 있는 것은 두뇌가 있기 때문이다. 인간의 뇌에서 사고나 기억을 관장하는 부분은 140억 개의 세포로 이루어져 있는데 이들 세포는 서로 긴밀하게 연관되어 있다. 150cm의 어린아이가 6mm로 줄어들었다면 체중은 1,562만 5,000분의 1로 줄어들고 뇌도 이에 비례해 줄어들어야 한다. 눈 딱 감고 뇌세포의 숫자를 체중이 줄어드는 비율대로 줄이면 9,000개가 된다. 이래서는 기억이 존재할 수 있을지 의아하다. 설사 9,000개의 세포가 모두 기억물질로 되어 있다고 하더라도 말이다. 자신이 작아지기 전의 기억 대부분을 잊어버리고 사고력도 없어진다. 영화 속 어린아이들은 작아지는 순간 자신이 누구인지 알 수 없게 되어 미아로서 일생을 마쳐야 한다.

「마이크로 결사대」의 초소형 인간도 몸속으로 들어가면 기억이 전혀 없는 세포에 지나지 않는다. 그들에게 레이저 포를 주어 환자를 수술하게 했다면 환자는 즉사했을 것이 틀림없다.

「마이크로 결사대」의 초소형 인간이 태어날 수 없다는 것은 에너지보존법칙에 위배된다는 것으로도 증명할 수 있다. 70kg 정도의 사람이 갑자기 1g도 못 되게 축소된다면 원래 그가 갖고 있던 질량은 모두 어디로 갈까? 이 말은 사람의 몸을 구성하는 모든 원자들이나 원자의 구성물인 양성자·중성자·전자, 그리고 다른 소립자들이 어디론가 사라져야 한다는 뜻이다. 더구나 영화처럼 변형된 사람이 본래의 몸으로 돌아오기 위해 사라진 소립자들을 환자의 몸속에서 다시 조합하여 정상질량으로 되돌아오게 만들어야 한다. 문제가 한두 가지가 아닌 것이다.

데이브가 돼지가 되었어요

영화에서 재미있는 소재 중의 하나는 인간이 돼지나 쥐, 소나 말 등 다른 동물로 변하는 것이다. 「불멸의 전사」 시리즈의 '최후의 불사신'에서처럼 멧돼지가 사람으로 변하며 말까지 할 수 있다가 다시 멧돼지로 변하는 작품도 있다. 마술사들이나 감독들은 자신의 마음, 즉 변덕에 따라 주인공들을 돼지나 고양이, 쥐와 같은 동물로 변신하게 만들지만 이 역시 만만한 일이 아니다.

「데이브는 외출중」은 장난꾸러기 데이브가 아이스크림을 먹다가 새끼돼지로 변하면서 겪는 애환을 재미있게 그렸다. 「드래곤볼」에서 악명 높은 토기단 두목이 자신과 접촉하는 사람은 모두 홍당무로 변하게 한 후 씹어 먹는다. 사람이 즉사하므로 공포의 대상이 됨은 물론이다. 이런 영화의 결론은 대부분 우여곡절을 겪은 후 다시 인간으로 돌아간다는 것이지만 인간을 동물로 만드는 아이디어가 그리 쉬운 일은 아니다.

척 러셀 감독의 영화 「마스크」의 주인공 입스키는 그야말로 변신의 천재로 그려진다. 그는 우연히 4세기에 만들어진 마스크를 손에 넣는데 마스크를 쓰는 순간 180도 다른 성격으로 변신하면서 자유자재로 온몸이 변한다. 영화는 마스크를 이용하려는 갱들 사이에서 스토리가 범벅이 되면서 자신이 짝사랑했던 클럽의 여가수 티나와 사랑을 이루게 되는데 그는 과연 어떻게 자유자재로 변신할 수 있었을까?

디즈니 영화사를 박차고 나온 제작자 카젠버그의 야심작 「슈렉 Shrek」은 할리우드 애니메이션 최초로 작품성 위주로 영화를 선정하는 칸느 영화제의 경쟁부분에 진출했다고 하여 화제가 된 작품이다. 애니메이션으로서의 기술적 완성도는 물론 작품이 담고 있는 메시지의 철학적 의의까지 인정받는 등 남녀노소의 관객으로부터 'All A+'를 받았는데 이 영화의 하이라이트는 피오나 공주가 변신하는 마지막 장면이다.

괴물 슈렉은 자신이 살고 있는 공간에 파콰드 영주에 의해 쫓겨난 동화 속의 주인공들이 들어오자 파콰드 영주와 담판을 지으러 떠난다. 그러나 일이 꼬여 불 뿜는 익룡의 성에 갇힌 피오나 공주를 구하러 떠나며 결국 그녀를 구해서 성을 빠져 나온다. 그러나 모든 동화가 마지막으로 변신할 때 아름다운 공주로 변신하는데 이 영화에서는 통상의 관념을 깨는 충격적인 반전을 선보인다. 반전의 결과에 놀라지 않은 사람은 없겠지만 여하튼 마술사나 감독을 제외하고 이런 변형을 가능하다고 믿는 사람은 없을 것이다.

간단한 이유 한 가지. 인간은 동물과 DNA 구성에 있어서도 차이가 있다. 마술사나 영화감독으로서야 간단한 일이겠지만 실제로 인간과 동물이 다르게 갖고 있는 DNA까지 순간적으로 바꾸어 줄 수 있다고 생각하는 사람은 없을 것이다.

박헌수 감독의 「구미호」는 흥행에는 크게 성공하지 못했으나 수많은 화제를 불러일으킨 SF 영화이다. 다소 모자라는 저승사자 69호는 염라대왕의 특명으로 999년간 인간세상을 떠도는 구미호를 잡기 위해 서울로 내려온다. 꼬리가 아홉 개 달린 구미호는 인간의 간을 100개 빼어 먹으면 진정한 인간이 되는 전설의 백여우로 영화에서는 인간에서 여우로, 여우에서 인간으로 변신이 자유롭다.

당시에 한국전자통신연구원(ETRI)의 컴퓨터그래픽 기술이 접목되어 한국의 SF 시장에 한 획을 그었다는 평을 받았는데 인간이 털이 많은 여우로 변하는 장면을 만들 때가 가장 어려웠다고 한다. 컴퓨터그래픽에서조차 변형이 어려운데 실제 상황에서 과연 가능할까?

그럼에도 불구하고 영화감독은 과학자들이 우려하는 불가능을 간단하게 초월할 수 있으며 관객들도 그런 장면을 보면서 환호한다. 현대의 과학자들이 절대로 불가능하다고 생각하는 것도 영화 장면 속에서 몇몇 천재과학자를 동원하면 간단하게 실현된다. 감독들에게 그런 권한이 있다는 것을 부정하는 사람이 없기 때문에 SF 영화는 계속 찍어진다. 필자도 「아이가 커졌어요」, 「애들이 줄었어요」에 나오는 주인공들의 등장을 썰렁하게 느끼지는 않는다.

더구나 아담이 전기를 받을수록 커지는데 아담이 입은 옷도 비례하여 커진다. 몸에 비례하여 옷도 커진다니 얼마나 환상적인 아이디어인가! 아직 그 정도로 신축성이 좋은 옷감은 발명되지 않았으므로 발명에 소질이 있는 사람이라면 아담에게 입힐 옷을 개발해 보기 바란다.

앞에서도 설명했지만 아담을 확대기로 확대했다가 곤욕을 치른 아담의 아빠인 과학자 웨인이 현실 속의 사람이라면 매우 난처한 처지에 빠졌을 것이다. 미국식으로 말하자면 아담에 의해 파괴된 도시 라스베이거스의 건물주들은 미성년자의 아빠인 웨인에게 손해배상 청구소송을 제기했을 것이고 웨인은 피해액을 모두 변상해야 했을 것이다. 설령 영화 「애들이 줄었어요」로 엄청난 수입을 올렸다 해도 보상액을 변제하는 데는 어림도 없었을 것이다.

 과학자들도 현실 상황에 맞추어 아이디어를 실용화해야 한다는 뜻이지만 감독들이 수긍할지는 의문이다. 이미 영화는 나왔으니까.

3. 레이저 검

「스타워즈」의 오비원은 정말 죽었을까

　조지 루카스 감독의 「스타워즈Star Wars」가 나왔을 때 수많은 사람들이 놀란 것은 서부극을 우주전쟁으로 변형시키는 데 성공했다는 점 때문이었다. 사실 「스타워즈」는 엄밀한 의미에서 가장 비과학적인 영화로 꼽혔는데도 세계적으로 흥행에 성공한 이유는 몇 가지 소도구 때문인지도 모른다.

　R2D2, 3PO 등 지능형 로봇이 등장하는가 하면 구원을 요청하기 위해 레이아 공주가 홀로그램으로 나온다. 악을 대표하는 다스베이더의 분장과 목소리도 관중의 주목을 끌기에 충분했다. 그러나 뭐니뭐니해도 「스타워즈」에서 가장 유명한 장치는 레이저 검이다. 주인공인 다스베이더와 오비원이 레이저 검을 사용하여 결투를 하는데 빛이 순간적으로 생겨났다 사라졌다가 하더니 다스베이더의 레이저 검에 몸

통을 맞은 오비원은 흔적도 없이 사라진다. 추후 제다이 기사가 되는 루크도 다스베이더의 레이저 검에 의해 팔이 잘린다. 레이저 검이 얼마나 인상 깊었는지 코미디 영화 「못말리는 람보Hot Shot 2」에서도 미국 대통령과 이라크 대통령이 레이저 검으로 결투를 한다. 「스타워즈」 이후로 SF 영화에 레이저 검은 자주 등장하며, 수많은 컴퓨터 게임에서 레이저 검은 기본적인 장비로 채택된다.

영화의 내용대로라면 레이저 검에 버튼과 같은 장치가 있어 빛을 검의 크기로 조종할 수 있다. 그러나 레이저 검은 실제로 개발될 수 없는 불가능의 영역이다.

빛의 가장 기본적인 성질 중 하나가 '직진성'이다. 어떠한 빛도 직선으로 나가며 가다가 저절로 멈추지 않는다. 자동차의 헤드라이트나 회중전등을 연상하면 된다. 더구나 빛은 서로 부딪쳐도 상호작용 없이 그대로 스쳐 지나간다. 빛으로 이루어진 칼날은 아무리 휘둘러도 부딪치지 않고 그냥 지나친다는 뜻이다.

이와 같은 현상이 일어나는 이유는 우주에 존재하는 입자의 성질 때문이다. 모든 입자들은 서로 힘을 주고받는 입자 그룹인 페르미온(fermion)과 전혀 상호작용을 하지 않는 입자 그룹인 보존(boson)으로 나눌 수 있다. 전자(electron)나 양성자(proton) 등은 전자에 속하므로 서로 힘을 주고받아 이를 '전기력'이라고 부른다. 반면에 파이 메존(π meson)이나 뉴트리노(neutrino), 빛의 입자적 형태인 광자(photon)는 서로 아무런 영향을 끼치지 않는 후자에 속한다. 레이저 검이 빛으로 된 것이라면 영화와 같은 장면은 존재할 수 없다는 뜻이다.

만약 「스타워즈」에서 나온 검의 칼날이 레이저가 아니고 플라스마라고 가정하면 실낱같은 희망은 있다. 플라스마를 강력한 실린더형

자기장 안에 가두어 둔다면, 영화와 같은 형태를 띨 수도 있으니까(플라스마를 전기장 안에 가두어 놓는다면 빛에너지가 발산된다).

그러나 아직까지 플라스마를 예리한 실린더 형태로 저장할 수 있는지 알지 못한다는 데 문제가 있다. 더구나 플라스마가 실린더의 끝 부분으로 끊임없이 새어나가는 문제도 해결해야 한다. 자기장은 거리가 멀어짐에 따라 급격하게 크기가 줄어들기 때문에 긴 플라스마 검을 만드는 것은 더욱 어려운 일이다. 크기의 문제도 있으며 날카로운 칼날 모양으로 플라스마를 가두기 위해서는 막대한 에너지를 공급하는 장치, 냉각장치, 플라스마 발생장치 등이 필요하다.

이 모든 장치들을 영화에서 보는 것처럼 손잡이에 모두 장착하는 것이 가능할까? 머리 좋은 감독들은 이미 또 다른 병기를 개발하고 있었다. 소위 '빔(beam)' 무기이다. 빔 무기는 총탄이나 폭탄과는 게임이 안 될 정도의 월등한 무기로 영화나 컴퓨터 게임에서 보면 빛처럼 직진, 적기는 물론 어떤 상대도 간단하게 파괴한다.

「스타워즈」에서 항성을 파괴하고 악의 모선을 없애는 것도 빔 무기이다. 우주 공간에서 화살이나 대포를 쏘아 빠른 우주선을 맞출 수 없는 것은 자명하므로 빔 무기가 없었다면 우주전투는 그야말로 썰렁하기 그지없었을 것이다.

환상의 빔 무기

빔 무기가 무엇을 뜻하는지 SF 영화를 본 사람들은 거의 다 이해하고 있다. 주인공이 발사하기만 하면 가느다란 빛이 튀어나가 적의 우주선을 폭파시키는 것이다. 빔은 실제로 SF 영화뿐만 아니라 우리 일상생활과도 매우 밀접하게 관련되어 있다.

'1993년 EXPO'를 비롯, 대형 콘서트에서 화려하게 빛을 이루며 사람들의 시선을 끄는 것은 레이저 광선이다. 그 이미지로부터 레이저 광선이 빔이라는 이미지를 얻는 것은 당연하다.

영어사전에서 'beam'은 '광선(ray)'이나 '광속(bundle of rays)' 등으로 해석되고, 동의어로 달·해 따위의 발광체에서 나는 길고 다소 폭이 있는 강한 광속을 의미한다.

레이저의 특징은 빛의 속도만큼 빠르다는 것이다. 빛의 속도는 진공중에서 초속 30만km이므로 1만km 떨어진 표적도 겨우 0.03초에 꿰뚫을 수 있다. 이 정도의 거리를 대륙간탄도 미사일로 명중시키려면 최소한 16분이 걸린다. 가공할 만한 무기로 분류되는 전투기의 기관포는 초속 1km에 지나지 않으므로 무려 2시간 47분이 걸린다. 전쟁에서 10분은 매우 긴 시간인데 거의 세 시간이라면 응분의 대비책을 세우는 데 충분한 시간이다.

빔에도 두 종류가 있다. 레이저 빔과 입자 빔이다. 빛으로 된 빔이 레이저이고 소립자나 원자핵이면 입자 빔이 된다. 이 중에서 입자 빔의 장점은 어떤 무기보다도 파괴력이 높다는 점이다. 지상에 있는 동물만 살해하고 식물들에게는 전혀 영향을 미치지 않는다는 중성자 빔의 경우 1g으로 400kg 정도의 파괴력을 가진다. 이론상 가장 강력한 빔 무기는 반입자 빔이다. 1g의 반입자가 통상의 소립자와 충돌하면 무려 180조J의 감마선을 방사한다.

빔 무기의 속도나 파괴력을 감안할 때 우주선에서 빔 병기를 사용하는 것은 당연하다. 「스타워즈」에서 제국군들과 무역 연합의 로봇 병기들이 사용하는 무기로서, 레이저로 발사되는 이 총은 '레일건'이라고도 부르는데 총의 내부에 기차 레일처럼 생긴 구리선이 나란히

놓여 있기 때문이다.

이 레일에 전류를 흘려주면 레일 주변에 자기장이 형성되는데, 이 자기장은 레일 사이에 있는 전자를 수직 방향으로 가속시킨다. 이런 힘을 '로렌츠의 힘'이라고 부르는데 이 힘을 통해 충분히 가속된 전자가 빠른 속도로 방출되면서 막강한 화력을 낸다. SF 영화라 해서 항상 황당무계한 장비만 사용하는 것은 아니다.

SF 영화에서 빔은 그야말로 파괴적인데 우주전쟁에서 사용하는 빔 무기에 명중되면 어떤 생물체도, 괴수도 예외 없이 폭발한다.

그러나 여기서 독자들은 금방 모순점을 발견했을 것이다. 레이저는 좁은 영역에서 에너지를 집중할 수 있으므로 어떤 물체든 녹이거나 증발시킬 수 있다. 그러나 생물체를 폭발시키려면 생물체가 폭탄으로 되어 있지 않는 한 불가능한 일이다. 감독들이 정말로 빔 무기를 사용하여 생물체도 폭발시킬 수 있다고 생각했는지 의아심이 들 정도이지만 해답은 정말로 엉뚱한 데 있다.

놀랍게도 제작자의 입김 때문이다. 영화에서 괴수나 물체가 녹아드는 장면을 계속 보여줄 경우 영화장면을 그려야 하는 그림의 숫자(셀)가 늘어나기 때문이란다. 그야말로 경제성 논리를 따진다면 감독보다 우위에 있는 사람이 바로 제작자이다. 제작자의 입맛에 맞추려면 현실적으로는 불가능하지만 화려한 폭파장면을 삽입하지 않을 수 없는 것이다.

물론 감독들이 모두 제작자들의 비위만 맞추는 것은 아니다. 빔 무기의 특성을 분명히 알고 고집을 피우는 감독이 적지 않다. 유명한 「마징가 Z」에서는 '브레스트 파이어'로 열선을 발사하여 적을 녹인다. 화려한 폭발은 없어도 괴수를 처치하므로 작전은 성공한 셈이지만 그 장면을 위해 감독이 제작자에게 눈총을 받았을 것을 생각하면 감독의 의기가 대단하다고 박수를 치지 않을 수 없다.

만화영화에서와 똑같은 상황이 SF 영화에서도 나타난다. 「스타워즈」에서 우주선들은 빔 무기를 맞기만 하면 순식간에 폭파된다. 원칙적으로 우주선들이 빔에 맞기만 하면 폭발된다는 최첨단 폭파장치나 휘발성 물질을 갖고 있는지도 모르겠다. 우주 전투에 나가는 우주인이라면 죽을 때도 멋지게 죽어야 하는 것은 감독들의 배려로 보이는데 이 경우 적이냐 아군이냐를 구분하지 않는 것도 감독의 권한이다. 악당이 멋있게 죽어 주어야 흥행에 성공한다는 것은 불문가지이다.

🎞 용은 왜 하나같이 불을 뿜을까

SF 영화에서 사용하는 강력한 무기로 레이저 검이나 빔과 같은 최첨단 무기만 필요한 것은 아니다. 사실상 많은 감독들이 사용하는 무기로는 불이 압도적이다. 과거의 전투를 보면 불화살이나 불대포가 많이 쓰였듯이 현대전에서도 불은 유효적절히 쓰인다. 상륙작전이나 적의 진지를 공격하기 위해 화염공격이 앞장서는 것이다.

가장 놀라운 것은 고대인들의 상상력이다. 고대 신화를 다룬 영화에서는 용이 악당으로 많이 나오는데 유럽의 용들은 하나같이 불을 뿜는 능력을 갖고 있다. 「슈렉」이나 「알라딘」 등 환상적인 이야기로 꾸며져 있는 드라마 속 용들은 대부분이 불을 뿜으며, 컴퓨터 게임에 괴물로 나오는 용들도 불을 뿜는다. 「드래곤 하트Dragon Heart」에서 정의의 용으로 나오는 드라코도, 『공상과학대전』의 용같이 생긴 괴물 라메가도 불을 뿜는다.

대체로 상서롭고 풍요로움을 뜻하는 동양의 용과는 달리 서양 용은 불과 어둠을 뜻한다. 서양 용이 불을 뿜는 능력을 갖고 있는 것은 기독교 사상에 의해 뱀을 사탄과 동일한 존재로 여겼기 때문이다. 뱀은 죽음을 불러오는 독을 갖고 있는데 이것을 드라마틱하게 표현한 것이 불이므로 뱀과 유사한 동물로 여겨지는 용이 불을 뿜는 것으로 나타난 것이다.

서양의 용은 불사(不死)의 동물이 아니다. 영웅 전설에서 용은 주로 퇴치해야 하는 괴물이다. 마을이나 공주를 지키기 위해 왕자나 용감한 무사는 용을 처치한다.

그런데 생물이 불을 뿜는다는 것이 과연 가능한가?

어느 나라에나 거의 공통적인 현상이지만 사람들이 많이 모이는 곳에서 광대들이 입에다 불을 뿜는 연기를 보여주고 돈을 받는 것을 보게 된다. 곡마단의 쇼가 시작되기 전에도 볼거리로 불을 뿜는 사람들을 많이 등장시키는데 그들이 불을 뿜는 기법은 연료를 숨으로 내뱉어 불이 순간적으로 뿜어져 나가게 하는 것이다. 연소시키는 연료를 몸 밖에 갖고 점화시킬 수 있다면 동물이 불을 뿜는 동작 자체가 어렵지 않다는 뜻이다.

그러나 용이 몸 밖에 연료를 준비했다가 필요할 때마다 광대와 같

▶「슈렉」
용이 불을 뿜기 위해서는 불이 나오는 통로 즉, 얼굴과 목 부분이 단열구조로 되어 있어야 한다.

이 불을 뿜는 것은 과학적으로는 그럴듯하지만 썰렁하므로 감독들도 그런 용을 그리지는 않는다.

용의 입이나 코에서 화염이 나오기 위해서는 연소가 될 요건, 즉 공기 · 연료 · 발화점 이상의 온도를 갖추어야 한다. 용의 내부에 불을 만드는 연소기가 내장되어 있으면 가능한데 간단하게 용의 몸속에 보일러가 있다고 생각하면 된다. 보일러는 연료가 있고 이를 점화시킬 점화기가 있으며 연료를 태우기 위한 송풍장치가 있다. 용의 뱃속에 이런 장치가 들어 있을 것 같지는 않지만 여하튼 효율 좋은 연소장치가 용의 몸속에 있다고 가정하자.

이때에 가장 문제가 되는 것은 점화기이다. 『공상과학대전』의 괴물 라메가는 이빨을 부딪쳐 부싯돌처럼 사용해 불을 붙인다. 다른 용들의 경우 이빨을 부딪치는 장면이 없으나 이 정도는 그런대로 넘어가자.

그런데 연료통이 용의 배 안에 있다면 불이 붙었을 때 연료통까지 공기가 들어와야 하므로 뱃속까지 불타야 된다. 똑똑한 괴물 라메가는 목구멍을 좁혀서 공기가 들어오지 못하게 하는 방법을 구사하지만 조금만 늦게 닫거나 고장이 난다면 불타 죽기 십상이다. 대단한 아이디어가 아닐 수 없다.

불을 만들었다고 해도 불을 뿜는 순간 용의 입이나 코가 탄다면 용의 입장에선 그야말로 황당한 일이 아닐 수 없다. 안전하게 불을 뿜을 수 있는 방법은 불이 뿜어져 나오는 통로 부분을 단열구조로 만드는 것이다. 용의 몸 일부분이 도자기와 같다고 생각하면 된다. 도자기나 옹기는 일반적으로 1,250~1,400℃ 정도에서 구워지므로 1,000℃ 미만의 열에는 끄떡없다(된장찌개를 담은 옹기를 불 위에 놓아도 깨지지 않는 것은 이 때문이다).

그러므로 용을 퇴치하려면 이들 부분을 집중적으로 공격하면 된다. 대부분의 도자기는 유리와 같이 깨지기 쉬우므로 왕자가 용을 퇴치하기 위해서라면 칼이 아니라 먼 데서 얼굴과 목 부분으로 큰 돌을 던지는 것이 효과적이다. 특히 주인공에 의해 용이 절벽에서 떨어지는 경우가 많은데 이때 용은 유리와 같이 산산조각이 나야 옳지만 그런 장면은 보지 못했다(현재 연구중인 깨지지 않는 세라믹[도자기]은 논외로 함).

문제는 아직까지 생명 조직으로서 수백℃를 견딜 수 있는 경우가 한 건도 보고되지 않았다는 점이다. 용들이 특별한 구조를 갖고 있다는 가정하에 용을 생포한다면 그야말로 과학적인 개가를 올리는 것은 물론 그 이론을 규명하면 노벨상은 따논 당상이다. 더구나 용의 구조로 단열 제품을 만든다면 세계를 석권하는 것은 시간문제로 보이므로 모두들 용을 생포하는 데 앞서야 할 것이다.

그러나 용은 실존의 동물이 아니다. 그러므로 영화감독들이 용의 구조를 과학적으로 해석할 필요는 없다. 용을 신화나 전설의 동물로 치부하면 되고 만약 현대 SF에 도입하려면 외계인 등 그럴듯한 아이디어로 포장하면 되기 때문이다. 감독에게 무한한 권한이 있다는 것을 음미할 필요가 있다. 용에 대해서는 필자의 『현대과학으로 보는 세계의 불가사의 21가지』를 참조하기 바란다.

한편 영화 「고질라」를 보면 고질라가 도시를 파괴하는 도중에 재미있는 장면이 나온다. 고질라가 입김을 불자 자동차들이 날아가며 폭발하는 것이다. 자동차에서 사용하는 휘발유는 압력이 가해진 상태에서 인화점이 21℃ 미만인 특수 인화성 액체이므로 휘발유가 노출된 상태에서 충격을 받으면 발화할 수도 있다. 그러나 고질라는 변온동물인 파충류이다. 변온동물의 입김이 21℃ 미만이 될 수도 있으므로

▶「고질라」
휘발유는 압력이 가해진 상태에서 인화점
이 21℃ 미만으로도 발화될 수 있으므로
고질라의 입김만으로도 자동차를 폭파시
킬 수 있다.

(변온동물은 주위의 온도에 따라 체온이 변함) 고질라의 입김만으로 자
동차가 폭발한다는 것이 아주 불가능한 일은 아니다.

그러고 보면 감독은 조그마한 틈새만 있어도 아이디어를 끄집어내
어 영화의 장면을 돋보이게 만드는 재주꾼들이다.

레이저는 전쟁의 산물

레이저빔은 20세기 과학의 총아라고 볼 수 있다. 그러나 이들의 탄
생은 일반인이 생각하는 것처럼 그렇게 고상한 것은 아니다.

인류 문명이 탄생한 이후 과학자 집단은 모든 분야에서 인류 문명
을 새롭게 만드는 데 열중했다고 볼 수 있다. 그러나 아이러니컬하게
도 그들이 최고의 기술을 동원한 것은 군사무기 분야이다. 전쟁에 패
배했을 때의 비참한 생활을 생각한다면 과학자들이 전쟁무기 개발에
참여한 것은 이해할 수 있는 일이다.

한 예로 로마와의 전투에서 패배한 카르타고 인들은 단 한 명도 예

외 없이 모두 노예로 팔려갔다. 그리스 반도의 헤게모니를 다툰 아테네와 스파르타의 전투에서 아테네가 승리하자 아테네는 스파르타의 모든 주민을 노예로 팔았다. 징기스칸은 한 전투에서 자신의 아들을 죽게 했다는 것을 빌미로 50여 만 명에 달하는 주민을 모두 학살했다.

20세기 초까지의 군사무기는 고작해야 총과 대포와 같은 원시무기이므로 기상 조건과 지휘관의 통찰력, 병사의 숫자와 사기만으로도 전쟁의 승패를 결정지을 수 있었다. 그러나 제1차세계대전 중에 비행기와 탱크가 등장하고, 곧이어 발발한 제2차세계대전에서 최첨단 탱크, 항공모함, 잠수함은 물론 고성능 전투기가 개발되면서 전쟁의 형태는 변화하기 시작했다. 특히 제2차 세계대전 중에 등장한 무전기와 레이더, 원자폭탄 등은 전쟁의 형태를 근본적으로 바꿔놓았다.

전문가들은 이들 무기가 개발되었기 때문에 제2차세계대전이 단시간 내에 끝날 수 있었다고 생각한다. 사실 많은 군인과 정치가들이 제2차세계대전은 적어도 5~10년은 더 지속되리라 생각했지만 원자폭탄과 같은 대량 살상무기의 등장이 전쟁을 순식간에 종식시켰다. 두개의 원자폭탄이 일본의 히로시마와 나가사키에 하나씩 투하되어 일본이 즉각적인 항복을 했다는 것은 잘 알려진 사실이다. 후일 방사능의 폐해로 가장 비난을 많이 받은 많은 원자폭탄이지만 원자폭탄이 개발되지 않았다면 일본이 패망하기까지 더 많은 사상자가 생겼을 것이라는 데는 이론의 여지가 없다.

여하튼 전쟁이 끝나자 과학자들은 연구의 시각을 평화로운 분야로 돌리기 시작했다. 핵무기를 개발했던 학자들은 입자물리학 분야로 연구 방향을 돌렸으며, 레이더를 개발하던 학자들은 원거리 통신 및 천체물리학을 연구하기 시작했다.

이때 마이크로파를 연구하던 학자들 중에 한 명이 제1, 2차세계대전의 모든 발명에 버금갈 만한 획기적인 이론을 내놓는다. 그가 바로 미국의 물리학자 타운즈(Charles Hard Townes)이다.

그는 암모니아 분자들을 높은 에너지 준위로 격리시킨 다음 적절한 크기의 극초단파 광자로 충격을 주는 데 성공했다. 입사된 광자들은 많지 않았지만 대량의 광자가 나왔다. 즉 입사된 복사가 아주 크게 증폭된 것이다. 그는 이 과정을 '자극 받은 분자의 복사에 의한 극초단파의 증폭'이라는 영어의 약자인 '메이저(MASER ; Microwave Amplification by Stimulated Emission of Radiation)'라고 불렀다. 제2차세계대전이 종료된 지 10년이 채 안 된 1953년의 일이었다.

이론은 아주 간단하다. 암모니아 분자가 극초단파의 복사에 노출되면 두 가지 변화가 일어난다. 첫째는 낮은 에너지 준위에서 높은 에너지 준위로 올라가는 것이고 다른 하나는 그 반대이다. 보통의 경우는 에너지 준위가 올라가는 과정이 훨씬 많이 일어난다. 그러나 모든 암모니아 분자를 높은 에너지 준위에 있게 한다면 낮은 에너지 준위로 떨어지는 과정이 자주 일어난다.

이때 극초단파의 복사가 한 개의 광자를 제공하면 암모니아 분자 한 개가 낮은 에너지 준위로 떨어지면서 동시에 암모니아 분자로부터 전자 하나가 방출된다. 즉 최초의 전자와 방출된 분자 두 개의 전자가 있게 된다. 다시 두 개의 전자는 두 개의 암모니아 분자를 흔들고 두 개의 전자가 방출된다. 다음에는 네 개의 전자가 방출되는 등 연쇄작용이 일어나 처음에 입사된 하나의 전자에 의해 같은 크기를 갖고 같은 방향으로 행동하는 전자의 폭발적인 이동이 일어나는 것이다.

타운즈의 이론은 전세계 학자들의 주목을 받아 같은 분야를 연구한 소련의 바소프(Nikolai Gennadievich Basov), 프로호로프 (Alexander Mikhailovich Prokhorov)와 공동으로 1964년 노벨 물리학상을 받았다.

　그러나 레이저의 개발도 사실은 아인슈타인의 작품이라고 볼 수 있다. 아인슈타인은 1917년에 원자가 여기 상태(원자나 분자가 열, 광, 방사선 등을 흡수하여 보다 높은 에너지의 상태로 변화하는 상태)일 경우, 동일한 에너지의 광자가 원자를 원래 상태로 돌아가도록 촉진시키면서 유도된 광자의 복제품 광자를 방출할 수 있다는 유도 방출 이론을 발표했다.

　원자가 에너지를 얻고 또 그 원자가 얻은 에너지와 같은 양의 에너지를 지닌 광자가 그 원자에 와서 부딪힌다면 그 원자는 얻었던 에너지를 내놓는다. 이때 그 원자는 부딪혔던 광자와 똑같은 크기의 광자를 내놓으며, 방출된 광자는 원래의 광자와 방향 특성, 파장, 위상, 그리고 편광 상태가 같다. 광자 하나가 들어오면 같은 광자 두 개가 나간다는 것을 뜻하는데 이는 타운즈가 증명한 마이크로파를 증폭할 수 있다는 가능성을 제시한 것이다.

　인류가 태어난 이래 최고의 천재 중의 한 명으로 아인슈타인을 거론하는 것도 무리는 아니다. 사실 아인슈타인이 10년만 더 살아 있었다면 1961년 뫼스바우어(Rudolf Ludwig Mössbauer)와 함께 상대성 이론으로, 1964에는 메이저와 레이저에 대한 기초 이론으로 노벨상을 수상하여 사상 최초로 세 개의 노벨상을 받았을 것이라고 믿는 학자들이 많이 있다. 그가 이 부분에서 노벨상을 못 받은 것은 그의 이론이 워낙 앞서 있어서 검증이 되지 않은 채 사망했기 때문이다(노벨상은 사망한 사람에게는 수여하지 않는다). 너무 탁월한 재주를 갖고 있는 사람이 손해본다는 것은 천재 과학자에게도 예외는 아닌 모양이다.

레이저의 아버지는 메이저라고 볼 수 있다. 메이저는 전자기파의 어느 파장에도 응용이 가능한 데 반하여 레이저(LASER : Light Amplification by the Stimulated Emission of Radiation)는 가시광선 파장 범위의 광선만을 증폭시키는 것이다. 태양광선을 프리즘에 통과시키면 무지개색의 분광현상이 생긴다. 레이저는 그 무지개색 가운데 단 하나의 색, 즉 단일 진동수의 빛을 내보내는 장치이다.

레이저에서 방출된 빛은 간섭성이 강하며, 진행 방향이나 파장이 일정하다. 따라서 레이저 광선은 퍼지지 않고 가느다란 빛으로 대단히 멀리까지 나아간다. 1,600km나 떨어진 곳에서 발사한 레이저 광선으로 물이 든 주전자를 가열할 수 있을 정도이며, 1962년에 달을 향해 발사된 레이저는 40만km의 우주 공간을 지나 달에 도착했을 때 직경이 약 3km 정도밖에 퍼지지 않았다.

최초의 레이저 광선은 1960년에 미국의 물리학자 메이먼(Theodore H. Maiman)에 의해서 만들어졌다. 그는 산화알루미늄에 산화크롬을 첨가한 인조 루비 막대를 이용하여 태양의 표면에서 방출되는 빛보다 네 배 강한 붉은빛을 얻을 수 있었다. 메이먼이 개발한 레이저를 '고체 레이저'라고 하며, 현재도 고출력의 광 펄스원으로 이용하고 있다.

한편 같은 해에 벨연구소의 야반은 네온과 헬륨 기체를 혼합한 광원을 사용하는 레이저 장치를 만들었다. 1962년에는 반도체 다이오드에 순방향으로 전류를 흐르게 했을 때에도 레이저 작용이 일어나는 것이 발견되었고, 이것은 광통신을 비롯하여 콤팩트 디스크 등에도 널리 이용되고 있다. 또한 1966년에는 유기염료를 사용한 유기 레이저가 개발되었다. 특히 유기염료는 복잡한 분자로 이루어졌으므로 전자의 반응이 다양하게 일어나며 여러 종류의 파장을 가진 레이저 광선을 만들 수 있다.

현재 이용 가능한 레이저광의 파장 범위는 가시(可視) 영역은 물론 자외선 영역부터 전파 영역까지 넓혀져 파장마다 고유의 레이저 광선을 만들 수 있게 되었다. 이것이 레이저가 거의 모든 전자제품에 쓰일 수 있게 된 요인이다.

레이저의 실용성은 상상할 수 없을 정도로 넓다. 레이저 기술을 이용하여 실용화한 것 중 대표적인 것은 다음과 같다.

① 오락 분야 : 광디스크, 각종 이벤트나 박람회에서 사용되는 레이저 광선
② 텔레비전 : 텔레비전 프로그램의 녹화 및 재생, 레이저 텔레시네 장치
③ 사무용품 : 팩시밀리, 레이저 프린터, 스캐너
④ 의료 분야 : 레이저 수술 및 영상정보 처리
⑤ 유통 분야 : 바코드 리더
⑥ 공학 분야 : 이물질 탐지 및 구조물 내 구조 체크
⑦ 재료가공 분야 : 금속 및 비금속 등 재료의 절단 및 용접
⑧ 통신 분야 : 통신위성, 광섬유를 이용한 통신

　　스필버그가 「스타워즈」에서 레이저 검이라는 상상을 초월하는 새
로운 검을 만들어 관객을 놀라게 했지만 실제로 그런 검이 탄생할 수
없다는 것은 이미 설명했다. 다스베이더와 오비원이 레이저 검을 부
딪칠 때마다 금속성이 나지만 실제로 개발된 레이저 검이라면 두 검
이 서로 지나치면서 허공만 가른다. 다스베이더의 레이저 검에 오비
원이 사라지기는커녕 깔깔 웃으며 효과가 없는 칼을 휘둘러봐야 힘만
빠진다고 조소할 것이다(자신의 칼도 마찬가지이지만).

▶「스타워즈」
다스베이더와 오비원이 실제
로 개발된 레이저 검을 휘두
른다면 두 검은 서로 지나치
며 괜한 허공만 가를 것이다.

여하튼 레이저 검은 SF 영화나 애니메이션, 게임 등에서 대성공했지만 레이저 검과 마찬가지로 자주 나오는 무기는 방어막이다. 적이 공격해 오면 아군은 곧바로 방어막을 가동시키는데 대체로 아군의 주요시설, 전투기나 함선 등을 감쌀 수 있는 투명 돔형이나 보호물을 완전히 둘러쌀 수 있는 형태로 그려진다. 「스타워즈」나 「스타트랙Star Trek」은 물론 『철완 아톰』, 「울트라맨」 등을 보더라도 방어막만 설치하면 적의 공격을 막아낼 수 있다.

그러나 적의 공격이 거세지면 방어막이 뚫리면서 녹거나 혹은 구멍이 뚫리며 산산조각으로 부서진다. 방어막이 뚫렸을 때 어떻게 악당들의 공격을 퇴치할 것인지 관객들은 손에 땀을 쥐게 된다.

영화 속의 방어막은 다음 세 가지를 충족시켜야 한다. 첫째 미사일은 물론 레이저 빔의 공격을 간단하게 퇴치할 수 있으며, 둘째로는 빛을 내며, 셋째는 투명해야 한다는 점이다. 악당들이 방어막 속 내용물을 볼 수 있다는 단점이 있지만, 투명하지 않으면 밖에서 공격하려는 적의 동태를 볼 수 없으므로 피장파장이다. 물론 폐쇄 공간이라도 레이더로 적을 볼 수 있다지만 투명막을 씌워 전천후로 적의 동태를 볼 수 있다는 것이 작가의 의도임은 틀림없다.

이런 조건을 충족시키는 것이 간단할 것이라고 생각하는 사람은 없겠지만 방어막의 설치 자체는 불가능하지 않다는 것이 과학자들의 설명이다. 레이저 검의 원리를 설명할 때 거론한 플라스마가 그 주인공이다. 우선 플라스마는 높은 에너지를 가진 입자의 덩어리이므로 플라스마가 분포되어 있는 곳에 다른 물체가 침입하면 플라스마의 열로 미사일 또는 포탄을 녹이든가 증발시킬 수 있다.

이때 문제는 플라스마의 두께를 어떻게 하느냐이다. 영화 장면만 보면 대체로 방어막은 얇은 투명막으로 되었는데 아무리 두껍더라도

1m를 넘지는 못할 것으로 보인다(투명체의 대명사인 유리의 두께가 1m라 할지라도 영화처럼 투명해질지는 의심이 가지만). 이 방어막으로 적의 미사일이 마하 8.5로 돌진한다면 겨우 0.0003458초 만에 통과한다. 플라스마의 온도가 100만℃라고 해도 이때 미사일이 녹는 두께는 표면의 1mm 정도도 안 되므로 미사일의 기능에는 별 영향을 주지 않는다. 직경 20cm의 포탄을 녹이기 위해서는 100만℃의 플라스마에 1.8초 동안 닿아야 한다.

100만℃가 얼마나 높은 온도인지 감이 잘 안 가는 독자들도 태양의 대기 온도와 같다고 하면 금방 고개를 끄덕일 것이다. 이런 온도에서는 어떤 물질도 증발하지만 문제는 일정 시간 이상 접촉해야 한다는 것이다. 100만℃에 접촉하더라도 0.0003458초 동안 미사일의 표면 온도가 미사일을 녹일 수 있을 만큼 올라가지 않기 때문에 방어막으로 폼만 잡았다가는 낭패 보기 십상이다.

이는 초창기의 우주 비행에서 우주인들이 지구 밖으로 나갔다가 지구로 귀환할 때 어려움을 겪었던 요인이 된다. 우주선이 지구로 귀환할 때 대기권을 통과해야 하는데(약 1분), 이때 우주선의 코 부분이 무려 1,300℃ 정도로 올라간다. 1분이라면 우주선의 내부도 1,000℃가 넘을 수 있는 시간이다. 문제는 인간이 1,000℃의 고온에서 1분만 지탱해주면 되는데 인간은 몸의 온도가 정상보다 10℃ 이상만 올라가도 치명상을 입는다(인간의 경우 체온이 보통 36.5℃인데 열이 40~42℃만 넘어도 치명상을 입는다).

현재의 우주왕복선은 1,500℃ 이상의 온도에 견딜 수 있는 단열재로 피복했으므로 문제가 없지만 우주선이 개발될 초창기에는 이런 단열재가 없었다.

단열재가 개발되지 않은 상태이므로 과학자들은 대안으로 삭마법이라는 기상천외한 방법을 개발했다. 우주선이 대기권을 통과할 때 발생하는 열이 우주선 내부로 들어가지 않게 하는 것이다. 방법은 그야말로 유치할 정도로 간단하다. 우주선을 전도율이 좋은 얇은 금판으로 두껍게 덮어 대기권을 통과할 때, 금판이 타면서 밖으로 떨어져 나가게 하면 열이 우주선 안으로 들어오지 않는다는 것이다.

이때 지상의 우주관제센터와는 통신이 두절된다. 영화 「아폴로 13호Apollo 13」에서 아폴로 13호가 고장나 우여곡절을 거쳐 지구로 귀환할 당시 우주선이 대기권을 통과하는 시간(영화에서는 3분) 동안에는 우주선과의 통신이 두절되므로 그들이 성공적으로 지구에 귀환했는지를 확인할 수 없다고 NASA에서 브리핑하는 장면이 나온다. 결론은 우주인들이 무사히 지구로 귀환했지만 이 당시 통신이 두절된 것은 삭마법에 의해 우주선 겉표면이 불덩이가 되었기 때문이다. 영화 「아폴로 13호」가 대기권으로 들어올 때 불덩이가 되어 떨어지는 영화 장면은 바로 이런 사실에 기초를 둔 것이다.

여하튼 원리적으로는 플라스마를 사용하여 방어막을 만들면 문제가 풀릴 것 같지만 플라스마를 채택해도 마찬가지다. 우선 방어막이

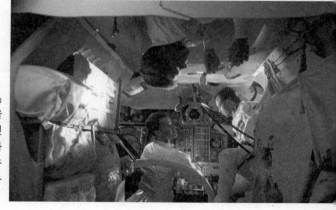

▶「아폴로 13호」
아폴로 13호는 우주선을 전도율이 좋은 얇은 금판으로 두껍게 덮어 대기권을 통과할 때, 금판이 타면서 밖으로 떨어져 나가 열이 우주선 안으로 들어오지 않게 하는 삭마법을 도입했다.

공기와 닿아서는 안 된다. 플라스마의 에너지가 공기에 접촉하면서 열을 전달하기 때문이다. 더구나 방어막이 깨진다는 것은 유리 성분을 갖고 있다는 뜻인데 100만℃의 플라스마라면 유리는 방어막을 치자마자 완전히 증발되어 버린다.

과학자들은 여기에 좌절하지 않고 플라스마에 강한 자장을 걸어주면 된다고 단언한다. 그러나 그 방법이 독자의 상상을 초월한다. 구체적으로 수km 두께의 플라스마를 강한 자장으로 뒤집어씌우면 된다. 영화에서 보이는 두께 1m의 방어막이란 꿈도 꿀 수 없다.

더구나 영화에서 보면 방어막이 투명하며 깨진다는 것도 큰 골칫거리가 아닐 수 없다. 유리의 녹는점이 900℃ 정도이므로 미사일이나 레이저 빔의 공격을 받으면 유리가 깨지면서 플라스마가 흘러 나가고 방어막은 사라진다.

결국 방어막의 관건은 초고온에 지탱할 수 있는 고강도 플라스틱을 개발한 후 재빨리 거대한 표면을 돔으로 덮는 것이다. 이때 건축 시공적인 면도 고려해야 한다. 영화에서는 거대한 투명막을 덮는 데 이음매가 없다. 종종 한 도시 전체를 투명막으로 뒤덮는 걸 볼 수 있는데 이음매 없이 고강도 플라스틱으로 어떻게 그런 거대한 구조물을 만들 수 있을지 건축가들은 고민해봐야 할 것이다.

방어막이 빛을 내는 것도 문제다. 전자나 양자 등의 소립자가 공기가 있는 지역을 통과하면 공기와 충돌해 빛을 낸다. 오로라가 빛나는 원리이다.

야나기타는 애니메이션의 장면을 기초로 하여 빔 발생장치를 일렬로 배치하면서 소립자 빔을 연속적으로 폭포와 같이 발생시키면 빛나는 스크린을 만들 수 있다고 제시했다.

그러나 소립자는 질량이 작기 때문에 미사일이 통과할 때 그들을 튕기게 할 수 없다는 단점이 있다. 고에너지의 소립자를 대량으로 쏘면 파괴할 수 있다고 하지만 미사일이 폭발하면 모든 잔해가 아군 지역에 떨어져 피해는 고스란히 아군에게 돌아온다. 결국 영화에서 관객들이 즐기는 방어막은 현실에서는 불가능하다는 것을 알 수 있다.

🎞 지금은 레이저 시대

「스타워즈」에서 나오는 레이저 검은 레이저라는 특성을 관객들에게 인식시키는 데는 큰 공헌을 했지만 현실적으로 탄생할 수 없는 무기이다. 그러나 우주전투 장면에서 우주선끼리 사용하는 무기로 레이저 검과 유사하게 빛으로 된 레이저빔은 절대로 공상이 아니다.

중력이 약한 우주에서 대포를 발사한다면 뉴턴의 '작용·반작용의 법칙'에 의해 뒤로 밀리는 단점이 있다. 대포를 쏘는 충격에 의해 우주선이 제멋대로 뒤로 밀리므로 실제로 우주전투는 상상할 수 없다는 뜻이 된다. 물론 우주선을 만들 기술을 갖고 있다면 대포의 충격을 흡수할 수 있는 완충기를 장착할 수 있겠지만 과학자들이 그런 바보 같은 무기를 개발할 리는 만무다.

바로 레이저빔을 장착하면 되기 때문이다. 레이저빔은 빛이라고 생각할 수 있으므로 발사할 경우 충격은 문제가 되지 않는다. 더구나 레이저빔은 대포보다 훨씬 강력한 화력을 가질 수 있으므로 우주전쟁에서는 레이저빔의 독무대가 되는 것이다.

미국의 전직 대통령 레이건의 스타워즈 구상인 SDI(전략방위구상, Strategic Defence Initiative)도 레이저 사용을 기본으로 하고 있다. 가상의 적이 1천 대 이상의 ICBM(대륙간 탄도미사일)을 미국 본토를 향해 동시에 발사할 경우를 상정한 이 계획은 주로 요격 초기단계인 1, 2단계에 레이저를 동원하고 있다. 재래식 무기들이 대응할 시간을 갖추는 동안 레이저로 핵미사일을 공중폭파시킨다는 것이다.

여기에 사용되는 레이저 무기가 바로 레일건이다. 미국이 구상한 '스타워즈'의 핵심은 전자를 얼마나 빠른 속도로 가속하느냐인데 이를 위해 강한 자기장을 만들 수 있도록 강한 전류를 흘려야 한다. 1970년대 초에 5m 크기의 레일과 막대한 전류(160만A)를 이용해서 초속 6km로 분사하는 레일건을 만들었지만 에너지 손실이 너무나 크고 만만치 않은 작업이라는 평가가 나왔다.

특히 강력한 전력 공급기를 내장해야 하는데 이를 위해서는 12볼트짜리 자동차 배터리 1만 4,000개를 넣을 수 있어야 하니 이도 큰 문제였다. 결국 360억 달러라는 막대한 예산과 비효율성 때문에 계획이 수립된 지 10년 만에 전격 중단되고 말았다.

그러나 워낙 매력 있는 주제이므로 산발적으로 연구는 계속되었고 2002년 11월 드디어 최초의 레이저 무기가 선보였다. 미국의 TRW사는 '이동식 전술 고성능 에너지 레이저(MTHEL)'를 발사하여 60cm의 소형폭탄 두 발을 명중시켰다. 레이저가 빛의 속도로 포탄을 추적, 고열을 가하여 포탄이 스스로 폭발하게 만든 것으로 '스타워즈'의 원리에 충실하게 제작되었다. 전문가들은 MTHEL이 좀 더 발전하면 '미사일 방어(MD)' 체계를 근본적으로 바꿀 수 있을 것이라 예상한다.

레이저의 기술이 실용화 단계에 들어선 것이 1960년대 말인데도 불구하고 레이저 검이 등장하는 「스타워즈」가 1970년대 초반에 제작될 정도로 레이저는 주목을 받았다. 「스타워즈」에서 레이저 검 아이디어가 공전의 히트를 하자 많은 과학자들이 너도나도 레이저 연구에 달려들었고 그 예상은 들어맞아 현재 레이저의 시대를 열었다고 해도 과언이 아니다.

한편 작가가 빛으로 작동되는 레이저 검과 같은 무기만 개발하는 것은 아니다. 영화 「배트맨Batman」 시리즈에서 보면 악당인 아이스맨은 모든 물체를 얼음으로 만드는 냉동광선을 발사한다. 화면상으로는 그럴듯하다.

냉동광선으로 사람을 얼리려면 사람이 갖고 있는 36.5℃의 열을 밖으로 내보내면 된다. 냉장고나 에어컨을 생각해보면 된다. 냉장고 뒷면을 만져보면 뜨거운데 이것은 냉장고 속을 차갑게 만들기 위해 냉장고 안의 열을 강제로 빼내 냉장고 밖으로 내보내기 때문이다.

그런데 영화에서는 사람들이 갖고 있는 열이 어느 곳으로(최소한 총에서 빨아들이든가) 흘러 들어가지 않고 곧바로 얼음이 된다. 사람이 갖고 있던 열에너지가 순식간에 사라진 것이다.

필자의 소설 『피라미드(전12권)』에서 세트가 지구를 정복하여 사용하고 있는 공포의 무기는 다음의 세 가지이다. 허모사이드 포커스(시선만 맞추면 자동적으로 포탄이 발사됨), 자연 연소 및 이레이저 건이다.

이 중에서도 독자들이 가장 궁금하게 생각한 것은 이레이저 건의 성능이었다. 이레이저 건은 사람을 향해 발사하면 순식간에 형체도 없이 사라지며 건물 등도 완전히 기화되는 공포의 무기이다.

물체가 순간적으로 사라지는 것은 물질의 상태가 고체나 액체에서 기체로 변했다고 생각하면 그런대로 이해할 수 있는 일이다.

가장 큰 문제점은 기화 때 생기는 체적의 증가이다. 물 1cm³를 증기로 만들면 1,700cm³가 된다. 고체와 액체의 부피증가가 거의 없다는 것을 감안하면 일반적으로 기화 또는 승화될 때 부피가 1,700배 증가한다는 뜻이다. 고층 건물에서 화재가 났을 때 갑자기 폭발이 일어나며 유리창 등이 파괴되고 불이 튀어나오는 것도 건물 내부에 있는 물질이 불타면서 부피가 급격히 팽창하였기 때문이다.

이레이저 건을 사용하더라도 이와 같은 문제점이 생기게 된다.

『피라미드』 제2부 제3권에 세트는 쿠바(면적 11만 861km²)의 저항군인 페르난데스가 자신에게 대항하여 우주선을 공격하자 이레이저 건으로 쿠바 전체를 지상에서 없애버리려고 한다. 쿠바의 국토 면적은 북한과 비슷한데, 한마디로 그만한 면적을 지도상에서 완전히 기화시켜 바닷속에 수장시키겠다는 것이다.

모두들 세트의 결단에 찬성하지만 과학자인 코프카 박사는 이에 반론을 제기한다. 바로 체적의 증가를 막을 수 없다는 것이다. 이레이저 건으로 쿠바 전체를 기화시킬 경우(「스타워즈」에서는 악의 제국에서 반란군의 요새인 행성을 간단하게 폭파시키는데 이 경우는 행성이 우주 공간으로 산산조각으로 부서지는 것을 의미하지 모든 물질을 기화시키는 것은 아님)에는 순간적인 체적의 증가를 지구라는 행성이 감당하지 못하여 인근 지역에 심각한 여파를 미치게 된다.

결국 세트가 쿠바를 이레이저 건으로 소멸시키지 못하고 페르난데스를 공격하기 위해 상륙 작전을 감행한 것은 현명한 조치였다. 물론 제3부에서는 이레이저 건의 단점을 다소 보완하여 2~30만 명 정도가 살고 있는 도시를 완전히 파괴한다. 과학은 언제나 발전하며 세트는 지구에서 11.8광년이나 떨어진 알프 행성에서 온 외계인이라는 것을 감안하기 바란다.

「배트맨」의 감독이 이런 정도의 과학지식을 몰랐을 리 없다고 생각한다. 단지 사람의 열을 어디론가 보내버리는 장면이 그다지 아름답지 않으므로 냉동광선을 맞기만 하면 얼음이 되고 이레이저 건을 맞으면 순간적으로 사라지게 만들었을 것이다.

화면을 아름답게 만들거나 관객의 구미를 끌기 위해 불가능을 가능으로 만드는 것은 감독의 권한이다. 과학자들의 지적을 감독이 반영하느냐 마느냐도 감독 마음에 달려 있다. 어차피 제작에 대한 총책임은 감독이 져야 하는 것이니까.

4. 타임머신

미래에서 온 여행자를 찾아라

　프랑스의 한 텔레비전 방송국에서 제작한 「내가 바라는 세상」은 새로운 밀레니엄을 맞는 260명의 지구촌 어린이들이 미래에 대한 예측과 희망의 메시지를 전달하는 프로그램이다.

　그 메시지는 이렇다. 일부 부정적인 요소들을 인간들이 슬기롭게 제거할 수만 있다면 꿈과 환상이 어우러진 희망찬 미래가 될 수 있다는 것이다.

　재미있는 사실은 260명 어린아이들의 가장 큰 소망이 '타임머신을 타고 싶다'는 것이었다.

　사실 흥행에 성공한 SF 영화는 거의 모두 타임머신을 소재로 했다고 해도 과언이 아니다.

　타임머신의 원조라고 할 수 있는 조지 웰스의 원작을 영화로 만든

「타임머신Time Machine」, 「터미네이터」, 「백 투 더 퓨처Back to the Future」, 「타임캅Timecop」, 「스피어Sphere」, 「비지터Visiteurs」, 「12 몽키즈12 Monkeys」 등 수많은 영화들이 현재에서 과거나 미래로, 미래에서 현재로 넘나드는 이야기였다.

제임스 카메론 감독의 「터미네이터」는 특히 흥미롭다. 2029년은 세계를 지배하는 기계들이 인류소탕 작전을 벌이는 참혹한 미래이다. 핵전쟁으로 30억 인구가 소멸하고 겨우 살아남은 사람들은 인간보다 강해진 기계와 전쟁을 치르게 된다. 인간의 저항이 만만치 않자 기계 군대의 독재자는 저항군 지도자인 존을 제거하기 위해 사이보그 인간 인 '터미네이터'를 과거로 보낸다. 존의 어머니인 사라를 제거하면 저항군의 지도자 존이 태어날 수 없기 때문이다. 영화에서는 이에 대항하여 저항군의 전사인 카일이 존의 어머니인 사라를 구하기 위해 과거로 날아간다.

주목해야 할 건 사라의 아들 존이 태어나려면 미래가 현재보다 먼저 일어나야 한다. 그의 아버지 카일은 존보다 늦게 태어나 그의 부하가 되고 다시 과거로 돌아가 그의 아버지가 된다. 존의 어머니가 되는 사라는 뱃속에 있는 아들에게 보낼 녹음 메시지에서 이렇게 말한다.

"카일을 보낼 때 아버지인 줄 알지 못했을 것이다. 그러나 그를 보내지 않았다면 너는 태어나지 않았을 거야."

여기에서 흥미로운 것은 2029년 존의 아버지인 카일은 존이 보여준 사라의 사진을 보고 반해 사라를 보호하는 작전에 지원한다는 점이다. 그 사진은 1984년 사라가 주유소에서 찍은 것인데 카일은 사라가 죽은 후에 사라에게 반한다. 그들의 사랑은 미래에서 싹터서 과거에서 실현되었으며 다시 미래로 이어진 것이다.

「터미네이터」를 비롯하여 타임머신이 나오는 영화들은 주인공이 과거와 미래를 마음껏 넘나들면서 주어진 상황에 적절히 대처한다.

타임머신을 소재로 한 영화는 대부분 블록버스터 영화로 제작되며 흥행에도 성공한다는 공통점이 있다.

「사랑의 블랙홀Groundhog Day」처럼 매우 색다른 시간여행을 주제로 삼은 영화도 있다. 성격이 괴팍한 텔레비전 기상통보관 필은 어느 날부터인가 똑같은 하루가 반복되고 있음을 깨닫는다.

혼란에 빠지는 것도 잠시, 필은 곧바로 악몽을 기회로 삼는다. 하루라는 짧은 시간에 벌어질 일을 이미 알고 있다는 점을 적극적으로 이용하는 것이다. 곤경에 처한 사람을 도와주고 나무에서 떨어지는 아이를 받아주는가 하면 거지 할아버지에게 따뜻한 저녁을 사주기도 한다. 결론은 하루라는 시간을 좀더 가치 있게 이용하는 법을 깨달으며 덤으로 사랑까지 얻는다는 내용이다.

하루가 아니라 단 20분이나 한 시간 전으로만 돌아가도 수많은 일이 생길 수 있다는 것을 루이스 모노 감독은 「레트로액티브 Retroactive」에서 보여주었다.

고속도로에서 작은 교통사고를 낸 범죄심리학자 카렌은 프랭크와 그의 처가 타고 가는 자동차에 동승하게 되면서 사사건건 일이 꼬인다. 프랭크는 고가의 컴퓨터칩을 팔아넘기는 악덕 사기꾼인데 간이휴게소에서 아내의 부정을 알고 쏘아 죽인 후 카렌마저 살해하려고 한다. 카렌은 가까스로 탈출하여 과거로의 시간 역행 시스템을 연구하는 연구소로 들어간다.

그런데 연구소의 기계 조작 실수로 타임머신에 탑승하게 된 카렌은 20분 전의 과거로 다시 돌아가게 된다. 자신이 목격했던 살인사건을 막을 수 있다고 생각한 그녀의 예상과는 달리 과거로 돌아갈수록 희생자만 늘어나는 대형사고로 치닫게 된다. 물론 마지막 게임에서 카렌의 의도대로 해피엔딩이 되지만 「사랑의 블랙홀」이나 「레트로액티브」가 주는 의미는 단 하루일지라도 시간여행은 사람들에게 수많은 영감을 불어넣어 준다는 것이다.

그것이 불가능의 과학 중에서 타임머신이 가장 주목받는 이유이기도 하지만…….

슈퍼맨과 타임머신

타임머신이 실용화된다면 아마 한국인들이 가장 반가워할지 모른다.

한국인들은 매년 설날이나 추석날 차례나 성묘를 위해 고향에 내려간다. 귀중한 시간 대부분을 교통체증으로 도로 위에서 보내게 된다. 그러니 타임머신이 발명된다면 굳이 죽은 조상의 무덤을 찾아 성묘길을 떠나지 않아도 되는 것이다. 그들이 살아 있던 과거로 거슬러 올라가기만 하면 되니까.

이혼이라는 단어도 사전에서 사라질지 모른다. 수많은 장애물을 헤치고 결혼한 연인들이 막상 결혼한 후에 여러 가지 이유 때문에 이혼하는 경우가 많은데 관계가 파국으로 치닫기 이전에 사랑하던 시절로 돌아갈 수 있다면 이혼을 미연에 방지할 수 있을 것이다.

타임머신이 있으면 클레오파트라와 안토니우스의 뜨거운 사랑 현장도 목격할 수 있고, 그 유명한 안토니우스와 아우구스투스의 악티움 해전도 관전할 수 있다. 임진왜란 당시 이순신 장군이 어떻게 거북

선을 사용하여 전투에 승리했는지도 목격할 수 있다. 「스타트랙」처럼 역사상 가장 뛰어난 천재라는 레오나르도 다 빈치를 미래로 데려와 발달된 과학문명을 보여주고 다시 자신의 시대로 돌아가게 만들 수도 있다.

타임머신이라는 아이디어가 세상에 태어나자 과학자들은 곧바로 타임머신을 현실화시킬 수 있는 방법론을 찾기 시작했다. 대부분 과학적인 생각이 결여된 아이디어 차원에 지나지 않았지만 타임머신이 태어난 초창기에 가장 합리적인 아이디어로 인정된 것은 지구의 자전 방향과 반대 방향으로 회전하면 시간을 거슬러 올라갈 수 있다는 생각이다. 한쪽 방향의 운동이 앞으로 흐르는 시간과 동등하면 반대 방향의 운동이 거꾸로 흐르는 시간과 동등하다는 뜻이다.

영화 「슈퍼맨」에서 슈퍼맨은 애인인 루이스 레인이 핵폭발의 여파로 죽게 되자 역사의 길을 바꾸기로 결정한다. 그는 지구의 자전 방향과 반대 방향으로 적도 둘레를 빙글빙글 돌면서 루이스 레인이 죽기 직전의 과거로 돌아가 그녀를 살려낸다. 물론 루이스 레인이 죽기 직전에 슈퍼맨이 영화에서 구출하였던 사람들은 슈퍼맨이 루이스 레인을 구하려고 역사를 바꾸었기 때문에 죽지 않으면 안 되었을 것이다. 죽은 사람이 살아났기 때문에 극적으로 살아난 사람이 죽어야 한다는 것은 썰렁하기 그지없는 아이디어라고 볼 수 있지만 이러한 일은 일어날 수 없기 때문에 독자들은 안심해도 된다. 두 물리적 현상인 회전의 방향과 시간의 흐름은 서로 아무런 관계가 없기 때문이다.

「슈퍼맨」에서 사용한 논리는 천체의 운동이 시간을 흐르게 한다는 것이다. 그러나 실제로 천체가 운동하니까 시간이 흐르는 것이 아니라 시간이 흐르므로 천체가 운동한다. 슈퍼맨이 광속보다 빨리 달리더라도 과거로 가는 것이 아니라 광속보다 빨리 달린 것에 지나지 않는다. 결국 슈퍼맨은 루이스 레인을 만나지 못하고 지쳐서 달리기를 그만두었을 것이다. 이것이 진실이다.

더구나 우주가 회전하고 있다는 것을 알고 있는 사람이라면 설사 타임머신을 타고 미래로 갈 수 있다고 해도 다시 과거로 돌아오는 데 중대한 문제점이 있음을 알 수 있다. 시간 차원에서만 여행을 하고 공간이라는 3차원은 바뀌지 않아야 하는데 지구는 매우 복잡한 방식으로 3차원을 통하여 움직이고 있기 때문이다. 타임머신이 놓인 지면상의 한 점은 지구 축을 따라 움직이고 있다. 지구, 태양, 태양계, 우리의 은하도 운동을 하고 있으므로 과거로 달려가더라도 지구는 자신이 출발했던 장소에 존재하지 않는다. 광속보다 빠른 우주선을 타고 갔다 해도 그곳은 지구가 아닌 컴컴한 우주 공간일 뿐이다.

슈퍼맨이 바보인가! 우주의 회전까지 고려, 슈퍼맨이 과거로 갈 수 있도록 만반의 준비를 했다고 하더라도 여하튼 지구는 과거에 있었던 자리에서 이미 옮겨져 있다. 텅텅 빈 허공에서 애인을 찾는다는 것은 넌센스에 불과하다. 슈퍼맨의 애인은 슈퍼우먼이 아니므로 보호복 없이 우주 공간에서 단 1분도 살 수 없다. 슈퍼맨이 불쌍할 따름이다.

▶「슈퍼맨」
천체가 운동하니까 시간이 흐르는 것이 아니라, 시간이 흐르므로 천체가 운동하는 것이다. 슈퍼맨이 광속보다 빨리 달려도 과거로는 갈 수 없다.

🎞️ 아인슈타인의 상대성이론과 타임머신

시간여행을 다룬 영화들이 세계적으로 흥행에 성공하면서 많은 사람들이 어린아이들처럼 타임머신이 언젠가 발명될 것이며 그렇게 되면 누구나 쉽게 시간여행을 할 수 있을 것이라고 믿고 있다.

시간여행이 정말로 가능한가? 이 해답을 아인슈타인이 쥐고 있는데 어쩐 일인지 그는 타임머신은 절대로 불가능하다고 결론 내렸다. 아인슈타인이 이와 같은 결론을 내린 건 그의 상대성이론에 근거한 것으로 절대공간과 절대시간은 존재하지 않는다는 것이다.

타임머신이라는 말이 어린아이를 포함하여 대부분의 사람들에게 상상력을 높여주지만 타임머신을 설명하려면 필연적으로 아인슈타인과 그의 역작인 상대성이론을 끌어들여야 한다. 이 장은 다른 장과는 달리 다소 딱딱하고 어려운 설명이 들어 있다는 뜻이지만 상대성이론이라는 말만 듣고 겁을 낼 필요는 없다. 이 장을 음미하면서 타임머신을 이해해 나가면 상대성이론도 난해한 것만은 아니라고 느끼며 다음 장들의 설명도 쉽게 이해할 수 있을 것이다. 아무쪼록 끝까지 읽어 줄 수 있는 아량을 갖기 바란다.

아인슈타인은 1905년에 광전자효과와 함께 특수상대성 이론을 발표하고 1907년부터 1916년까지 일반상대성 이론을 발표했다.

상대성이론은 매우 단순한 생각으로부터 출발한다. 그는 '만약 우주에 출발점이 없다면, 어떻게 사람들이 우주에 대한 모든 것을 알 수 있는가?' 하는 의문을 제시했다. 그는 자신의 주장을 좀 더 발전시켜 우주의 어떤 사건에 관련지어진 관성좌표계(운동의 법칙이 성립하는 좌표계)가 있다면 자신이 제시한 의문점을 해결할 수 있다고 주장했다.

스포츠에 있어서 심판의 잘못된 오심이 큰 문제가 되는 것은 우리 모두 잘 알고 있다. 2002년 동계올림픽에서 쇼트트랙에 출전한 김동성 선수가 오노 선수의 할리우드 액션에 의해 금메달을 빼앗긴 것은 너무나 잘 알려진 사실이다. 당시 김동성 선수의 실격을 선언한 심판들이 분명히 오심을 했다는 것은 사진 분석에 의해서 명백하게 확인된다.

그러나 심판의 오심을 원천적으로 막기 위해 심판을 없앤다면 더 큰 문제점이 일어날 수 있다. 경기를 원활히 진행시키고 보다 객관적으로 우승자를 가리기 위해서 비록 오심을 하는 심판이 있더라도 심판진을 운용하는 것은 필수 불가결하다. 심판은 이미 제정된 경기의 규칙에 따라 경기를 진행시키고 반칙 등 불법 행위를 처벌한다. 야구는 투수를 포함하여 아홉 명이 경기에 나서고 축구는 골키퍼를 포함하여 열한 명이 출전한다. 농구는 다섯 명이 출전하고 배구는 여섯 명이 한다. 바로 이런 규칙에 의해 경기가 진행될 때에 비로소 야구, 축구, 배구, 농구 어떤 종목이든지 보다 정확하게 이해할 수 있고 어느 선수가 남보다 더 실력이 있고 우수하다는 것을 판별할 수 있다.

아인슈타인의 상대성이론은 스포츠와 같은 규칙을 우주의 틀로 확대하여 설명한 것이라 볼 수 있다. 예를 들어 태양계 안에 있는 행성의 운동을 기술할 때는 지구 중심의 관성좌표계보다는 태양 중심의 관성좌표계가 훨씬 편하다. 어느 것이 맞고 틀리는가가 중요한 것이 아니다. 비교적 이해가 쉽지 않은 공간과 시간의 측정이 주어진 관성좌표계에 따라 상대적인 것이 된다고 그는 주장했는데 이러한 이유로 아인슈타인의 이론을 '상대성이론'이라고 부르는 것이다.

사람은 고래보다 작다. 그러나 사람은 개미보다 훨씬 크다. 그렇다면 사람은 큰 것인가, 작은 것인가?

대답은 개미가 봤을 때 사람은 엄청나게 크지만 코끼리가 봤을 때는 매우 작다는 것이다. 그렇다고 사람의 키가 달라지는 것은 아니다. 바라보는 기준에 따라서 사람의 키에 대한 평가가 달라진다는 뜻이다. 우주에서도 어떤 기준을 설정한다면 보다 명확하게 우주의 현상을 이해할 수 있다는 것이다.

이제부터 다소 어렵다고 생각할 수 있는 설명들이 나오지만 SF 작품을 보다 재미있게 이해하는 데 도움이 되므로 눈 딱 감고 계속 독파해주기 바란다.

우선 관성좌표계의 설정을 이해하면 이제 상대성이론이 무엇인가를 쉽게 이해할 수 있다. 아인슈타인 이전에 중력은 두 물체 사이에 작용하는 힘으로만 다루어졌다. 그러나 아인슈타인은 일반상대성이론에서 중력을 공간의 특성으로 다루었다. 즉 물질의 존재에 의해 공간이 휘게 되고 휘어진 공간 중 가장 저항을 적게 받는 선을 따라 물체가 움직인다는 것이다.

이 원리의 중요성은 중력이 본질상 모든 물체를 서로 끌어당기는 힘에 불과한 것이 아니라는 것이다. 오히려 중력은 물질의 질량에 의한 공간과 시간의 휘어짐이라는 것이다. 질량의 존재에 의한 굽은 공간은 비(非)유클리드 기하학의 형태인데 빛의 속도가 주어지면 계산할 수 있다.

아인슈타인의 획기적인 이론과 비교하여 고전역학이라고 불리는 뉴턴의 만유인력법칙이 구닥다리 이론이라고 생각하는 사람들이 있는 모양인데 천만의 말씀이다. 일반상대성이론과 뉴턴의 법칙은 일상세계에서는 기본적으로 똑같은 결과를 얻는다. 뉴턴 역학으로 보편적인 천체운동, 즉 지구가 태양을 돌거나 혜성이 도는 천체의 운동이나 역학 문제를 풀 수 있다.

단지 광속을 고려해야 할 정도로 특이한 경우에 한해 아인슈타인의 상대성이론이 필요하다. 과학자들이 인류가 낳은 가장 위대한 과학자로 아인슈타인보다 뉴턴을 더 높이 평가하는 이유가 여기에 있다. 인간들이 살고 있는 지구나 태양계에서는 뉴턴의 이론으로 거의 모든 물리학 · 천문학 · 역학 등의 문제점들을 해결할 수 있기 때문이다.

아인슈타인을 증명하다

상대성이론에 대해서는 세세하게 거론하지 않겠지만 타임머신을 좀 더 쉽게 이해하기 위해서는 아인슈타인이 태어날 때만 해도 우주에 대해 진지하게 생각한 사람들이 많지 않다는 점을 기억할 필요가 있다. 아인슈타인의 이론이 어렵다고 전해지는 것은 아인슈타인이 동시대의 과학기술 수준에 비해 너무나 파격적인 이론을 제시했기 때문이다. 그러므로 상대성이론을 설명하는 것보다 상대성이론이 어떻게 인정을 받았는가를 아는 것도 타임머신을 이해하는 데 도움이 된다.

지금은 상대성이론에 대한 해설서만 해도 방대하지만 아인슈타인의 이론이 처음 나왔을 때는 어느 누구도 그의 이론을 받아들이려 하지 않았다. 아인슈타인의 이론은 젊은 과학자의 객기로 여겨질 정도였다. 그러나 모든 학자들이 아인슈타인에게 배타적이지는 않았다. 아인슈타인의 이론을 뚱딴지와 같은 이론이라고 무시하는 학자들도 있었지만 아인슈타인의 새로운 이론에 매료된 학자들도 많았다.

그러나 아인슈타인의 이론에는 결정적인 문제점이 있었으니 학자들, 특히 물리학자들에게 인정받기 위해서는 엄밀한 검증자료가 있어야 하는데 그의 이론은 광속과 같은 상상을 초월하는 현상을 다루기 때문에 실험으로 검증하는 것이 어렵다는 점이었다.

바로 이때 아인슈타인의 진가가 발휘됐다. 자신의 이론을 증명하는 것이 쉽지 않다는 것을 알자 자신의 이론을 검증할 수 있는 방법을 제시한 것이다.

만약 태양의 뒤에 별이 있어서 일식 때 그 별의 가장자리를 관측한 후 지구가 반 바퀴 공전한 다음에 태양의 간섭을 받지 않은 그 별의 위치를 관측할 수 있다면, 태양의 중력에 의해 그 별빛이 휜다는 것을 검증할 수 있다는 것이다.

아인슈타인은 1911년에 중력장에 의해 태양을 통과하는 빛은 직선으로부터 1.75초만큼 휜다고 했다. 공간을 평평하다고 보는 뉴턴 역학에 의해 1801년 요한 폰 솔드너(Johann von soldner)가 계산한 것에 따르면 태양 표면을 스치듯 지나가는 빛의 휘어짐은 0.84초였다.

아인슈타인의 이론에 대한 검증은 그야말로 전지구적이었지만 순탄했던 것만은 아니었다. 1916년 제1차세계대전 중에도 불구하고 독일 과학자들은 그의 예언을 검증하기 위해 모든 실험장비를 갖추고 일식이 일어나는 러시아로 출발했다. 그러나 러시아는 독일과 전쟁중이었고 순수한 연구 목적이라고 말했음에도 모든 실험장비를 압류당하고 결국 추방당하고 말았다. 러시아 측에서 말했을 것이다. 빛의 속도를 측정한다고? 빛의 속도를 안다고 배고픔이 사라지냐?

1918년 세계대전이 끝나자 관측대를 파견할 계획이 영국에서 세워졌다. 그러나 반대의견도 만만치 않았다.

"적국 독일의 과학자가 내놓은 이론을 시험하기 위해서 우리가 많은 돈을 들여 관측대를 파견할 수 없다"는 것이 반대 이유였다.

그러나 당시 관측 계획의 위원장이자 양심적인 반전운동으로 유명한 영국의 천문학자 에딩턴(Arthur Stanley Eddington)은 "진리에는 국경이 없다. 어느 나라 과학자의 이론이든 옳은 이론을 증명하는 것은 과학자들의 책임이다"라고 강력히 옹호했다.

결국 1919년 5월 10일 개기일식이 관측되는 브라질 북쪽에 있는 소브랄과 서아프리카의 기네아만에 있는 프린시페 섬으로 관측대를 파견했다. 에딩턴 자신도 프린시페 섬 관측대에 참가했다. 두 군데의 일식 관측 결과 태양 가장자리를 통과하는 광선은 1.64초 굴절했다. 앤드류 크로믈린이 이끄는 소브랄의 탐사대도 1.98초의 거리 차이를 발견했다. 그것은 아인슈타인이 예언한 1.75초와 약간의 오차는 있었지만 두 값은 거의 일치했고 태양의 인력이 광선을 굴절하게 만든다는 것을 증명한 셈이었다.

하룻밤 사이에 아인슈타인은 세계 언론의 찬사를 받는다. 1919년 11월 7일자 영국 런던의 「타임스」지는 이렇게 보도했다.

'과학에 일어난 혁명/우주에 관한 새 이론/뉴턴의 개념을 뒤집다.'

아인슈타인의 상대성이론이 검증되자 그에게 찬사가 쏟아졌다. 20세기 최대의 과학자라는 칭호는 오히려 진부하고 인류 사상 가장 탁월한 과학자로 불리는 뉴턴과 동일 반열에 들 정도였다.

과학자들의 고집은 정말 알아주어야 한다. 아인슈타인의 이론이 빛을 관찰함으로써 증명되었는데도 학자들은 그의 이론이 맞는다면 실험실 안에서도 검증할 수 있어야 한다고 생각했다. 그러나 빛과 같이 빠른 현상을 실험실에서 검증한다는 것이 쉬운 일이 아니었다. 수많은 학자들이 그 검증을 위해 고생했지만 결국 독일의 물리학자 뫼스바우어가 성공했다.

뫼스바우어의 실험은 아인슈타인의 이론을 공고히 하는 가장 중요한 작업으로 평가되며 그는 1961년 노벨 물리학상을 받았다. 아인슈타인도 당연히 두 번째로 노벨 물리학상을 수상했어야 하는데 아쉽게도 그는 고인이 되었기 때문에 수상하지 못했다는 것은 앞에서 설명했다.

⚙️ 타임머신의 역설

영화 속의 타임머신으로 돌아간다. 우선 영화에서 잘 알려진 타임머신은 SF 영화의 전유물이나 마찬가지로 알려져 있지만 원래는 소설가들이 현실을 풍자하기 위한 기법으로 도입한 것이다.

가장 잘 알려져 있는 것이 영국의 작가 찰스 디킨스의 『크리스마스 캐럴』이다. 소설의 주인공 스크루지 영감은 모르는 사람이 없을 정도인데, 그는 타임머신이라는 복잡한 장치 없이도 자신의 미래를 미리 가본 행운의(?) 주인공이다.

또 유명한 타임머신은 조지 웰스가 1895년에 발표한 소설 『타임머신』으로 그가 고안한 작품 속의 타임머신 장치는 오늘날 시간여행을 의미하는 고유명사로 확정되기에 이르렀다.

타임머신은 물론 조지 웰스가 처음은 아니다. 1888년에 미국의 에드워드 벨라미는 소설 『회고 : 2000년에서 1887년까지』에서 현재 시점에서 본 과거나 미래의 모습을 묘사하고 있으며, 『톰소여의 모험』과 『허클베리핀』으로 유명한 마크 트웨인이 1889년에 발표한 소설 『아서 왕궁의 코네티컷 양키』도 같은 소재의 시간여행을 한다.

『아서 왕궁의 코네티컷 양키』는 19세기 말 미국의 한 기술자가 정신을 잃은 뒤 다시 깨어나보니 영국의 아서 왕 시대로 날아갔다는 특이한 소재로 봉건제와 지배계급에 대한 풍자를 담았다. 그러나 이들 소설은 조지 웰스의 『타임머신』에 필적할 만한 과학적인 지식은 찾아볼 수 없다.

1930년대 중반에 미국의 냇 샤크너는 『선조의 목소리』를 통해 타임머신의 심각한 문제점에 대해 지적했다. 이 소설의 주인공은 타임머신을 타고 멸망 직전의 로마제국으로 갔다가 우연히 자신을 습격한 훈(Hun)족 사나이를 살해한다. 그로 말미암아 그 사나이의 후손인 게르만계, 유태계 혈손들이 순식간에 사라진다. 그 중에는 히틀러를 포함한 나치당의 지도자들 상당수가 포함되어 있어서 정치적인 파장이 적지 않았다.

영화 「백 투 더 퓨처」도 매우 극적인 미래와 과거의 이야기를 주제로 삼았는데 『선조의 목소리』에서 많은 아이디어를 차용한 듯 보인다. 「백 투 더 퓨처」 시리즈의 1편에서 주인공 마티는 타임머신을 만든 과학자 브라운 박사에 의해 자신의 부모가 결혼하기 전의 과거로 간다. 그곳에서 마티는 어릴 적 어머니를 만나게 되는데 그녀가 마티를 좋아하면서부터 일이 꼬인다. 어머니가 마티의 아버지와 결혼하지 않으면 마티 자신은 태어날 수가 없기 때문이다.

「타임캅」은 타임머신 기술이 개발되자 과거로 돌아가 시간의 흐름을 훼손하는 행위를 감시하는 '역사감시국'이라는 특수경찰 기구를 미국 정부가 만드는 것으로부터 이야기가 시작된다. 워싱턴의 경찰관 워커의 집에 괴한이 침입하여 워커의 아내 멜리사를 살해한다. 게다가 2004년 워싱턴에서 대규모의 역사 훼손이 이루어지고 있다는 신호를 포착한 역사감시국은 워커를 10년 전인 1994년으로 보낸다.

현장에서 워커가 발견한 것은 머지않은 장래에 엄청난 돈을 벌어들일 슈퍼칩 개발회사의 지분을 포기하려는 젊은 상원의원 매콤과, 2004년으로부터 시간을 거슬러 온 매콤. 미래의 매콤은 자신의 과거 모습인 매콤에게 선견지명이 없다고 호통치면서 동업자인 파커를 살해한다. 그는 슈퍼칩으로 돈을 벌어 미국 대통령이 된 후 시간여행 기술을 독점, 영구집권을 꾀한 것이다.

영화는 할리우드 스타일답게 멜리사를 살해한 것이 매콤임을 알아차린 워커가 우여곡절 끝에 멜리사가 살해되기 몇 시간 전으로 돌아가 매콤 일당의 공격에 대비한다. 영화에서는 매콤에 의해 저질러진 멜리사의 살해가 역사를 훼손한 것이므로 바로잡는 것은 인과율을 훼손하는 것이 아니라고 설명한다. 이쯤되면 과학자들도 두 손을 들 수

▶「타임캅」
역사감시국의 특수경찰 워커는 훼손된 역사를 바로잡는다는 미명 아래 과거로 돌아가, 인과관계의 순환고리를 교묘하게 빠져나간다.

밖에 없다.

독특한 인과관계의 순환고리를 이루고 있는 '혹성 탈출' 시리즈는 시간여행을 다양한 방법으로 이용했다. 1968년에 나온 1편 「원숭이 행성」을 보면 지구에서 출발한 우주선이 조난하여 어떤 행성에 불시착했는데 그 행성을 지배하고 있는 것은 원숭이였다. 우주여행을 떠났던 우주인들이 원숭이들에게 붙잡혀 온갖 고초를 겪다가 탈출에 성공하는데 그들은 자신들이 불시착한 행성이 바로 파괴된 지구라는 사실을 깨닫는다. 장기간 우주여행을 했던 주인공들은 상대성이론에 따라 지구에서보다 훨씬 나이를 적게 먹었으므로 결과적으로 미래로 시간여행을 했다는 것이다.

1972년에 발표된 '혹성 탈출' 시리즈 제3편 「원숭이 탈출」은 인간에게 박해받다 죽은 원숭이 부부의 아들이 주인공으로 등장, 인간을 반대하는 혁명의 지도자로 나서며, 1973년에 발표된 제5편 「원숭이 행성의 전쟁」은 우주선을 타고 지구를 떠난 인간들이 조난했다가 원숭이 행성에 불시착하는 제1편의 시작부분으로 되돌아간다. 시간여행이 과거 · 미래 · 현재를 돌고 돌 수 있다는 것을 보여주는데 아무래도 작가들이 사건을 만드는 데 있어서 타임머신만한 소재가 없는 것 같다.

타임머신이. 실제로 가능하다고 할 때 다음과 같은 유명한 역설이 등장한다.

당신이 태어나기 이전의 과거로 돌아가 어머니를 죽인다면 당신에게는 어떤 일이 생길까? 어머니를 살해하면 당신은 존재할 수 없다. 그러나 당신이 존재하지 않게 되면 과거로 돌아가 어머니를 살해하는 일도 저지를 수 없게 된다. 그리고 어머니를 죽이지 않는 한 당신은 계속 존재한다.

다소 유쾌하지 않은 가설이지만 '타임머신'이라는 아이디어가 세상에 발표되었을 때의 문제점을 이보다 정확하게 지적한 것은 없다. 영화 「백 투 더 퓨처」는 바로 이런 모순점을 다른 각도에서 설명한 것이다. 만약 마티가 자신의 어머니가 될 사람과 결혼하여 자신이 태어날 가능성을 원천적으로 봉쇄한다면 어떻게 될까? 영화에서는 이러한 일이 생기지 않도록 마티의 어머니와 아버지가 결혼하여 자연스럽게 인과율의 모순점을 해결했지만 이러한 질문은 타임머신 연구자들을 곤경에 빠뜨렸다.

이 상황을 좀 더 쉽게 말한다면 '존재한다면 존재할 수 없고 존재하지 않으려면 존재해야 한다'는 것이다. 타임머신에 관한 역설은 타임머신이 원천적으로 가능해서는 안 된다는 실망스러운 결론에 도달한다.

쌍둥이 형제의 패러독스

인과율 때문에 타임머신이 아예 불가능하다는 것은 사실 과학자들에게 그리 매력적인 이야기로 들리지 않는다. 그것은 물리적인 현상이 아니기 때문이다.

과학자들은 아인슈타인이 과거와 미래를 드나들 수 있는 타임머신이 왜 불가능하다고 단정했는지 이모저모 검토하기 시작했다.

아인슈타인의 이론 중에서 가장 중요한 것은 시간이란 절대적인 것이 아니고 관찰자와 관찰되는 대상 사이의 운동에 따라 상대적으로 결정된다는 점이다. 동일한 시계를 정지한 관찰자가 보면 시계는 시간 t를 기록하고 있지만 시계에 대해 움직이는 관찰자가 보면 시계는 시간 t_o를 기록한다는 것이다.

두 시간 사이에는 $t = t_o/(1-v^2/c^2)1/2$인 관계가 성립한다. 여기에서 v는 속력이고 c는 광속이다.

수학이라고 하면 머리를 흔드는 사람들이 굳이 이 공식을 풀 필요는 없다. 단지 이 공식에 의하면 관찰자에 대해 $v=0.5c$, 즉 광속의 절반으로 움직이는 시계가 100번 똑딱거렸다면, 동일한 시계를 자신의 손 위에 올려놓고 있는 관찰자가 보기에는 115번 똑딱거린다는 것을 느낄 수 있다는 것이다. 그래서 $t=1.15t_o$가 된다. 이러한 현상을 '시간 늘어남(time dilation)'이라고 부르는데 이런 '시간 늘어남'은 광속에 가까운 속도로 비행하는 우주선에 탑승한 우주인들에게 더욱 극적인 효과로 나타난다는 점에서 중요하다.

지구상의 중력과 같은 1G로 계속 가속할 수 있는 우주선이 있다고 하자. 출발한 지 1년 만에 우주선은 광속의 77%, 2년 후에는 97%, 3년에는 99.6%에 도달하게 된다. 우주선으로 5년이 지나면 약 84광년의 거리에 도달하고 7년 정도 지나면 지구에서 800광년 떨어진 위치에 있는 북극성을 지날 수 있으며, 10년이면 약 1만 5,000광년 거리가 된다. 우주인은 10년의 나이밖에 먹지 않았는데도 지구에서는 1만 5,000년이 지났다는 뜻이다.

요컨대 약 2만 8,000광년 거리에 있는 은하계 중심을 통과하려면 11년이면 충분하고, 12년이면 완전히 은하계 밖으로 나가게 된다. 약 14년이 지나면 230만 광년 거리에 있는 안드로메다 은하를 접근 통과(flyby) 할 수 있다. 19년이 지나면 마침내 1억 광년, 20년이 지나면 4억 광년의 벽을 돌파하게 된다.

안드로메다 은하를 접근 통과하지 않고 광속의 99.99999999 996452%에서 이번에는 1G로 감속하면 28년 161일에 230만 광년에 있는 안드로메다 은하에 도착할 수 있다. 9라는 숫자가 수없이 써 있으므로 읽기 힘들다고 말할지 모르지만 이 역시 그런 숫자가 가능하다는 것을 이해하면 되며 앞으로 나오게 되는 긴 숫자도 같은 맥락으로 이해하기 바란다. 여하튼 이런 속도를 내는 우주선을 타고 안드로메다에 도착하여 1년을 한 행성에서 연구 조사를 마친 후 똑같은 과정을 반복하여 지구로 돌아온다고 가정한다면 상상할 수 없는 일이 일어난다.

안드로메다를 여행해서 58년 후에 돌아온 우주비행사가 지구에 도착해보니 지구에 남겨둔 처와 두 살짜리 딸의 경우 그처럼 쉰여덟 살을 더 먹은 것이 아니라 무려 460만 년 전에 죽었다는 것을 알게 된다. 460만 년이라면 한 세대를 30년이라고 볼 때 무려 15만 3,333세대가 지났다고 볼 수 있다. 그와 가족의 접촉은 우주여행을 떠나기 전 그를 배웅할 때가 마지막이었던 것이다.

더구나 우주비행사들이 우주선 안에서 보낸 시간이 변하는 것도 아니다. 58년 뒤에 돌아온 우주비행사는 지구에서 경과한 수백만 년이 아니라 단지 58년의 인생을 지구가 아닌 우주에서 보냈을 뿐이다. 그가 25세에 출발하였다면 83세의 노인이 되어서 돌아왔다는 이야기이다.

안드로메다를 여행하고 돌아온 우주인 가족(장기간 여행이므로 남자들만 보내기에는 너무나 비정하므로 「로스트 인 스페이스Lost in Space」처럼 가족이 탑승했음이 틀림없다)이 폼을 잡고 지구에 도착했을 때 어떤 상황이 기다리고 있을까?

첫째는 현대의 과학자들이 예측하는 것처럼 공해나 핵전쟁 등으로 인해 지구에서 인류가 사라졌을지도 모른다. 결국 460만 년 후에 지구에 도착한 우주인 가족들은 황량한 지구에서 '인간'이라는 새로운

동물이 태어났다는 것을 등록하고 인간들을 퍼뜨리기 위해 부단히 출산 장려 운동을 전개할 것이다.

둘째는 지구인들이 지구가 망하기 전 다른 행성으로 이주했을 가능성이다. 지구인들이 어느 행성으로 갔는지 연락이 안 된다면 일일이 행성마다 찾아다니면서 고생 좀 하겠지만 인간들은 멸종하지 않을 것이라는 희망을 주므로 다소 위안이 된다. 이에 대해서는 12장에서 다시 설명하겠다.

마지막으로 지구에 인간이 존재하고 있다고 상상하는 것이다. 과학이 발달할수록 인간들의 지혜도 늘어나므로 지구의 문제는 지구인들이 풀어가면서 새로운 환경에 대처한다는 뜻이다.

그런데 우주선을 타고 내린 우주인들이 미래의 지구에 내렸을 때 환영을 받을까? 십중팔구 정답은 '아니올시다' 이다.

미래의 인간들은 460만 년 전 인간의 모습을 보고 너무나 놀란 나머지 동물원에 가두고 철창 앞에 다음과 같은 안내판을 세울 것이다.

▶「로스트 인 스페이스」
안드로메다를 여행하고 지구로 돌아온 우주인 가족은 460만 년이라는 시간의 벽에 맞닥뜨리게 된다.

460만 년 전의 원시인류. 진화론에 따르면 현대 인간은 460만 년 전에 원시인류에서 분리되었음. 원시인류도 두 발로 걸었으며 다소 지능이 있다는 것은 우주선이라는 유치한 물건을 만들 수 있다는 것으로 증명되었음. 우측에 그들이 만든 우주선이라는 장난감이 전시되어 있음.

이와 같은 일이 일어날 수 있다는 가정은 미래의 인간은 현대의 인간과 상당히 다를 것이기 때문이다. 유전공학의 발달로 인해 지능과 건강, 외모 모두 뛰어난 형질을 갖춘 '슈퍼맨'이 주류를 이룰지 모르므로 미래인들이 보기에 현재의 지구인은 너무나 보잘것없는 '열등한' 사람일지도 모른다.

가장 대표적인 인간의 미래상은 초능력인간으로 변하는 것이다. 아서 클라크의 소설 『유년기의 끝』을 보면 미래의 신생아들이 초능력을 갖고 태어나는데 음식도 먹지 않고 잠도 자지 않는다. 원인은 외계인에 의해 인류가 새로운 진화단계를 거쳤기 때문이라는 것이다.

또 도어 스터전의 소설 『인간을 넘어서』를 보면 인간 개개인은 독립되어 있지 않고 여러 사람이 모여서 한 인간군이 된다. 인간군은 두뇌 역할을 하는 사람, 팔다리 역할을 하는 사람 식으로 제각기 역할이 분담되어 있어 겉보기에는 한 가족같지만 완전히 새로운 인간형태를 이룬다. 개개인이 육체라는 틀에 갇히지 않고 정신적·영적 통합을 통해 집단자아라는 고차원 인류로 변모한다는 것인데 여하튼 미래의 인간들은 과학기술의 발달로 육체의 한계를 많이 극복하고 정신은 더욱 더 자유롭게 된다는 것이다.

긴 안목으로 볼 때 인간의 미래가 진화가 아니라 퇴화로 갈 수 있다는 가설도 있지만(조지 웰스가 『타임머신』에서 전망한 미래) 대부분의 과학자들은 눈부신 문명을 건설, 새로운 차원의 지구인이 될 것으로 추측한다. 이 경우 지적 활동이 많아지는 대신 육체 활동의 필요성이 줄어들어 머리는 크고 팔다리는 가느다란 외계인의 모습에 가까워진다. 체형은 비록 커질지 몰라도 체력이 약해질 것이라는 전망에 따른 미래 인간은 현생 인간들을 괴물로 볼 것이 틀림없다(누가 진짜 괴물인지는 판단 유보).

너무 비유가 지나쳤다고 생각할지 모르지만 이러한 경우를 '쌍둥이의 패러독스'라고 말한다. 쌍둥이 형제가 있는데 형이 초고속의 우주선을 타고 우주여행을 하고 있는 동안 아우는 형이 돌아오기를 기다린다. 그러나 전술한 내용과 같이 형이 탄 우주선의 시계는 느리게 가지만 동생의 경우는 보편적인 시간 진행을 감수해야 한다. 결국 쌍둥이 패러독스의 답은 우주여행에서 형이 돌아왔을 때 아우보다 형쪽이 젊다는 것이다. 이것도 초고속 우주선이 짧은 순간 동안 여행할 때의 이야기이고 장기간의 우주여행을 할 경우 형이 동생을 다시 만날 수 없음은 물론이다. 1G라는 가속도로 위와 같은 여행을 할 수 있다는 것은 실로 불가사의한 일이 아닐 수 없다. 그리고 이런 이상한 현상을 아인슈타인이 상대성이론으로 비교적 쉽게 일반인들에게 알려주었기 때문에 많은 사람들로부터 사랑받고 있는 것이다.

🎞 타임머신이 멈췄을 때

타임머신은 바로 영화 속의 가정이 현실로 나타나야 비로소 의미가 있다. 그러나 아인슈타인은 광속이 넘는 우주선으로 달린다고 해서 과거와 미래를 넘나드는 것은 아니라고 못박았다. 즉 시간과 공간이 일치되는 것이 아니라 시간지연 현상 등으로 불일치를 이룰 수 있다는 것이다.

시간지연 현상이 이론상의 이야기가 아니라 실제로 일어날 수 있는 현상이냐고 누군가 질문할지도 모른다. 시간과 운동이 밀접한 관계가 있다는 상대성이론과 같은 고차원적인 문제들을 실제로 증명할 수 있느냐는 뜻이다. 물론 이에 대한 대답은 놀랍게도 '예'이다. 그와 같은 일이 실제로 우리 주위에서도 일어나고 있기 때문이다. '뮤온' 입자가 바로 그것이다.

'뮤온'이란 전자의 약 200배나 되는 질량을 가지고 있는 입자로 우주선(宇宙線)에 의해 발생되지만 잔존 시간이 매우 불안정하여 단시간 내에 붕괴하면서 하나의 전자와 두 개의 중성입자로 분열한다.

미국의 프리쉬(A. Frisch)와 스미스(J. Smith)는 해발 1,900m의 워싱턴 산 정상에서 뮤온의 개수를 측정하고 산 아래 캠브리지에서 뮤온의 개수를 측정하였다. 뮤온의 반감기는 0.000,002초이므로 뮤온이 살아 있는 시간 동안에 약 600m를 이동한다. 그러므로 1,900m의 산 정상에서 측정한 뮤온은 산 아래에서는 측정되지 않아야 정상인데 실제로 관측된 값은 예상보다 무려 아홉 배나 되었다. 과학자들은 뮤온이 광속에 달하는 속도로 달렸으므로 잔존 시간이 길어져 뮤온이 산 아래까지 내려올 수 있다는 결론을 내렸다.

스위스 제네바 근처의 CERN(유럽 고에너지 연구소)의 실험에서는 입자의 수명이 거의 30배나 연장되었다. 이 실험에 참가한 학자들은 실험의 오차가 1,500분의 1 이내였다고 발표했다. 이것은 시간이 절대적이 아니라 움직이는 물체와 연관이 되어 있는 상대적인 것이라는 아인슈타인의 이론을 증명해 주는 것이다.

그렇다면 상상할 수 없이 빠른 속도로 달리는 아폴로 11호 우주선을 타고 달까지 왕복 여행한 우주비행사 닐 암스트롱에게 생긴 시간 지연 현상은 어느 정도일까? NASA에서 발사한 아폴로 11호 우주선은 초당 8km라는 엄청나게 빠른 속도로 비행했지만 이 속도는 광속에 비하면 그야말로 새발의 피라는 것을 누구나 안다. 그래도 우주선 안에 있는 시계는 지구에 있는 시계와 비교할 때 무려(?) 1,000만분의 1% 정도 속도가 느려졌다. 암스트롱과 그의 가족들이 이 시간 차이를 감지할 수 없음은 물론이다.

초대형 여객기를 탄 사람은 어떨까? 물론 이 경우에도 시간의 늘어남 현상은 어김없이 적용된다. 예를 들어 보잉747 대형여객기로 서울에서 출발하여 시속 950km의 속도로 LA에 8시간 후에 도착한다면 자동차로 여행했을 경우에 비해 무려 10나노(nano, 10^{-9}) 초의 시차가 일어난다. 여하튼 빠른 비행기를 타더라도 인간들이 감지할 수 있는 시간여행은 아니지만 이론적으로 시간지연 효과를 얻을 수 있다는 것은 상쾌하지 않을 수 없다.

🎞 시간여행의 방정식

과거나 미래로 갈 수 있는 방법은 없다는 것이 아인슈타인의 결론이라고 볼 수 있지만, 영화감독들은 별로 그런 사실에 개의치 않는다. SF의 고전인 『타임머신』의 원작자 조지 웰스의 증손자인 시몬 웰스는 할아버지의 타임머신보다 성능이 월등히 우수한 최첨단 타임머신을 영화「타임머신」에서 선보였다. 자동차 기어와 같은 조종간으로 간단하게 미래로 갈 수 있는 타임머신은 높이 3.5m, 무게 3t의 원작보다 다소 큰 최첨단 타임머신이지만 성능은 엄청나게 개선되었다.

약혼자인 엠마가 강도에 의해 살해되자 알렉산더 하디건 교수는 과거를 바꾸기 위해 4년에 걸쳐 타임머신을 제작한다. 그러나 그가 시간여행에 성공하여 과거로 돌아갔음에도 엠마가 또 죽음을 당하자 아무리 발버둥쳐도 인간이 과거를 바꾸지 못한다는 사실을 알고 80만 년 후의 미래로 향한다. 80만 년 후의 인류는 할아버지인 조지 웰스의 소설처럼 인간들이 엘로이족과 몰록족 두 종류로 분화되었고, 후자가 전자를 잡아먹는다. 하디건이 엘로이족인 마라를 도와 몰록족을 물리치는 내용도 유사하다.

그러나 영화에서 사용되는 타임머신의 스피드는 비교할 수 없을 정도로 뛰어나다. 디자인이 독특한 시몬 웰스의 타임머신의 성능은 상상할 수 없을 정도로 개선되어 80만 년을 1.2초에 뛰어넘는다(에너지를 어떻게 얻는지는 모르지만). 이 아이디어는 어느 감독도 예상하지 못했을 것이다. 1년은 31,536,000초이다. 이것에 80만을 곱하고 1.2로 나누면 21,024,000,000,000이 된다. 「타임머신」이 보여준 엄청난 속도와 광대한 스케일을 이해할 수 있을 것이다.

▶「타임머신」
원작자 조지 웰스는 인류 진화의 전과정을 제시하고 인류의 앞날에 대해 비관적인 전망을 내놓았는데 증손자 시몬 웰스는 과학이론과 기술을 고성능 믹서로 버무려 과학소설을 환상의 경지로 끌어올렸다.

원래 원작자 조지 웰스는 인류 진화의 전과정을 제시하고 인류의 앞날에 대해 비관적인 전망을 내놓았는데 그의 증손자 시몬 웰스는 과학이론과 기술을 고성능 믹서로 버무려 과학소설을 환상의 경지로 끌어올렸다. 아무리 과학이 발달했다지만 80만 년을 단 1.2초에 갈 수 있다고 생각하는 사람은 아무도 없을 것이다.

그런데 상대성이론이 태동한 지 30년이 지난 후 뉴저지 프린스턴 고등과학원의 쿠르트 괴델(Kurt Gödel)이 드디어 시간여행을 실현시킬 수 있는 명확한 방정식의 해(解)를 찾아냈다고 발표했다. 우주 자체가 회전을 하면 그 주변의 빛을 끌어당기게 되면서 '일시적인 인과율의 고리' 가 실제로 생성될 수 있다는 것이다. 이것을 '닫혀진 시간성 곡선(시간성 폐곡선, closed timelike curve)' 이라 부르는데, 괴델은 입자 바로 근처에서는 어떤 경우에도 빛의 속도를 초과함 없이 시간의 닫힌 경로에 따라 움직일 수 있으므로 시간여행을 한 뒤에 정확히 출발 지점, 출발 당시의 시간으로 되돌아올 수 있다고 주장했다.

브라보! 드디어 타임머신을 타볼 수 있게 되었다. 괴델은 균일한 속도로 회전하는 우주에서는 거대한 반경으로 원운동만 해도 과거로 돌아갈 수 있다는 환상적인 아이디어를 제시했다. 그러나 환호성도 잠시, 괴델의 아이디어는 불행하게도 우리가 살고 있는 팽창하는 우주가 아니라 균일한 속도로 회전하는 우주에만 적용된다는 점이다. 한마디로 우리가 살고 있는 우주에서 타임머신은 불가능하다는 뜻이다.

그럼에도 불구하고 일단 아인슈타인의 상대성이론을 위배하지 않으면서 극히 한정된 조건하에서 타임머신이 가능하다는 희망은 학자들을 흥분시키기에 충분했다. 타임머신이 실제로도 가능하다는 조그마한 실마리가 보이자 갖가지 아이디어가 쏟아지기 시작했다. 그 중 가장 유명한 것이 바로 웜홀(worm hole, 벌레구멍)을 이용하는 것이다.

타임머신 가능 이론 중 가장 잘 알려져 있는 웜홀은 1988년에 미국 캘리포니아 공과대학의 손(Kip S. Thorne) 교수 등이 발표했다. 웜홀에서는 중력에 의하여 시공간(space time)이 극단적으로 변형되어 두 장소를 순식간에 이동할 수 있으므로 이를 이용하면 타임머신이 가능하다는 것이다.

손 교수가 제시하는 타임머신은 다음과 같다. 먼저 웜홀을 만들어서 두 점을 잇고, 웜홀의 한쪽 입구를 광속에 가까운 속도로 이동시킨다면 특수상대성이론에 의하여 시간의 지연 현상이 반대쪽 입구에서 일어난다. 즉 웜홀의 한쪽 입구의 고유 시간과 시간지연 현상이 있는 다른 입구에서의 시간의 흐름이 서로 달라지는 것이다. 따라서 정지하고 있는 쪽의 웜홀의 입구에서 또 한쪽의 입구까지 이동하고, 그리고 웜홀을 통과하여 원래의 지점으로 되돌아간다면 출발한 시각보다도 앞선 시각으로 되돌아가게 되는 것이다.

도대체 무슨 말인지 모르겠다고 독자들이 지적할지도 모른다. 그것은 웜홀을 이해하려면 우주에 있다는 블랙홀과 화이트홀을 이해해야 하기 때문이다. 설명하는 선후가 바뀌었지만 세 가지 홀은 모두 우리의 상식에서 벗어난 이상한 천체(시공간)라는 점이 공통이다. 우리의 상식에서 어긋나는 까닭은 이들 세 홀이 우리가 잘 알고 있는 지구나 태양의 중력에 비해 엄청나게 규모가 크기 때문이다.

제일 먼저 블랙홀에 대해 설명한다. 수학이나 우주 이야기만 하면 어지럽다고 머리를 흔드는 사람도 블랙홀에 대해서는 이야기를 들어 보았을 것이다. 간단하게 말하여 '물질은 물론이고 빛조차 빨아들여 검게 보인다' 라는 수준의 설명은 어느 책에서나 나오는 이야기이다.

웜홀을 이해하려면 우주에 있다는 블랙홀과 화이트홀을 이해해야 한다. 그런데 이 세 가지 홀은 모두 우리의 상식에서 벗어난 이상한 천체(시공간)라는 공통점이 있다. 우리의 상식에서 어긋나는 까닭은 이들 세 홀이 우리가 잘 알고 있는 지구나 태양의 중력에 비해 엄청나게 규모가 크기 때문이다.

블랙홀은 간단하게 말하여 물질은 물론이고 이 세상의 빛이란 빛은 모두 빨아들여 검게 보인다.

블랙홀의 특징은 막대한 중력을 가지고 그 주변의 모든 물체를 일방적으로 삼켜버리는 데 있다. 여기에서 일방적이라는 뜻은 일단 검은 구멍 속으로 들어간 물체는 다시 검은 구멍의 중력으로부터 빠져나올 수 없다는 것이다. 블랙홀에 들어간 물체가 빠져나올 수 없는 것은 탈출속도가 중력을 이기지 못하기 때문이다. 이 말은 중력을 이길 수 있는 속도만 있으면 언제든지 탈출이 가능하다는 뜻으로도 해석할 수 있다.

당연한 이야기이지만 중력으로부터 빠져나올 수 있는 탈출 속도는 물체에 따라 다르다. 어떤 천체에서 그 중력을 벗어나려면 최소의 속도 V(이탈속도)는 그 이탈지점의 거리(천체의 중심부터) R과 천체의 질량 M에 의해 결정된다. 간단히 말해 M이 클수록 또 R이 작을수록 V는 커져야 한다. 즉 중력이 클수록 이탈속도는 커진다.

지구표면으로부터 외계로 탈출하려면 이탈속도는 11.2km/초, 태양 표면으로부터는 600km/초가 되어야 한다. 그러므로 질량이 어느 한계 이상에 이르면 이탈속도가 광속도를 넘어야 한다. 블랙홀이 바로 이런 경우로 질량에 비해 그 규모가 상상할 수 없이 작은 경우이다. 계산에 의하면 블랙홀에서 빠져나오려면 광속도를 넘어야 하는데 아인슈타인의 이론에 의하면 물체의 속도는 광속도를 넘을 수 없으므로 결국 탈출이 불가능하게 되는 것이다. 광속에 대해서는 다음 장에서 다시 거론한다.

블랙홀은 별의 진화이론에 따라서 생긴 이론으로 일반적으로 별의 진화에서 마지막 단계에 이르면 여러 가지 변수가 생긴다. 그 중에서도 질량이 큰 별, 특히 태양보다 30배 이상 질량이 큰 별은 블랙홀이 되어 생을 마감한다. 실제로 태양이 블랙홀이 되려면 반지름이 3km가 되어야 하고 지구가 블랙홀이 되려면 1cm 정도로 작아져야 한다. 사람의 경우 전자(電子; 10^{-18}m)의 크기보다 1,000만 배나 더 작아져야 한다. 이론적으로 가장 작은 블랙홀의 질량은 10만분의 1g이다. 이렇게 작은 블랙홀은 고온고압 상태였던 빅뱅 때 만들어졌다고 추정된다.

여하튼 천문학자들은 별의 시체로서의 블랙홀을 찾는 데 주력했다. 블랙홀은 이름 그대로 아무런 빛도 내지 않는 존재이기 때문에 우주공간에 홀로 있으면 관측할 방법이 없다. 하지만 학자들은 블랙홀이 쌍성을 이루고 있을 경우에 방출되는 X선을 관측하면 블랙홀의 존재를 알 수 있다는 것을 발견했다.

찬드라는 2000년 1월 18일 백조자리 X-1에서 블랙홀의 증거를 포착했다. 이것은 블랙홀로 밝혀진 최초의 별이며 그 후 NASA는 '허블우주망원경 통계에 따르면 대부분의 은하에 거대한 블랙홀이 있다'라고 결론을 지었다. 블랙홀은 여느 은하만큼이나 흔한 천체라는 뜻이다.

웜홀, 즉 벌레구멍은 블랙홀의 사촌뻘이 되는 시공간이다. 우주(시공간)의 구조를 결정하는 중력방정식에 의하면 블랙홀과 비슷한 성질을 갖는 웜홀의 해(解)가 자연스럽게 얻어진다. 그런데 이 웜홀이 학자들의 주목을 끄는 이유는 시공간 사이를 잇는 좁은 지름길 역할을 할 수 있다는 점 때문이다.

아인슈타인의 일반상대성이론이 발표된 지 1년도 채 안 되어서 오스트리아의 물리학자 플람은 구대칭(한 점으로부터의 거리에만 의존하고 방향과는 무관한) 중력장에 해당하는 중력방정식의 해(解) 가운데 웜홀이 포함됨을 밝혔다.

웜홀은 간단하게 사과 위를 기어가고 있는 벌레에 비유된다. 사과 표면에서만 움직일 수 있는 2차원 공간의 벌레는 표면의 두 점 사이를 표면을 따라서 갈 수밖에 없다. 그러나 3차원이 허용된다면 두 점을 직선으로 잇는, 즉 사과 속으로 파들어가는 벌레구멍이라는 지름길이 생긴다. 이와 마찬가지로 별과 별 사이, 또는 우리 은하와 다른 은하 사이에도 이러한 지름길이 있다고 생각하는 것이다.

모든 지름길이 그렇듯이 지름길이 갈라지는 곳에서는 길이 급하게 꺾어지는 법이다. 즉 웜홀은 시공간이 급하게 구부러지는 곳에서 시작된다. 아인슈타인에 따르면 시공간의 구부러짐은 중력에 의한다고 볼 수 있으므로 여기서는 강한 중력이 작용할 것으로 짐작한다. 이것이 블랙홀과 웜홀이 서로 관련을 갖고 있다고 생각하는 이유이다.

화이트홀은 수학적으로는 블랙홀을 시간적으로 뒤집은 것이다. 아인슈타인의 중력방정식은 뉴턴의 중력방정식이나 양자론의 방정식과 같이 시간을 뒤집어도 그대로 성립한다. 화이트홀은 블랙홀과는 반대로 물체를 일방적으로 뱉어내는 구멍이므로 일반상식으로 이해하는 것이 쉽지 않지만 물리학자들은 이론적으로 가능하다고 설명한다.

시간여행의 일정표

블랙홀과 화이트홀을 이해하면 웜홀을 이용하여 타임머신이 가능하다는 걸 쉽게 이해할 수 있다. 웜홀은 기관(throat) 모양의 관으로 연결된 두 개의 입구를 갖고 있으며, 여행자는 웜홀의 한쪽 입구로 빨려들어가 기관을 따라 내려가서는 아주 짧은 순간에 다른 쪽 입구로 빠져나올 수 있다고 설명된다. 웜홀의 길이가 얼마나 되는지는 문제가 되지 않는다. 공간을 굽힐 수 있다면 실제거리가 얼마이든 웜홀의 길이는 일정하게 조절할 수 있기 때문이다. 일례로 지구에서 달까지의 거리는 38만 4,000km인데 1m의 웜홀이 생기면 한 발짝만 옮겨도 달에 갈 수 있다. 순간적이기는 하지만 그 과정은 우주를 가로지른 것이 될 수도 있다. 바로 공상과학 소설가들이 원하는 원리이며 SF 영화들은 대부분 이 이론을 채택한다.

그러나 애석하게도 아인슈타인의 일반상대성이론에 의하면 수학적으로 모순이 없는 웜홀은 일시적으로 생겼다가 사라진다는 것이다. 이것은 공간의 두 지점에 미시적인 특이점이 있어서 그 둘이 서로 상대방을 찾아내어 순간적으로 결합하면서 생성되지만, 이 웜홀은 시공간의 여행자가 그 길을 따라 여행을 마치기도 전에 사라져 버리고 공간은 다시 연결되지 않는 두 개의 특이점으로 돌아간다는 뜻이다.

불행한 여행자는 돌연 웜홀이 사라져 버림으로 해서 둘 중 하나의 특이점에 부딪혀 블랙홀과 마찬가지로 산산조각이 나고 만다. 결국 웜홀로도 타임머신을 만들 수 없다는 결론이다.

그럼에도 불구하고 학자들이 이렇게 매력 있는 타임머신 연구를 순순히 포기할 리는 없다.

아인슈타인의 일반상대성이론은 다음과 같은 간단한 사실을 대전제로 하고 있다.

'시공간의 휘어진 정도, 즉 시공간의 곡률(曲律)은 그 안에 포함되어 있는 물질과 에너지의 분포로부터 곧바로 결정된다.' 사실 아인슈

타인의 방정식은 곡률과 물질 및 에너지 사이의 관계를 수학적으로
표현한 것에 지나지 않는다.

시공간의 곡률(좌변) = 물질과 에너지(우변)

이 방정식의 좌변은 시공간의 기하학적 구조를 결정하고 우변은
물질과 에너지의 분포상태를 결정한다. 즉 물질과 에너지 분포가 주
어졌을 때 그 결과로 시공간이 어떻게, 얼마나 휘어지는가를 알 수 있
다. 이를 역으로 보면 시공간의 기하학적 구조가 주어졌을 때 물질과
에너지가 어떻게 분포되어야 하는지를 말해준다. 그리하여 우리가 원
하는 시간여행의 일정표를 설계할 수 있게 된다.

타임머신이 가능하다고 발표한 손 교수는 그 후 자신의 아이디어
를 보다 구체화했다. 즉 웜홀의 입구를 음의 에너지를 갖는 '신비의
물질'로 단단히 묶어 놓으면 된다는 것이다. 음에너지를 갖는 물질만
발견한다면 수만 년이나 더 되는 과거로 돌아갈 수도 있으며 그것이
타임머신이 될 수도 있다는 설명이다.

그러나 문제는 음에너지를 갖는 물질은 인간의 상상에서나 가능한
일이지 실제로는 존재할 수 없다는 점이다. 괴델이 일반상대성이론에
서 제시한 타임머신의 해(解)도 압력이 전혀 없이 균일한 밀도를 가
지고 회전하는, 또한 팽창하지도 않는 우주가 존재할 때를 가정한 것
이다.

물론 우리들이 갖고 있는 지식은 단편적이다. 그러므로 우리보다
훨씬 진보된 문명을 갖고 있는 외계인들이라면 웜홀을 만들어낼 수
있을지도 모른다. 아니면 시간여행을 가능하게 만들 수 있는 질량의
'모든' 분포상태를 일일이 규명한 뒤, 아인슈타인의 희망대로 그들

모두를 실현 불가능한 상태로 규정할 수 있는 '물리적 근거'를 찾을 수 있을지도 모른다.

그렇다면 그러한 불가능의 과학이 현실로 등장하는 때는 언제일까? 현존하는 물리학자 중에서 가장 뛰어난 사람은 스티븐 호킹 박사라는 데는 이론의 여지가 없다. 그 역시 여러 가지 면에서 타임머신이 불가능하다고 추론했는데 그의 이론에 따르면 '닫힌 빛의 경로'가 중요한 구실을 한다. 닫힌 빛의 경로상에서는 미래로 낸 빛은 어딘가에 멈추지 않고 영원히 계속하여 이 경로상을 돌게 되므로 에너지가 경로상에 자꾸만 쌓이게 된다.

타임머신이 가능하다고 발표한 손 교수는 이 효과를 무시하고 있지만, 호킹 박사는 이 효과로 유발되는 중력장의 양자적인 요동은 매우 커지므로 도저히 무시할 수 없다고 말한다. 타임머신을 만들고자 하여 닫힌 빛의 경로를 형성시키려면 중력장의 양자 효과가 커지게 되고, 그것은 오히려 닫힌 빛의 경로가 형성되지 않도록 작용하여 결국 타임머신은 만들 수 없다는 주장이다.

미래와의 조우

타임머신이 영화처럼 그렇게 간단한 것이 아니라는 사실은 이제 충분히 이해했을 것이다. 타임머신이 불가능한 이유로 다음의 다소 철학적인 설명도 있다.

SF의 세계에서는 시간여행이 다반사로 일어나고 있지만 역사가 바뀌지 않도록 시간 순찰차가 언제나 감시하고 있다는 것이다. 자연계에도 시간순서보호국이 존재하고 있으므로 타임머신은 시간의 본성에 따른 장애 때문에 불가능하다는 뜻이다.

물이 높은 곳에서 낮은 곳으로만 흐르듯이 시간은 한 방향으로만 흐른다는 점이 강조된다. 즉 시간은 과거에서 현재로, 현재에서 미래로만 향한다는 뜻이다. 아직까지 시간이 미래에서 현재로, 현재에서 과거로 역류한 예는 없었다. 따라서 어떤 기계를 만들더라도 이러한 시간의 비가역성을 바꾸어놓을 수 없으므로 타임머신은 불가능하다는 결론이다.

어찌어찌 과거로 여행할 수는 있다 하더라도 이미 일어난 과거에는 아무 영향을 미칠 수 없다는 의견도 있다. 「백 투 더 퓨처」에서처럼 마티가 어머니가 될 여자와 사랑에 빠지고 싶어도 결코 그렇게 될 수 없는 상황이 발생하며, 자신의 아버지를 살해하려 해도 총알이 빗나가든가 누군가가 대신 맞아 주어 그 일은 결코 성공할 수 없게 된다는 뜻이다.

「타임머신」에서도 이런 가설을 채택하여 주인공 하디건은 과거로 돌아갔지만 약혼자 엠마가 계속 죽자 과거를 변경할 수 없다는 사실

▶「백 투 더 퓨처」
타임머신의 개발이 불가능하다는 아주 간단한 증거는 첨단과학 기술로 무장했을 미래로부터의 여행자가 아직 우리 주위에 나타나지 않았다는 것이다.

을 깨닫고 낙담한 후 미래로 방향을 돌린다.

이러한 생각은 타임머신의 패러독스를 해결하는 방법으로 그럴듯하기는 하지만 인류의 모든 과정이 이미 결정되어 있다는 별로 유쾌하지 않은 모순점에 도달한다. 영화 「터미네이터」에서와 같이 이미 일어난 사건이나 재앙을 막기 위해 과거로 여행한다는 발상 자체가 아예 불가능하다는 것이다. 미래로 가는 타임머신도 마찬가지이다. 미래, 즉 후손들에게 미래가 어떻게 전개될 것인지를 말해줄 수 있어야 할 것인데 이 역시 불가능하다는 결론에 도달한다.

결국 타임머신은 가능하지만 과거나 미래의 사람들을 만날 수도 없고 정보를 전달할 수도 없다는 모순이 존재하는 것이다. 달리 표현하면 인간은 자신의 의지에 의해 운명을 개척해 나갈 수 없다는 운명결정론과 비슷하다. 내가 어떻게 생각하고 어떻게 행동하든 상관없이 나와 세계의 미래는 이미 정해졌다는 것은 자신을 계발하기 위해 이런저런 노력을 할 필요가 없다는 뜻과 같다.

여하튼 타임머신은 인간의 생각에 기쁨을 주기도 하고 슬픔을 주기도 하는데 가장 치명적인 지적은 현실적인 의미에서 타임머신이 커다란 이점이 없다는 주장이다. 만약에 지구가 가는 곳이라면 어디든 따라갈 수 있는 최첨단 타임머신이 개발되어 미래로 갈 수 있다고 하자. 이럴 때 은하계 중심에 대한 속도는 초속 220km 정도가 된다. 타임머신이 10초 만에 10일 후의 미래로 이동한다면 1초에 190만 8,000km를 이동하는 것이 되는데 이는 광속의 6.3배가 넘는다. 광속의 한계를 깨뜨리지 않는다면 10일 후 미래로 이동하는 데 최소한 230분이 걸리며 더욱이 가속도도 고려해야 한다. 인체가 새로운 가속도를 견딜 수 있는 한계를 감안하면 하루 이동에 반나절이 걸릴지도 모른다. 그렇다면 20년 미래로 가는 데 10년이 걸릴 수도 있다. 이런 위험을 무릅쓰고 미래로 간다는 것이 무슨 대단한 의미가 있겠는가.

한편 워싱턴 대학에서도 손 교수가 제시한 시간여행이 가능한가를 검토하였다. 그 결과 웜홀을 중력으로 찌부러지지 않게 하지 않고서는 웜홀의 양쪽 입구를 충분히 접근시킬 수 없다는 사실이 발견되었다. 결국 타임머신이 현실적으로는 불가능하다는 것을 재확인시켜 준 것이다.

타임머신의 개발이 불가능하다는 아주 간단한 증거는 첨단과학기술로 무장했을 미래로부터의 여행자가 아직도 우리들 주위에 나타나지 않았다는 사실로도 알 수 있다. 물론 우리가 사는 이 순간에 미래인들이 몰려오지 않았다는 것으로 시간여행이 불가능하다고 결론지을 수는 없다. 지금이 너무 보잘것없는 시대이므로 미래인이 오지 않을 수도 있다는 주장도 일리가 있다.

그러나 인류 역사상 미래에서 온 사람이 아직까지 없다는 것을 근거로 SF 영화에서 인간이 미래나 과거로 여행하지 말라는 법은 없다. 그건 어디까지나 우리의 자유이니까…….

우주, 시공간의 여울

타임머신이 불가능하다는 이론이 계속 제기되자 매우 독특한 아이디어가 또 나왔다. 그것은 다른 세계의 우주가 존재할지도 모른다는 것이다.

학자들은 시간의 축을 따라 현재에서 미래로 일방통행하는 여행과는 달리 공간 축으로 여행할 경우 상황이 달라질지도 모른다는 점에 착안했다.

우리는 공간상 모든 방향으로 자유롭게 움직인다. 휴가를 위해 자동차를 타고 서울에서 부산으로 향하다가 맘이 바뀌면 차를 돌려 설악산으로 갈 수 있다. 공간은 시간과는 달리 어느 특정한 방향성을 갖고 있지 않기 때문이다. 이와 같이 자유로운 공간의 이동성에 대비하여 시간의 경직된 방향성을 물리학에서는 '시간의 비대칭성(time asymmetry)'라고 한다.

이 비대칭성에 착안하여 앨리스(G. F. R. Ellis)는 만약에 우주가 무한하다면 우리와 같은 모습을 한 우주가 어딘가에 존재하고 있다는 가설을 제기했다. 우주가 무한하다면 우리가 모르는 셀 수 없는 대폭발(Big Bang)이 있을 것이고, 따라서 제각기 나름대로 진화하고 있는 우주가 셀 수 없을 정도로 많이 존재할 수도 있다는 뜻이다.

그의 가설에 따라 수많은 SF 작품들이 태어났다. 마이클 클라이튼의 『타임라인』이 바로 이러한 아이디어를 차용했다. 그는 우리가 경험하는 세계는 그와 동등한 많은 세계들 중의 하나라고 가정한다. 타임머신을 타고 과거로 여행할 때 여행자는 그가 살아온 세계로 여행하는 것이 아니라 자신이 살던 세계와 평행적인 다른 세계로 여행한다.

이 경우의 장점은 여행자가 도착한 다른 세계에서 그의 아버지를 살해하거나 어머니와 결혼해도 문제가 되지 않는다. 그가 도착한 세계에서 그의 의지에 따라 새로운 역사를 만들 수 있기 때문이다.

그의 이런 발칙한 상상이 아무런 모순점이 없다는 것은 물리학 지식을 이용한 '무한우주'라는 개념을 초기에 설정했기 때문이다. 우리가 모르는 우주들이 있고 그것들은 각각의 다른 역사를 갖고 있을 터이므로 우리의 과거·미래 또는 갖가지 다른 역사를 가진 우주가 존재한다는 것은 그렇게 무리한 설명은 아니다.

국내에서 만들어진 게임 「창세기전」에도 유사한 이론이 나온다. 시간여행의 모순점으로 미래의 사람이 타임머신을 통해 과거로 들어가 역사의 진행을 방해할 경우 미래 세계에 큰 영향을 미친다는 반발을 '평행세계' 이론으로 교묘하게 빠져나간다.

이러한 무한우주의 개념은 이제까지 논의한 타임머신과는 또 다른 이론으로 발전할 수 있음을 보여준다. 즉 시간여행이라면 시간 축을 따라 과거나 미래로 가는 여행이 아니라 무한우주로 여행을 가서 어느 우주에 도착해보니 그곳엔 우리의 10년 전 모습의 사람들이 살고 있다는 것이다. 그러므로 우리는 10년 전의 과거로 여행한 것이 된다. 그곳의 모습이 우리의 10년 전, 100년 전 모습과 정확히 같다면 물리학적으로 '구분불가능(indistinguishable)'으로 부를 수 있다. 즉 우리는 과거로의 시간여행을 한 것이다.

금세기 출판된 과학서적 중 가장 많은 판매 부수를 기록한 『코스모스Cosmos』의 작가이자 과학자인 칼 세이건의 공상과학소설을 영화화한 「콘택트Contact」는 외계인에 대한 인간의 관심을 단적으로 보여주는 영화이다.

앨리 애로우는 밤마다 우주의 모르는 상대의 교신을 기다리며 단파방송에 귀를 기울인다. 그녀는 '이 거대한 우주에 우리만 존재한다는 것은 공간의 낭비다'라는 생각에 외계 생명체를 찾아내려고 한다. 그녀의 목표는 이루어져 드디어 베가성(직녀성)으로부터 정체불명의 메시지를 수신받는다. 그것은 1936년 나치 히틀러 시대에 개최된 뮌헨 올림픽 중계방송이 발신된 것을 외계인이 수신하여 다시 지구로 발송한 것으로 그 프레임 사이에 은하계를 왕복할 수 있는 운송 수단을 만드는 데 필요한 수만 장의 디지털 신호가 담겨 있었다.

우여곡절을 겪은 후 애로우는 우주선을 타고 베가성에 도착하여 아버지의 형상을 한 사람과 이야기를 나눈다. 이 장면을 보고 아버지

▶ 「콘택트」
「콘택트」는 웜홀을 이용하여 우주 어디엔가 우리와 똑같은 환경을 가진 공간으로 이동할 수도 있다는 무한대의 우주 이론을 접목시킨 작품이다.

가 사망했는데 어떻게 다시 나타나느냐고 시나리오의 모순점을 질책하는 사람도 있는 모양이지만 천만의 말씀. 이 장면은 손 교수가 주장한 웜홀을 이용하여 우주 어디엔가 우리와 똑같은 환경을 가진 우주로 이동할 수도 있다는 무한대의 우주이론을 접목시킨 것이다. 감독들이 과학에서 새로운 이론이 나오면 곧바로 자신의 영화에 어떻게 활용할 수 있는지를 보여주는 예이다.

여하튼 지금 이 시간에 수많은 우주가 존재하고, 그래서 어느 우주에 나와 똑같은 모습을 하고 똑같은 옷을 입고 '나'와 똑같은 생각을 하면서 책을 읽고 있는 또 하나의 '나'가 존재할 수도 있다는 생각은 인간에게 알지 못할 위안과 기쁨을 준다. 어느 우주엔 지구의 근대사와 똑같은 시대가 벌어지고 있는데 작금의 현실과는 달리 광개토대왕이 옛날 차지했던 만주벌판이 한국 땅으로 존재하는 곳일 수도 있다. 임진왜란이 발발했지만 조선군이 역습하여 일본을 점령하고 오히려 일본을 식민지로 만들고 있을지도 모른다.

무한우주의 개념은 구 소련의 린데(A. Linde)에 의해 구체화되었는데 그는 인플레이션 우주론을 통하면 이런 우주들이 자연스럽게 생성된다고 주장했다. 린데는 이렇게 각양각색으로 생기는 우주들을 '딸 우주(daughter universes)'라고 불렀다. 기존 인플레이션 우주론의 모델들을 면밀하게 살펴보면 이런 '딸 우주'들이 도처에서 생기는 수학적 해(解)가 나타난다. 다만 이들 각개 우주 간에는 어떤 교신도 불가능하다. 왜냐하면 이들 '딸 우주' 간에는 오직 빛의 속도보다 빠르게 여행하는 여행자만 건널 수 있는 '시공간의 여울(spacelike interval)'이 존재하기 때문이다. 그러나 특수상대성이론에 의하면 어떤 관측자도 빛의 속도에 이를 수 없다.

이런 관점에서 본다면 시간의 비대칭성, 즉 우리가 과거로 여행할 수 없다는 것은 결국 우주가 유한하거나 빛보다 빠른 속도로 여행하지 못한다는 절대적인 한계 때문이다. 우주가 무한하고 관측자가 빛보다 빠르게 여행할 수 있다면 우리는 언제라도 우주 저편에 존재하고 있는 다른 '딸 우주'로 여행하여 자신의 과거나 미래의 세계로 넘어갈 수 있다는 것이다. 이것은 막연하게 알고 있는 시간 흐름의 방향성이란 곧바로 우리 우주의 전체 구조에 기인하는 것으로 우주의 가장 큰 비밀은 타임머신이 절대로 만들어질 수 없다는 것인지도 모른다.

그럼에도 불구하고 영화감독들은 타임머신이 불가능의 과학분야라고 해서 좌절하거나 포기할 기색이 없다.

그렇다고 해서 그들이 불가능의 과학을 상상만으로 해결하는 것 같진 않다. 영화감독들도 나름대로의 방법으로 꽤나 과학적으로 접근한다.

「로스트 인 스페이스」에서 우주선이 광속으로 돌입하는 순간 승무원들이 얼어붙은 듯 그 자리에서 정지해 버린다. 이 장면은 SF 영화가 과학적으로 매우 치밀하게 검증하여 제작했다는 것을 보여주는 것으로 지금까지 설명한 아인슈타인의 상대성이론과도 관련이 있다.

물체가 움직이면 정지해 있을 때보다 시간이 느리게 가며, 운동 속도가 빠르면 빠를수록 시간은 점점 더 느려진다. 물체가 마침내 빛의 속도에 도달하면 시간은 정지한다.

이 장면은 광속을 돌파할 때 무한대의 에너지가 소요됨으로 이런 순간은 일어날 수 없다는 것을 우회적으로 보여주는 것이다. 시간이 정지할 정도라면 로켓이 존재한다는 것이 가능한가? 감독은 과학과 SF 영화를 조합하는 방법을 사용했다. 로켓이 광속으로 달릴 수 있다고 가정하고 시간도 정지한다고 가정한 것이다.

우리가 감독의 상상력까지 막을 필요는 없을 것 같다. 상상력은 인간의 고유 영역이기 때문이다.

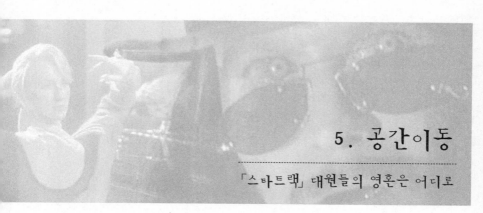

5. 공간이동

「스타트랙」 대원들의 영혼은 어디로

　1960년대 말에서 1970년대 초까지 무려 140편이나 제작되어 큰 인기를 끈 텔레비전 드라마 「내 사랑 지니I dream of Jennie」엔 공간이동에 관한 장면이 유난히 많다.

　미국의 우주비행사인 안토니 넬슨은 우주선의 고장으로 태평양의 한 섬에 떨어져 구조를 기다리는 동안 해변에서 호리병을 줍는다. 호리병 속에는 요정인 지니가 들어 있었는데 그녀는 자신을 호리병에서 꺼내준 안토니 넬슨을 주인이라 부르며 수많은 에피소드를 만들어낸다. 그녀는 눈깜짝할 사이에 장소를 옮기면서(그야말로 눈만 깜빡거리면 됨) 주인공들을 골탕먹이는데 거기에는 우주공간이나 다른 행성으로의 이동도 포함된다.

　공간이동은 「드래곤볼」에서도 다반사로 등장한다. 악을 퇴치하기 위해 주인공인 손오공, 손오반, 베지터 등은 우주의 어떤 공간이라도 한순간에 이동한다. 공간이동을 하는 데 어떤 기계장치가 필요한 것이 아니라 마음속에 있는 '기'를 이용하는 것이 다른 작품들과 다른 점이다.

공간이동이 긍정적으로만 그려지는 것은 아니다. 여러 편의 시리즈로 제작되었던 영화 「더 플라이The Fly」에서는 과학자라는 이름을 가진 인간들이 파멸을 예견하면서도 자신의 호기심을 억누르지 못해 스스로 제물이 되어가는 역설을 그렸다.

주인공인 과학자 브런들은 순간이동장치를 개발한 후 시험해 보기 위해 자신이 직접 장치 안으로 들어간다. 그런데 이때 우연히 파리 한 마리가 장치 속으로 함께 들어가는 바람에 파리와 주인공이 혼합되어 무시무시한 파리인간이 탄생하는 것이다.

그는 결국 애인의 손에 의해 죽는다. 시리즈마다 공간이동장치에 파리가 들어가 파리인간이 되고마는 이유가 다소 설득력은 떨어지지만(장치를 가동하기 전에 청소를 하지 않는 이유가 무엇인지?) 이 영화는 공간이동의 기법은 원자 상태로 분해된 후 다시 재조합하는 과정이라고 정의 내리고 있다.

딘 패리섯 감독의 「갤럭시 퀘스트Galaxy Quest」는 「스타트랙」을 철저하게 패러디한 코미디로서 시종일관 폭소를 터뜨리게 만든다. 유명한 텔레비전 연속극이었던 「갤럭시 퀘스트」의 퇴물 출연배우들에게 어느날 우주인들이 찾아온다. 그들은 「갤럭시 퀘스트」를 지구 영웅들의 역사가 기록된 다큐멘터리로 보았고 그들이 은하를 구할 수 있다고 믿었던 것이다. 코미디 오락영화답게 등장인물들의 공간이동 방식도 매우 독특하다. 우주선을 타는 것도 아니고 물질을 해체해 전송하는 방식도 아니고 그저 어떤 액체에 둘러싸여 우주공간을 날아갈

뿐이다.

그러나 SF 영화에서 자주 나오는 공간이동은 놀랍게도 영화 제작비를 절약하기 위해서 고안된 장치이다.

시나리오 작가 진 로든베리에 의해 탄생된 「스타트랙」은 새로운 문명을 찾아 먼 우주를 탐험하는 인간들의 모험을 다룬 SF물이다. 지구라는 작은 행성에서 살고 있는 인간들이 이기심과 질투 때문에 화합하지 못하는 것을 아쉬워하는 작가는 전 우주적인 화합과 공존의 미덕을 호소한다. 이 작품이 30여 년 동안 영화와 텔레비전에서 폭발적인 인기를 누려온 가장 큰 비결은 작가의 고집 때문이다.

진 로든베리는 시나리오를 작성하면서 SF 영화일지라도 과학이 뒷받침되지 않은 허무맹랑한 이야기는 거부했다. 그는 우주에서 일어날 수 있는 모든 현상을 과학적이고 논리적인 방식으로 전개했다. 우주선의 속도도 과학이 허용하는 틀 안에서 달려야 하므로 다른 SF 영화들과 같이 초광속 여행을 채택하지 않고 과학자들과 상의하여 초광속 효과를 얻을 수 있는 방법을 구상했다.

그러나 「스타트랙」이 점점 인기를 끌면서 우주선 엔터프라이즈호를 행성에 착륙시키는 장면을 찍을 때 에피소드마다 엄청난 예산이 드는 것이 문제였다. 제작자들은 진 로든베리에게 매번 우주선이 착륙하지 않아도 가능한 착륙 방법을 의뢰했다. 여기에서 진 로든베리의 천재성이 발휘된다. 그는 우주선을 착륙시키는 것이 아니라 사람을 비롯한 소형 우주선들을 목적한 장소로 이동시키는 '트랜스포터 빔(운반광선)'을 고안했다. 그의 원래 구상은 본래의 물체를 주사(走查)하여 모든 정보를 추출한 뒤 이 정보를 수신 장소로 전송하여 복제물을 구성하는 것이었다.

「스타트랙」에서 사람을 공중전화 부스처럼 생긴 장치로 들어가게 한 후 스위치만 눌러주면 순식간에 그곳에서 사라져 전혀 다른 장소에서 모습을 나타난다. 제5편 '귀환' 편에서는 인간만이 아니라 고래도 공간이동이 가능하다.

엔터프라이즈호의 승무원들은 거대한 외계의 우주탐사선에서 고래의 울음소리를 검출한다. 그리고 향유고래의 울음소리로 우주탐사선에 화답해야 한다는 사실을 알게 된다. 만약에 향유고래가 우주탐사선에 화답하지 못한다면 지구는 외계인이 볼 때 존재할 가치가 없는 행성으로 판단되어 파괴될 것이라는 정보를 받았기 때문이다. 엔터프라이즈호의 승무원들은 20세기에 살아 있던 향유고래를 미래로 갖고 오는 것이 유일한 해답임을 안다.

엔터프라이즈호의 승무원들은 태양의 중력장을 이용하여 매우 빠른 속력으로 가속해 과거 시간으로 거슬러 올라간다. 그들은 수족관에서 사육비 문제로 바다로 방류된 고래가 수렵꾼들에게 살해되려는 순간 아슬아슬하게 구해내어 23세기로 돌아간다. 외계인 우주탐사선

▶「스타트랙」
스타트랙의 공간이동 아이디어 즉, 트랜스포터 빔은 제작비를 줄이기 위한 고육지책이었다.

은 그들의 신호에 고래가 응답하는 것을 듣고 태양계를 떠난다. 지구는 마침내 살아남게 된 것이다.

☺ 공간이동될 때 영혼은 어떻게 되는가

공간이동이라는 아이디어는 할리우드의 한 시나리오 작가에 의해 처음 태어났지만 많은 사람들에게 큰 충격을 던져주었다. 학자들의 놀라움은 더 커서 공간이동이 과연 가능한지 바로 연구에 착수했다.

1997년 오스트리아 인스부르크 대학의 안톤 젤링거를 비롯한 일단의 과학자들은 과학사의 한 장을 여는 매우 중요한 연구결과를 발표했다. 그들은 한 지점에 있던 빛을 제거한 후 1m 정도 떨어진 곳에서 이와 똑같은 빛을 완전하게 재생하는 실험에 성공했던 것이다. 빛의 기본단위인 광자(光子)가 갖고 있는 주요 물리적 특성에 관한 정보를 다른 광자들에게 고스란히 전달해 넘으로써 마침내 빛의 공간이동을 실현한 것이다.

1998년 캘리포니아 공과대학의 제프 킴블 팀은 인스부르크 대학의 실험보다 개선된 방법을 사용하여 보다 정확하게 빛의 재생을 재현했다. 이들은 어떤 거리에서도 발생할 수 있는 자연의 가장 작은 입자 간의 양자 공간이동이 가능하다는 것을 보여주었다.

1999년 하버드 대학 르네 하우 박사 팀은 절대온도에 가까운 극저온 상태의 기체원자로 채워진 공간에서 빛의 속도를 초속 17m로 낮추는 데 성공했으며 연이어 초속 8m로 낮추었다.

2001년 1월 미국 하버드 대학의 린 베스터가르드하우 박사도 진공상태에서 빛을 완전히 정지시켜 저장했다가 다시 놓아주는 기술을 개발하는 데 성공했다.

빛은 물이나 유리처럼 투명한 매질(媒質)을 통과할 때 속도가 줄어든다. 이 빛을 완전히 정지시키기 위해 나트륨 원자로 구성된 가스를 영하 273℃까지 낮춰 매질로 이용했다. 빛을 멈추게 한 뒤 다른 파장의 빛을 비추자 신기하게도 처음에 사라졌던 빛이 본래 성질 그대로 되살아난 것이다.

언뜻 생각하면 빛의 속도를 줄이는 것은 쉬울 것으로 보인다. 진공에서 빛의 속도는 약 초속 30만km인데 물속을 통과할 때는 초속 22만km로 느려진다. 빛은 지나가는 공간에 따라 속도가 달라지기 때문이다. 이때 빛의 속도를 느리게 만드는 것은 물질의 굴절률 때문으로 굴절률이 커지면 빛의 속도는 매우 느려진다.

그러므로 물질의 굴절률을 높이기만 하면 빛을 느림보로 만들 수 있다. 그러나 현실 속에서 물질의 굴절률은 아무리 커도 10을 넘지 못한다. 굴절률이 큰 물질로 알려진 다이아몬드의 경우 고작 2.42에 불과하다. 이 경우 빛의 속도는 초속 12만km로 느려진다.

학자들이 빛의 속도를 느리게 하거나 정지하는 데 성공한 것은 굴절률을 높여서가 아니라 빛의 속성을 이용해서였다.

빛은 파동으로 움직인다. 빛을 그려보라면 대다수가 빛을 사인(sin)곡선으로 오르고 내리는 모양으로 그린다. 이를 통해 빛의 파장이 얼마고 진동수가 얼마인지를 말한다.

그러나 이러한 모양의 빛은 정보로서는 별로 의미가 없다. 시작과 끝이 없기 때문이다. 정보로서 빛이 의미를 가지려면 공간과 시간적으로 한정된 파형이어야 한다. 이것을 펄스(pulse)라고 한다. 펄스의 모양은 사인곡선과는 달리 여러 가지 형태를 가질 수 있으므로 펄스가 있을 때는 1, 없을 때는 0으로, 즉 디지털 정보로 표현할 수 있다.

물리학자들이 느림보로 만든 빛이 펄스라는 뜻이다.

그러나 과학자들이 빛을 이동하게 만들었다는 것이 영화에서의 공간이동을 의미하는 것은 아니다. 이들의 연구는 자연계의 가장 미세한 입자간 물리적 특성을 옮기는 이른바 양자(量子)공간이동이 가능하다는 것을 밝힌 것으로 적용분야는 물체의 공간이동이 아니라 초고속 컴퓨터 개발이다. 양자공간이동을 이용한 양자컴퓨터는 현재 사용되는 컴퓨터로 수백만 년이 걸릴 문제를 양자컴퓨터는 단 수 분 만에 해결할 것으로 예상하는 꿈의 컴퓨터이다. 학자들은 빛의 제어로 컴퓨터 기술의 새로운 장이 열렸다고 평가했다.

현재까지 알려진 공간이동 방법은 다음과 같다. 우선 공간이동장치를 이동시키고자 하는 목적물에 조준한 후 그 목적물의 영상을 읽어 들인다. 그리고 목적물을 '비물질화' 시킨 뒤 그 형상을 '패턴 보관실'에 잠시 저장해 두었다가 '원형구속발사기'를 통해 '유동형 물질'을 목적지로 발사한다. 따라서 공간이동장치는 이동 대상물의 물질(원자)과 정보(비트)를 모두 전송하는 것이다.

원리는 간단하지만 사람을 비롯한 살아 있는 물체를 대상으로 할 때는 생각보다 심각한 문제가 야기된다. 사람의 경우 사람의 몸을 구성하고 있는 원자들을 이동시켜야 하는지, 아니면 단순히 그 원자들이 담고 있는 정보만 이동시켜도 되는지를 파악해야 한다. 두 가지 방법 중에서 일단 정보를 이동시키는 쪽이 훨씬 쉽다. 정보만을 전송하는 경우라면 개개의 원자를 비트로 정보화하여 원하는 만큼의 복사판을 만들어낼 수 있기 때문이다. 이럴 경우 무한정으로 복제인간이 가능하다.

그러나 정보를 이동시키는 데도 두 가지 문제점이 제기된다. 첫째, 필요한 정보를 추출하는 것이 쉽지 않으며 둘째, 그 정보들을 재결합하여 원래의 물질로 만들어내는 것은 더더욱 어렵다는 점이다.

결국 학자들은 사람을 이동시키려면 원자가 직접 이동해야 한다는 결론을 내리지 않을 수 없었다.

그러나 이 방법도 결정적인 문제점이 제기됐다. 공간이동장치가 물질과 정보를 모두 보내는 것이라면 이동을 마친 후의 원자의 개수는 이동하기 전의 원자의 개수와 정확하게 같아야 한다는 점이다. 단 한 개의 원자가 틀리더라도 원래의 인간으로 재현하기 어렵기 때문이다.

또한 인간의 몸을 구성하고 있는 원자들의 물리화학적인 상태를 철저히 분석하여 동일한 원자의 집합체를 만들 수 있다고 하더라도 그 이동된 생명체가 처음 공간이동 되기 전의 사람이 갖고 있는 기억과 희망, 꿈, 정신 등을 똑같이 갖고 있을지 아무도 장담할 수 없다는 것이다.

이것은 육체와 영혼이 별개로 존재한다는 믿음 때문이다. 사람이 죽으면 어떻게 되는가? 종교들은 대부분 인간이 죽은 뒤에도 영혼은

▶「스타트랙」
원자 이동을 통해 공간이동시킨다면 이동된 생명체는 처음 공간이동되기 전의 사람이 갖고 있는 기억과 희망, 꿈, 정신 등을 똑같이 갖고 있을까?

존재한다고 말한다. 그렇다면 공간이동되는 과정에서 영혼은 어떻게 되는지 묻지 않을 수 없다.

　진 로든베리의 아이디어가 이렇게 골치아픈 문제점을 제기할 줄이야……. 여하튼 진 로든베리는 「스타트랙」의 시나리오 작가이자 공간이동의 아이디어를 제시한 사람으로 유명해졌다.

에너지가 필요해!

　영화에서의 공간이동은 그야말로 간단하다. 공간이동장치를 작동시키기만 하면 된다.

　그러나 현실에선 쉬운 일이 아니다. 제일 먼저 공간이동장치를 제작해야 한다. 빛의 이동이 성공한 것을 감안하여 미래의 어느 때, 완벽한 공간이동장치가 개발될 수 있을 거라는 건 상상할 수 있다. 그런데 학자들은 이런 장치가 개발되더라도 물체를 이루는 원자를 해체해서 광속에 가까운 속도로 전송하는 데 근원적인 문제점이 있다고 말한다.

　우선 공간이동장치를 가동시키는 데 엄청난 에너지가 소요된다는 점이다. 인간의 몸을 구성하는 원자에 관한 모든 정보를 저장하는 것도 그리 간단한 일은 아니다.

　로렌스 크라우스는 『스타트랙의 물리학』에서 그 이유를 이렇게 적었다.

　인간은 약 10^{28}개의 원자로 구성되어 있으므로 이들 원자 10^{28}개를 정보량으로 변형시켜야 한다. 예를 들어 이들 원자들을 모두 순수한 에너지 형태로 변환시킨다고 하면, 60kg의 사람이 발생하는 에너지는 1메가톤급 수소폭탄 1,000개를 넘는 양이다. 현실적으로 이 정도의 에너지를 다룰 만한 방법이 없다. 즉 한 사람을 비물질화시키는 대가로 주변의 모든 생명체를 날려버려야 한다는 결론인 것이다. 「드래곤볼」에서의 부르마나 『공상과학대전』의 히카가쿠가 캡슐을 던진 후의 문제점은 애교에 지나지 않는다.

다음에는 변형된 정보량 10^{28}개를 저장해야 한다. 대략 원자 하나에 1킬로바이트가 필요하다고 보면 한 사람당 필요한 정보량은 약 10^{28}킬로바이트에 달한다. 이 양이 얼마나 큰 것인지는 현재 지구상에 있는 책을 모두 모은다 해도 10^{12}킬로바이트 정도밖에 되지 않는다는 사실이 말해준다. 한 사람의 몸에 있는 정보를 현재 시판되고 있는 하드디스크 중 용량이 가장 큰 10기가바이트에 넣는다 해도 하드디스크 한 개의 높이를 3.5cm로 간주할 경우 그 높이는 무려 3,500광년에 달한다.

학자들은 인간의 정보를 저장하는 데 성공했다고 가정할 경우 어떤 문제점이 생기는지를 다시 검토했다. 이번엔 정보를 목표하는 지점까지 전송하는 일이 문제였다. 문제는 정보를 목표하는 지점까지 전송하는 일 역시 만만치 않다는 점이다. 정재승은 디지털정보를 전송하는 데 현재의 기술 수준으로 1초에 100메가바이트 정도임을 감안하면 이 정도의 속도로 인간의 정보를 전송하려면 20조 년이 걸린다고 적었다.

이 책에서 툭하면 '조'라는 단위가 나오는데 우주가 생긴 지 150억 년 정도라는 것을 감안하며 '조' 년이라는 단위가 얼마나 장시간인지를 이해할 것이다. 한마디로 이런 일은 불가능하다.

또 하나, 공간이동장치 내의 물질을 '비물질화' 시키려면 어떻게 해야 하는가를 생각하지 않을 수 없다. 물질은 원자로 이루어져 있다.

원자의 중심에는 양성자와 중성자가 있으며 그 주변을 전자들이 둘러싸고 있다. 원자의 대부분이 빈 공간임에도 불구하고 왜 물질들은 서로 뚫고 지나갈 수 없을까? 대답은 간단하다. 벽면이 단단한 이유는 입자들로 꽉 차 있기 때문이 아니라 입자들 사이에 형성되어 있는 전기장 때문이다. 사람들이 SF 영화처럼 벽면을 뚫고 들어가지 못하는 이유는 몸의 전자들이 벽면의 전자를 관통할 수 있을 만큼 여유공간을 확보하지 못해서가 아니다. 벽면의 전자와 내 몸의 전자들 사이에 작용하는 전기적인 척력(斥力 ; 밀어내는 힘) 때문이다.

이런 정상적인 상태를 벗어나기 위해서는 원자들 사이에 작용하는 결합력을 이겨낼 만한 새로운 힘이 작용하면 된다. 즉 무한대의 에너지가 필요하다는 것이다. 더구나 태양 내부 온도(1,500만~2,000만℃)의 5만 배인 1조℃까지 올릴 수 있어야 한다. 여기서도 '조'라는 단위가 나온다.

현실적으로 광속과 비슷한 속도로 물질과 정보를 모두 전송시키려면 오늘날 지구상에서 소비하고 있는 에너지의 1만 배에 달하는 에너지를 순간적으로 만들어낼 수 있는 에너지원이 필요하다.

지금까지 알려진 이론에 따른다면 공간이동장치를 실현시키려면 어떤 물질을 태양 중심부의 온도보다 5만 배 높은 온도로 가열할 수 있어야 하며, 현재의 인류가 소모하고 있는 모든 에너지를 한꺼번에 소모할 수 있는 기계를 만들어야 하며 컴퓨터의 성능도 1조×10억 배 정도 빨라져야 한다.

이런 골머리 아픈 문제점을 감독에게 제시하며 과학성을 고려하여 영화를 제작하라고 강요하면 그들이 말을 들을 리 없다.

「드래곤볼」에서 주인공 손오공은 우주의 운명을 걸고 악당 중의 악당인 부우와 결전에 임한다. 이때 우주를 구할 임무를 갖고 있는 트랭

크스, 손오천, 손오반 등은 간단한 기(氣)의 집중만으로도 이 우주, 저 우주를 간단하게 옮겨갈 수 있다. 지구가 온전한 이유가 이들의 엄청난 능력 때문이라는 걸 알고 있는 지구인이 얼마나 될까?

그런데 여기에서도 감독들은 휴머니즘을 결코 잊지 않는다. 감독은 「드래곤볼」에서 순간이동은 엄청난 에너지를 쓰기 때문에 수명을 단축시킨다고 우주 전사들에게 주지시킨다. 물론 주인공들은 자신의 생명이 줄어드는 것을 알면서도 우주를 구하기 위하여 순간이동을 마다하지 않는다. 놀라운 희생정신이여! 순간이동이 불가능하다는 것은 에너지 보존법칙에도 위배될지 모르기 때문이다. 서울 시내에 건설되어 있는 30여 층 정도의 높이, 100m 빌딩 옥상에서 물건을 떨어뜨리면 시속 160km로 지면에 격돌한다. 옥상에서 가지고 있던 위치에너지가 운동에너지로 변환되기 때문이다. 어떤 운동을 하더라도 에너지의 총량은 바뀌지 않는다. 에너지보존법칙이 버젓이 버티고 있기 때문이다.

그런데 손오공을 비롯한 우주를 구할 전사들은 공간이동 장치에 의해 이동하는 것이 아니라 순전히 자신의 능력, 즉 기(氣)를 옮김으로써 순간이동을 한다. 이 말은 그만큼의 에너지를 자신의 체내에서 몽땅 공급한다는 뜻으로 체내에 있는 에너지로 우주를 마음껏 이동할 수 있다니 얼마나 편리한가. 「드래곤볼」의 주인공들이 지구를 지키기 위해 자신을 희생한다는 것은 그야말로 인간이 아니면 할 수 없는 거룩한 행동이다.

태양계가 아닌 다른 우주를 볼 수만 있다면 자신의 수명이 20~30년 정도 줄어도 감수하겠다는 사람이 적지않다는 것은 그만큼 공간이동이 매력이 있다는 뜻으로 볼 수 있다. 하물며 지구를 지킬 수 있다는 데 생명을 따질 것인가! 여하튼 감독들이 너무나 위대하다는 것을 다시 한 번 강조한다.

공간이동은 불가능한가

진 로든베리의 아이디어에서 유발된 공간이동이 워낙 매력 있는 주제이므로 SF 영화에서 공간이동을 빼면 화면 구성이 잘 안 되는 것은 사실이다. 그러므로 학자들은 조그마한 가능성이라도 침소봉대하여 영화감독이 반할 만한 자료로 제공하는데 일부 학자들은 이들의 의욕에 찬물을 끼얹는 데도 게을리하지 않는다.

학자들은 공간이동이 원천적으로 불가능하다는 것을 확인시켜주는 매우 불유쾌한 물리학적 모순점도 함께 발견했다. 물리학에서 지적하는 모순점이란 '아무리 정확한 특정기술이 개발된다 해도 임의의 측정 대상에 대하여 어떤 특정한 물리량들을 한 치의 오차도 없이 동시에 정확하게 측정하는 것은 불가능하다' 라는 법칙이다. 이것은 원자의 위치와 에너지 분포를 모두 정확하게 재조합하여 인간의 형상을 재생시키는 일은 원리적으로 불가능하다는 독일의 물리학자 하이젠베르크(Werner Karl Heisenberg)의 '불확정성의 원리(Uncertainty Principle)' 때문이다. 불확정성의 원리(아인슈타인은 이 이론에 반론을 제기하며 납득할 수 없다고 말했다)는 물체가 갖는 모든 양자적 정보에 대한 정확한 측정을 허용하지 않는데 성공적인 원격이동을 위해서는 물체에 대한 완벽한 정보가 필요하다. 즉 불완전한 정보를 보내서는 완전히 같은 물체를 재구성할 수 없으므로 원격이동은 불가능하다는 뜻이다(이에 대한 보다 상세한 내용은 필자의 『노벨상이 만든 세상』을 참조하기 바란다).

학자들의 아이디어는 이런 불유쾌한 문제점에 봉착할 때 더욱 진가가 발휘된다. 불확정성의 원리를 위배하지 않으면서도 그로 인한 한계를 극복할 수 있는 방법이 있다는 주장이 그것이다. 1993년 찰스 버넷은 양자역학의 특이하면서도 근본적인 성질인 '얽힘 (entanglement)'을 이용해서 양자역학 자체를 원격이동에 이용할 수 있다고 밝혔다. 얽힘이란 하나에 의해 다른 하나가 결정된다는 것을 의미하며 얽힘을 처음으로 발견한 사람은 양자이론 창시자 중의 한 사람인 슈뢰딩거이다. 먼 거리를 두고 작용하는 얽힘 효과는 아인슈타인, 포돌스키, 로젠이 이미 증명한 것으로 이를 'EPR 효과'라고도 한다.

가령 애리스가 보브에게 전자를 보낼 수 있는 버넷의 원리는 다음과 같다.

애리스는 두 개의 전자를 서로 작용시킨 후 하나를 상자에 넣어 보브에게 보낸다. 다음에 애리스는 공간이동하고 싶은 전자(세 번째의 전자)를 남은 전자와 서로 작용시킨다. 그리고 이 두 개의 전자에 관한 정보를 보브에게 보내는 것이다. 정보를 받은 보브는 가지고 있는 전자(네 번째의 전자)를 먼저 보내온 전자와 상호작용시켜 두 개의 전자의 상태가 애리스가 보낸 정보와 완전히 같아지도록 한다. 그렇게 하면 네 번째의 전자는 세 번째 전자의 완전한 복제가 된다. 결국 세 번째의 전자는 애리스에게서 보브가 있는 곳까지 공간이동한 결과를 얻는다.

다소 어렵게 느끼겠지만 꼼꼼히 읽고 음미해보면 무슨 소리인지 이해할 수 있을 것이지만 이해되지 않는다면 지나쳐도 된다. 이 설명에 근원적인 문제점이 있기 때문이다. 먼저 얽힘을 이용하려면 정보를 알려주는 신호가 빛보다 빠른 속도로 여행해야 한다. 그러나 어떠한 것도 상대성이론의 한계를 넘어 빛보다 빠를 수는 없다.

만일 위에서 거론한 모든 문제점이 해결된다면 다음의 10장에서 설명하는 인간복제보다 더욱 간단하게 사람이나 동물을 복제할 수 있다. 저장된 인간의 정보량을 사용하여 새로운 인간을 만들려면 버튼만 누르면 된다. 불치의 병이나 사고가 나도 걱정할 필요가 전혀 없다. 원본인간이나 복제인간에 손상이 가해지거나 버그가 발생하면 즉시 백업 받아두었던 버전으로 대치할 수도 있기 때문이다.

해롤드 래미스 감독의 「멀티플리시티Multiplicity」는 바로 이런 상황을 그린 영화이다. 너무나 바빠서 아내와 대화할 시간도 없었던 덕은 우연히 유전공학 박사를 만나 자신과 똑같은 복제인간을 만들어 회사 일을 복제인간 1호 덕에게 맡기고 자신은 그동안 소홀했던 집안 일을 맡는다. 그러나 집안 일이 얼마나 힘들었는지 집안 일을 분담할 복제인간 2호 덕을 또 만든다. 그러자 3번째 덕이 임의로 자신을 복제해 네 번째 덕이 태어나는데 멍청이 덕이다. 원본 덕이 절대 금물로

▶「멀티플리시티」
「멀티플리시티」의 복제인간은 생물학적 방법이 아니라 공간이동으로 인간을 복원시키는 방법을 사용한 것이다.

했던 '아내와의 잠자리' 까지 복제 덕에 의해 침범당하는 등 복제인간들끼리 서로 다투기 시작하자 주인공 덕의 고민이 시작된다.

이들 복제인간은 생물적인 방법을 사용한 복제인간과는 완전히 다르다. 공간이동으로 인간을 복원시키는 방법을 사용한 것인데 이 방법이 가능하다면 그야말로 터미네이터를 수없이 복제하는 것도 어려운 일이 아닐 것이다.

🎞️ 풀리지 않는 공간이동의 미스터리

세계는 넓고 할 일은 많다고 전 대우그룹의 김우중 회장이 말했지만 세상은 그야말로 놀라운 일이 많이 생기는 공간이다. 영화에서는 간단하게 공간이동 방법을 사용하지만 과학적으로 불가능하다는 것은 이미 설명했다. 그러나 놀랍게도 이 지구에서 공간이동 현상이라고 할 수밖에 없는 사건이 현실 속에서 일어나고 있다.

1968년 6월 1일 한밤중, 아르헨티나의 수도 부에노스아이레스에 사는 변호사 비달 박사와 그의 부인은 마이프 시를 향해 자동차를 몰고 있었고 바로 뒤의 차에는 친구인 로캄 부부가 타고 따라오고 있었다. 두 대의 자동차가 샤스콤 시를 막 통과하는 순간 갑자기 비달 박사의 차가 사라졌다. 고속도로는 마침 짙은 안개에 싸여 있었지만 아무리 달려도 비달 박사의 차가 보이지 않자 로캄 부부가 경찰에 신고하여 대대적인 수색이 벌어졌다. 그러나 고속도로의 어디에서도 비달 부부는 찾을 수 없었다.

그런데 2일 후인 6월 3일 로캄은 멕시코시티의 아르헨티나 영사관으로부터 비달 부부가 영사관에 있다는 국제전화를 받았다.

"내 자신도 어떻게 이곳에 오게 되었는지 영문을 모르겠지만 하여튼 지금 멕시코시티에 있는 건 사실이야."

행방불명되었던 비달 부부는 분명히 멕시코에서 전화를 걸어왔던 것이다.

비달 부부의 설명은 다음과 같다.

비달 부부가 샤스콤 시를 통과한 직후 자동차가 돌연 흰 안개 같은 것에 휩싸이는 순간 갑자기 브레이크를 밟으면서 정신을 잃었다는 것이다. 그리고 다시 의식을 찾았을 때는 자동차와 함께 어떤 도로 위에 있었는데 주변의 환경이 전혀 낯선 곳이었고 지나가는 사람에게 어디냐고 물었더니 멕시코시티라 했단다. 비달 부부는 놀라서 곧바로 아르헨티나 영사관으로 달려가 도움을 청하고 로캄 부부에게 전화를 걸었던 것이다.

아르헨티나의 샤스콤 시에서 멕시코시티까지는 7,000km나 되며 가령 열차나 기선을 이용하더라도 이틀 동안에 주파하기는 도저히 불가능하다. 문제는 자동차를 탄 채 멕시코로 이동되었다는 것이다.

이 사건은 당국에서 철저하게 조사하였지만 비달 부부의 말 그대로였다. 비달 부부가 비행기나 열차와 같은 교통기관을 이용하지 않았는가도 조사하였지만 그런 흔적은 전혀 없었다. 이 불가사의한 사건은 비달 부부가 아르헨티나로 돌아온 다음 '샤스콤 시에서 멕시코까지의 순간이동'이라는 제목으로 매스컴에 크게 보도되었다. 약 7,000km의 먼 거리를 순간이동한 이 사건은 아직까지 의문으로 남아있다.

또 다른 사건도 있다. 1970년 2월 15일 오후 세 시경 뉴욕 맨해튼 할렘가의 14세 소년 샘 시몬스와 레너드 라바론은 농구공을 넣는 연습을 하고 있었다. 180cm의 샘이 덩크슛을 하려고 링을 향해 도약했다. 그런데 그 순간, 농구공을 손에 잡은 채 샘은 갑자기 자취를 감추었다.

레너드는 곧 샘의 집으로 가서 그의 어머니에게 자기가 목격한 사건을 설명했다. 어머니는 믿지 않았지만 샘이 온데간데 없어졌기 때문에 그 이튿날 경찰에 신고했다. 경찰은 샘이 사라진 부근을 철저히 수색한 후 그곳이 우범지역이기 때문에 샘이 어떤 범죄에 말려들었을 가능성이 높다고 생각했다.

그런데 같은 날 오후 아홉 시경 남아프리카의 케이프타운에 있는 어떤 교회 앞에 한 소년이 농구공을 들고 멍한 표정으로 서 있었다. 경관이 그 소년을 경찰서로 데리고 가 사정을 물었더니 소년은 자신의 이름이 샘이며 조금 전까지 친구와 농구 연습을 하고 있었다고 말했다. 경찰은 곧 뉴욕 시경에 연락하여 지문을 대조해 보았다. 그 결과 그는 틀림없이 뉴욕에서 자취를 감춘 샘이라는 것이 판명되었다. 뉴욕과 케이프타운의 시차는 꼭 여섯 시간인데 뉴욕에서 사라진 순간 샘은 케이프타운에 모습을 나타낸 것이다.

인간의 지혜는 걸음마 단계

1943년 7월 20일 미국 필라델피아의 해군 기지에서 전자기장을 이용해 레이더망을 피하는 실험이 진행됐다. 전자기장을 이용해 군함 주변에 특수한 전자기망을 형성시킴으로써 레이더 신호를 교란시킨다는 계획이었다.

'필라델피아 실험'이라 하여 영화로도 만들어졌던 이 실험은 레이더에서 발생하는 특수 전자파를 이용하여 군함이 적의 시야에서 보이지 않도록 하는 목적으로 두 개의 자장발생기가 사용되었다.

실험이 진행되자 녹색의 빛이 나타났고 잠시 후에 배 전체가 이 빛에 휩싸였다. 그러자 배와 승무원이 서서히 사라지더니 배가 있었던 곳은 수면이 소용돌이치며 구멍만 남았다. 얼마 후 이 배는 수백 km 떨어진 버지니아 주 노르폴크 해변에서 발견되었다.

미국 정부는 이 사건을 집중적으로 연구하는 프로젝트(일명 레인보우 프로젝트)에 착수했다. 그러나 이 배에 승선했던 사람들이 대부분 심각한 정신장애에 시달리게 되자 프로젝트는 중지됐다. 프로젝트의 책임자는 이후 원자탄 제조에 투입된 존 폰 노이만(John von Neumann) 박사로 그는 '컴퓨터의 아버지'라는 별명과 함께 현대과학을 이끈 주역 중의 한 명이다. 제2차세계대전이 끝나자 1948년 미국 정부는 다시 전자기망에 대한 연구를 추진했다. 군함이 이동한 원인을 밝히고 전자기장이 인체에 어떤 영향을 미치는지에 관한 연구였다.

당시 과학자들은 물체가 전자기망 안에 갇히게 되면 그 물체는 현실과 다른 차원에 빠지게 되고 결국 사람들은 정신적인 혼란을 겪게 된다고 추정했다. 따라서 연구의 핵심은 정신적인 혼란을 극복하고 두 차원 간의 연결을 원만하게 이루기 위한 조건이 무엇인가 하는 것으로 옮겨졌다. 사람의 의식과 전자기장이 어떤 관계를 갖는가가 중요한 변수였다. 그러나 1969년 미국 의회는 인간을 대상으로 실험할 때 어떤 위험이 발생할지 모른다며 연구를 중단시켰다.

이 사건에 대한 자세한 진상은 필자의 『과학으로 파헤친 세기의 거짓말』에서 자세하게 다루었다.

1980년에 발표된 영화 「마지막 카운트다운The Final Count down」은 자기장은 아니지만 이상한 자연현상에 의해 시간과 공간이 이동된다는 내용을 다루고 있다. 태평양을 순항중이던 미국의 항공모함 니미츠호가 원인을 알 수 없는 폭풍에 휘말려 일본이 진주만을 공격하기 바로 전날인 1941년 12월 6일로 거슬러 올라간다. 민주당의 유력한 부통령 후보인 상원의원 채프먼, 그의 여비서, 포로로 잡힌 일본군 전투기 조종사가 항공모함 내부와 최신식 제트전투기를 보고 놀라는 장면이 재미있게 그려지고 있다. 마지막에 여비서가 40년을 훌쩍 넘긴 모습으로 나타나 시간여행의 의미를 함축시켜준다. 엘런드 함장을 비롯한 니미츠 항공모함의 선원들에게는 단 하루에 지나지 않았지만, 진주만 공습 당일날 무인도에 떨어진 여비서는 무려 40여 년이 지난 모습으로 재회하는 것이다.

이 영화는 엄밀한 의미에서 공간이동이 아니라 시간이동이라고 할 수 있지만 그렇게 되는 이유가 불분명하다.

'완벽하게 금지된 일이 아니면 언젠가는 반드시 일어나게 된다' 라는 말이 있다. 컴퓨터의 발전 속도가 10년에 열 배 정도 증가한다고 하니까 앞으로 300년이 지나면 방대한 양의 정보를 단시간에 처리할 수 있는 공간이동장치가 컴퓨터 기술로 실현될 수 있을지도 모른다. 그러나 인간을 공간이동장치로 임의의 장소에 이동시킬 수 있다면 인간은 결과적으로 그저 원자들의 집합체에 불과하다는 뜻이다. 인간이 갖고 있는 원자들을 철저히 분석하여 복제할 경우 바로 그 사람의 기억과 꿈, 희망과 영혼까지도 똑같이 복제할 수 있다는 것이니 한편으로는 쓸쓸한 면도 있다.

인간이란 결국 원자들의 집합체에 불과하다는 뜻인데 과학자들은 이 명제에 대해서는 단호하게 거부한다. 외피나 형식은 몰라도 본질은 절대 바꾸거나 이동시킬 수 없는 존재가 바로 인간이라는 뜻이다.

결국 공간이동은 불가능하다는 결론이지만 SF 영화 제작자들은 앞으로도 끊임없이 공간이동에 대한 영화를 제작할 것이며 과학자들은 그 가능성을 계속 연구할 것이다.

한 시나리오 작가에 의해 창안된 공간이동의 아이디어가 매력 있는 과학 분야를 만드는 원동력이 되었음을 감안하면 영화가 해결한 불가능의 과학은 무엇보다도 값지다고 생각한다.

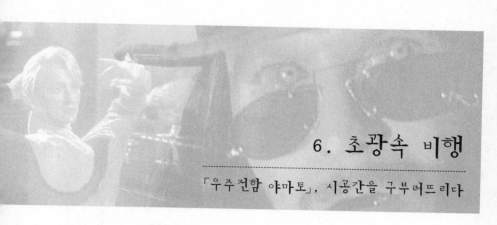

6. 초광속 비행

「우주전함 야마토」, 시공간을 구부러뜨리다

 소년소녀 시절 누구나 한 번쯤은 우주여행을 꿈꾸어 보았을 것이
다. 비행기만 타도 눈 아래 펼쳐지는 세상이 놀라운데, 우주선을 타고
우주를 난다면…….

 사람들의 꿈을 반영이나 하듯 많은 영화들이 우주여행을 다룬다.

 영화에서는 광대한 우주의 거리는 문제가 되지 않는다. 마츠모토
레인지 원작의 만화영화 「은하철도 999」는 영원한 생명을 얻기 위해
은하철도 999를 타고 안드로메다로 향하는 먼 미래의 이야기이다. 그
곳에서는 돈 많은 사람들은 기계인간이 되어 영원한 생명을 얻고, 가
난한 사람들만 평범한 인간으로 살아간다. 인간 사냥꾼들은 가난한
사람들의 목숨을 빼앗아 영원한 생명을 얻기 위한 재료로 사용한다.
인간 사냥꾼에 의해 주인공인 철이의 어머니가 살해되자 메텔이 철이

에게 영원한 생명을 준다는 안드로메다로 갈 수 있는 은하철도 999 승차권을 준다. 그런데 안드로메다 은하는 지구에서 무려 230만 광년의 거리에 있다. 광속으로 달리더라도 230만 년이 걸린다는 뜻으로 누구라도 안드로메다까지의 여행은 비현실적인 아이디어라고 생각할 것이다.

이러한 문제점을 해결하는 방법은 간단하다. 광속보다 빠른 우주선을 만들면 된다.

영화 「스타워즈」에서 주인공인 솔로는 자신이 갖고 있는 우주선에 대해서 이렇게 설명한다.

"이 우주선이 고물이기는 하지만 성능은 그리 나쁘지 않아 1.5광년 정도는 날 수 있으니……."

문제는 1년에 광속의 1.5배 속력을 갖는 우주선도 광대한 우주를 생각하면 너무 느리다는 점이다. 230만 광년이나 되는 안드로메다까지 가려면 1.5광년의 속력으로는 1,533,333년이나 걸린다. 현 우주의 나이를 학자들은 150억 광년으로 추정하고 있으므로 몇 광년의 속력을 갖는 우주선으로는 다른 우주의 신비를 맛볼 수 있는 기회가 전혀 없다고 해도 틀린 말이 아니다.

반면에 「윙 커맨더Wing Commandar」는 컴퓨터 게임이 단순한 엔터테인먼트 소프트웨어뿐만 아니라 영화로도 제작될 수 있다는 시발점이 된 작품이다. 서기 2654년 지구의 연합국 기지 페가수스는 외계인 악당 칼라트로부터 공격을 받는다. 이 와중에서 순식간에 지구로 진입할 수 있는 최첨단 컴퓨터 항해장치인 나브컴을 강탈당한다. 우주의 시간과 공간에 대한 타고난 감각을 가진 블레어는 지구를 구하기 위해 전투부대인 윙 커맨더에 합류하여 외계인과 전쟁을 벌인다. 그는 나브콤이 강탈당했다는 정보를 우주전사들의 전투기지인 타이

거크로의 함장에게 전하라고 하자 6개월이 걸리는 공간을 나브쿰 없이 3초 만에 공간이동한다. 이 영화에서는 우주선이 직접 초광속으로 달리는 것은 아니지만 결과적으로는 5,184,000광년으로 달린 것과 같다. 안드로메다까지 5개월 정도 걸리는데 적어도 이 정도는 되어야 인간이 광활한 우주 공간을 마음껏 활보할 수 있다고 볼 수 있다.

배보다 배꼽이 더 큰 우주선

영화에서의 우주공간은 감독의 아이디어에 따라 마음껏 축소되거나 확대될 수 있지만 현재의 과학기술 수준을 확인해보면 실망하지 않을 수 없다.

인류가 처음으로 지구 이외의 천체를 방문한 것은 1969년 7월 20일 미국의 우주인 닐 암스트롱이 달에 착륙하였을 때였다. 이후 놀라운 발전을 이루어오다가 1997년에는 화성에 착륙, 화성에도 물이 있었다는 사실을 밝혀냈으며, 2004년까지 화성에 유인(有人) 우주선을 보내겠다는 야심 찬 계획이 추진되고 있다.

그러나 우주여행 프로젝트의 가장 큰 문제점은 현재 개발되고 있는 우주선의 속도가 너무 느리다는 것이다. 화성까지만 해도 8개월이 걸리니, 태양계의 마지막 행성인 명왕성까지 가려면 최소한 50년이 걸린다.

G. 필립 잭슨 감독의 「폴링 파이어Falling Fire」는 매우 색다른 소재이다. 지름 10km가 되는 MT-27 소행성을 달로 가져오는 임무를 '49의 정신호' 라는 우주선이 맡았는데 그 우주선엔 종말론자에 의해 조종되는 승무원이 타고 있다. 그 승무원의 역할은 MT-27을 달로 가

▶「폴링 파이어」
지금까지 우주여행 프로젝트의 가장 큰 문제점은 우주선의 속도가 너무 느리다는 것이다.

져가는 것이 아니라 지구와 충돌하게 만들어 지구의 종말을 초래하는 것이다. 주인공 보든의 활약으로 소행성이 지구를 극적으로 피해가게 만들지만, 그의 부인은 남편의 우주여행이 예정보다 6개월이 더 소요되어 14개월에 이르자 더 이상 결혼생활을 유지할 수 없다고 이혼소송을 제기한다.

우주인의 아내가 현대 여성의 선망의 대상이 되는 것도 사실이지만, 우주여행이 보편화된다면 이런 일로 긴 이별을 해야 하는 부부가 많이 생길 것이다. 사실 한창 육체적으로나 정신적으로 활동력이 강한 젊은 남녀에게 14개월이라는 기간이 짧은 것은 아니다.

여하튼 우주선으로 태양계를 벗어나려면 이야기의 차원이 달라진다. 지구와 가장 가까운 항성인 센타루스 알파별까지는 4.3광년(약 70조km)의 거리로 로켓의 지구탈출속도(지구인력을 이기고 인력권 밖으로 탈출하는 데 필요한 최고속도)인 초속 11.2km로 달린다 해도 약 10만 년이 걸린다. 인간의 수명을 고려할 때 현재의 기술로는 태양계를 벗어난 우주여행은 어렵다는 말이다. 그러나 미래의 언젠가는 가능하지 않겠는가!

하지만 4장에서와 마찬가지로 초광속 문제도 아인슈타인의 상대성이론이 발목을 잡고 있다. 불행하게도 그의 이론에 의하면 어떠한 경우라도 초광속 여행은 불가능하다. 아인슈타인이 사사건건 SF 영화의 발목을 잡지만 그가 SF 영화를 싫어하기 때문에 상대성이론을 도출한 것은 아니다.

상대성이론이 SF 영화를 못살게 구는 것은 그야말로 후대의 작가와 과학자들이 그의 이론을 엄밀하게 검증하면서 제시한 내용이라 볼 수 있다. 고인이 된 아인슈타인의 명복을 빌어주자.

아인슈타인의 이론에 의하면 물체의 속력을 증가시키기 위해 물체에 작용을 하면 물체의 질량도 증가하게 된다. 그래서 물체의 속력이 빨라질수록 물체가 점점 무거워져 가속을 시킬 수 없다는 뜻이다.

질량과 속력 사이의 관계는 $m = m_0 / (1-v^2/c^2)1/2$ 로 주어진다.

이 식은 4장에서 설명한 공식과 유사한데 여기에서 다른 점은 m_0는 물체의 정지질량이고 m은 물체가 관찰자의 기준계에 대하여 속력 V로 움직이고 있을 때 관찰자가 측정하는 질량이라는 점이다. 속력이 광속의 절반이면 $m = 1.15 m_0$이다. 그러나 $v = c$, 즉 광속으로 달린다면 $m_0 = 0 =$ 무한대가 된다. 이것은 빛만이 광속으로만 움직일 수 있으며, 정지질량이 아닌 물체는 결코 광속으로 달릴 수 없다는 것을 뜻한다.

천재 과학자에 의해 제작된 우주선의 무게가 100t이라면 광속의 99.99%로 달릴 때 우주선의 질량은 2,237t이 된다. 이 초과 질량은 우주선의 운동에너지이다. 우주선이 가속되어 운동에너지를 많이 얻으면 얻을수록 질량이 커진다는 뜻으로 광속에 접근하면 소요되는 에너지는 무한대가 된다.

만화영화 「우주전함 야마토」를 예로 들겠다. 우주전함 야마토호는 6만 5,000t이나 되는데 위의 식으로 대입하여 비교적 빠르다고 할 수 있는 마하 25로 달린다면 25억분의 1만큼 무거워져 26g이 증가한다. 이 정도라면 우주전함의 운행에 치명상을 입히지는 않는다.

그런데 속도가 더 올라가면 상황은 달라진다. 야마토호의 보통 주행속도인 광속의 99%로 달린다면 이때 야마토호는 46만t이 된다. 이때부터 야마토호를 가속시킨 모든 에너지의 100배를 쏟아붓더라도 속도는 겨우 0.1% 늘지만 질량은 무려 10배인 460만t으로 늘어난다. 광속에 가까워질수록 아무리 에너지를 쏟아부어도 무거워지기만 할 뿐 속도가 늘어나지 않는다는 뜻이다. 영화에서는 광속 돌파 정도야 우습지만 위대한 아인슈타인의 공식이 건재하는 한 광속으로 달리는 것은 불가능하다.

학자들은 광속 이상으로 어떤 물체도 달릴 수 없다면 이론적으로 광속의 어느 수준까지 도달할 수 있는가를 추적했는데 결론은 매우 실망스러웠다. 광속의 99%를 뜻하는 준광속도 불가능하다는 것이다.

🎞 우주선의 에너지와 수송작전

질량과 에너지 사이의 관계에 대한 아인슈타인의 공식은 $E = mc^2$이다. 여기서 E는 에너지이고 m은 질량이다. 물질 1kg을 에너지로 바꾸면 에너지는 9×10^{16}의 J이 생기며 이 이론이 옳다는 것은 원자폭탄으로 증명된 바 있다.

영화에서는 종종 우주선의 동력으로 원자력을 사용한다는 내용이 나온다. 핵항공모함, 핵잠수함, 원자력발전소 등이 원자력을 사용하므로 우주선에서도 간단하게 사용할 수 있을 것 같지만 천만의 말씀이다.

에너지 문제가 얼마나 심각한가를 알아차린 과학자들은 다른 묘수가 없는지 연구하기 시작했다. 우선 현실적인 문제를 검토했다. 과학기술이 발달하여 에너지만 공급되면 광속에 가까운 속력을 낼 수 있는 우주선을 만들었다고 가정하고 에너지원을 어떤 방법으로 공급할수 있는가를 연구한 것이다.

우주선에서 소비할 에너지를 확보하는 방법은 처음부터 모든 에너지를 가지고 가는 방법과 비행중에 에너지를 공급받는 방법이 있다.

첫 번째 방법을 사용하는 우주선을 만들기 위해 기초적인 사업계획서를 작성하자마자 곧바로 부정적인 결론이 쌓이기 시작했다. 센타루스 별까지 왕복하는 데도 현재 사용되고 있는 화학에너지의 1억 배의 에너지가 필요하다는 것이다. 이는 질량당 에너지 양(에너지 밀도)이 화학에너지의 1억 배가 되어야 한다는 것을 뜻한다. 문제는 핵분열시의 에너지 밀도라야 100만 배 정도에 불과하므로 원자력을 사용하는 핵분열 기관으로는 어림없다는 말이다.

기상천외한 아이디어들이 속출했다. 우주선의 에너지원으로 반물질을 갖고 가면 된다는 것이다. 통상의 물질인 양성자, 전자, 중성자에는 각각에 대응하여 전하나 바리온수(중입자수)가 반대인 반양성자, 양전자, 반중성자가 존재한다. 이들 반물질이 보통의 물질과 반응하면 '쌍소멸'을 일으켜 모든 질량이 에너지로 변환된다. 이때의 에너지 밀도는 화학에너지의 100억 배나 된다. 반물질을 이용한 항성간 유인우주선은 광속의 50%로 비행하더라도 8~9년이면 센타루스 별까지 갈 수 있다고 기염을 토했다.

여기까지는 매우 낙관적으로 볼 수 있는데 1,000t의 우주선으로 센타루스 별까지 비행하려면 300t의 반물질이 필요하다. 문제는 300t의 반물질을 만들기 위해서는, 반물질 생성효율을 현재의 1만 배로 해도 일반적인 원자력발전소를 사용한다면 30억 년 이상이 걸린다는 것이다. 이 양을 10년 안에 얻으려면 지구와 같은 크기의 태양발전 위성이 열 개나 필요하다.

아무리 에너지 밀도가 높은 물질이라도 처음부터 우주선에 싣고 가는 것은 불가능하므로 두 번째 대안은 우주공간에서 연료를 모아 이용하는 방법이다. 정확히 말하면 우주에는 성간물질(星間物質 ; 별과 별 사이 공간에 존재하는 물질)이 존재하는데 이것을 이용하는 것이다. 그러나 이 역시 만만치 않은 문제점이 도사리고 있다. 성간물질의 밀도가 지구 대기의 1억분의 1보다 작다는 점이다. 만약 1,000t 규모의 우주선이 추진력을 얻기 위해서는 수천km의 성간물질 흡입구를 갖고 있어야 한다. 몇천km가 되는 우주선을 만들겠다고 하는 생각이 현실적으로 가능한 일인가는 지구의 지름이 대략 1만 2,700km 정도임을 감안하여 생각해보기 바란다.

준광속을 넘는 속도, 즉 광속의 99%를 넘을 때는 또 한 가지의 결정적인 걸림돌이 생긴다. 우주공간에는 극히 소량이지만 수소가 있다는 것이다. 그 숫자는 1cm^{2}당 한 개 정도이다. 이 숫자가 너무나 적다고 무시하고 지나칠 일은 아니다. 극히 미량인 이 수소원자가 준광속으로 우주공간을 날아가는 우주선의 벽에 충돌한다면 우주선이 박살나기 십상이다. 이때 날아오는 수소원자는 일종의 방사선인데 우주선의 속도가 광속도의 99% 이상이라면 두께 1m의 납으로 만든 벽이라도 용이하게 관통할 정도로 강력하기 때문이다. 이런 방사선에도 인간이 살 수 있는 방법은 광속의 1/10 이하 속도로 줄이는 것뿐이다.

학자들은 우주 입자들과의 충돌을 미리 방지할 수 있는 아이디어를 제시했다. 우주선 앞쪽에 거대한 쟁기 같은 것을 달아서 포획되는 입자들을 외부로 빼내면서 달리면 된다는 것이다. 이때 걸리는 입자를 모아서 우주선의 추진연료로 쓰자는 프로젝트가 바로 '항성간 램제트 엔진'이다. 그러나 이것 역시 실현 가능성이 없다. 이런 쟁기가 적정 효율을 내기 위해서는 그 크기가 무려 수천km^2가 되어야 한다는 것이다.

이런 쟁기를 매다는 것보다는 우주선의 외피가 입자들의 충돌에도 튼튼하게 만들어야 하는데 외피의 두께를 1m 이상으로 만들면 그 무게가 어느 정도가 되어야 함을 직감할 수 있을 것이다. 결국 어떠한 경우라도 기계적인 시스템을 사용한다면 광속도의 99% 이상을 달리는 것이 불가능하다는 뜻이다.

영화 속에서 주인공들이 탄 우주선은 쇄도하는 운석들을 절묘하게 피하면서 달리는 것을 볼 수 있지만 실제로 그런 상황은 기대하기 어렵다.

학자들은 광속의 20% 이상의 속도를 내는 것은 원천적으로 불가능하다고 판단한다. 그러나 사실상 초광속으로 날아가는 가능성을 완전히 무시한다면 은하계 대부분의 별은 우리와 영원히 접촉할 수 없는 존재로 남게 된다. 우주로의 여행에 대해 연구하면 연구할수록 언젠가 가능할지 모르는 꿈이 아니라 생각조차 해서는 안 되는 불쾌한 결론으로 귀결된다는 뜻이다.

🎞 빛의 속도를 재어 노벨상을 탄 사나이

타임머신이나 공간이동, 초광속 여행 등에서 필연적으로 등장하는 숫자는 바로 빛의 속도이다. 빛의 속도가 매우 빨라 초속 30만km가 된다는 것을 모르는 사람은 없다. 그렇다면 빛의 속도가 초속 30만 km라는 것은 어떻게 알았을까?

사실 광속도의 측정이라는 과제는 별로 새로운 것은 아니다. 덴마크의 천문학자 뢰메르(Olaus Röemer)는 목성 둘레의 위성인 이오의 운동을 이용해서 빛의 빠르기를 계산했다. 그는 월식 사이의 시간 간격이 지구가 목성에서 멀어질 때는 길어지고, 지구가 목성에 가까워질 때는 짧아진다는 것을 발견했다. 이 시간 간격의 차이는 지구와 목성 사이의 거리가 달라짐에 따라 생기는 것으로 이것을 통해 대략적인 지구 공전궤도의 지름을 통과하는 빛의 속도는 음속의 60만 배, 초속 212,427km라고 계산했다. 이것은 빛의 실제 속도보다 3분의 2밖에 되지 않는 속도이지만 그 당시 사람들이 믿기에는 너무 빠른 속도였다.

1847년 프랑스의 물리학자 피조(Armand Hippolyte Fizeau)는 천체의 현상이 아닌 기계적인 장치를 사용하여 빛의 속도를 측정했다. 피조는 8,047m 떨어진 곳에 거울을 설치하고 광원으로부터 나온 빛이 거울에서 반사되어 다시 광원으로 되돌아올 때까지의 시간을 빠른 속도로 회전하는 톱니바퀴를 이용해서 측정했다. 그 결과 빛의 속도가 음속의 90만 배이며 1초에 315,423km를 달린다고 발표했다. 실제 수치보다 5.2% 정도 많은 것이다.

1850년 프랑스의 물리학자 푸코(Jean Bernard Léon Foucaut)는 회전하는 톱니 대신 회전거울을 이용해서 빛의 속도를 측정했는데 그가 측정한 값은 297,721km로 실제 빛의 속도와는 0.7% 정도 차이가 났다.

현대적인 방법으로 빛을 정확하게 측정한 사람은 폴란드계 미국인

마이컬슨(Albert Abraham Michelson)이 처음이다. 1873년에 맥스웰이 전자기장의 이론을 완성하여 전자기파의 존재를 예언하고, 전자기파와 빛이 같은 성질이라고 주장하자 마이컬슨은 전자기파(빛)의 속도가 자연계의 기본상수 중에서도 가장 중요한 것이라고 생각했다.

그 후 그의 인생은 180도 바뀌었다. 빛의 속도를 정확하게 측정하겠다는 목표를 세우고 제일 먼저 피조와 푸코의 장치를 개선하기 시작했다. 마침내 그는 1,609m 길이의 쇠파이프 속을 진공상태로 만든 다음 빛을 통과시켜 진공 속에서의 광속을 측정할 수 있는 장치를 개발하였다. 그가 측정한 광속은 299,776.25km로 실제보다 0.006%가 적은 값이다. 그는 모든 색깔의 빛이 진공에서 같은 속도라는 것을 발견했다.

마이컬슨은 1907년 미국인으로는 처음으로 '간섭계의 고안과 그에 의한 분광학 및 미터원기에 관한 연구'로 노벨 물리학상을 수상한다. 마이컬슨은 당시 학사 학위조차 없었다. 그러나 노벨상을 수상한 후 케임브리지 대학교에서 명예박사 학위를 받았다.

1972년 이벤슨이 이끄는 연구팀은 더욱 개량된 방법을 사용하여 정확한 광속을 측정했다. 그 값은 초당 299,784.25km이다.

빛의 속도를 측정해낸다고 해서 누가 밥을 먹여주느냐는 말도 있지만 빛이 밥을 먹여주는 것은 물론 마이컬슨에게는 노벨상까지 안겼으니 많은 것을 시사해준다. 어찌 보면 인생에 전혀 도움이 되지 않는 것처럼 보이는 일을 연구하는 것이야말로 과학자들의 참된 용기가 아닐까! 궁금한 것은 누가 그 골치아픈 연구비를 제공하느냐이다.

우선 돈이 많은 과학자인 경우 자신이 직접 충당한다. 과거에는 과학자들이 거의 모두 부유한 귀족이었으므로 사설로 연구소를 만들어 연구하다가 자신이 죽을 때가 되면 유언으로 국가에 기증하곤 했다.

유명한 프랑스 니스의 니스천문대나, 우주가 팽창한다는 것을 발견한 로웰의 천문대도 그런 경우이다.

두 번째는 돈 많은 재벌들로부터 지원을 받는 것인데 그것은 낙타가 바늘구멍으로 들어가는 것보다 더 힘든 일이다. 1$, 10$ 등 경제성을 따지는 경영자가 그런 한심한 연구에 돈을 대는 경우가 많지 않기 때문이다. 그래도 수많은 연구들이 재벌들의 지원으로 이루어졌다는 점을 부인할 수는 없다.

마지막으로 정부로부터 지원받는 것이다. 이 역시 만만치 않은 로비를 해야 하며 당장 실적이 보이는 연구 분야에 우선순위가 밀리기 십상이다.

빛의 속도를 재는 것과 같이 엄청난 예산이 드는 연구가 얼마나 어려운지 안다면 빛의 속도를 잰 공로로 노벨상을 받았다는 것을 이제야 이해할 것이다.

마이컬슨의 측정에 의해 아인슈타인의 이론이 공고해진 것도 있지만 더욱 중요한 것은 광속으로 움직이는 물체의 속력은 커지거나 주는 것이 아니라 항상 같다는 점이다. 이것은 광속에 이르면 그 물체가 발사하는 물체의 속력에 전혀 영향을 받지 않는다는 것으로 원리를 풀어서 이해하려면 매우 어려운 수학과 물리학 지식을 동원해야 한다. 그러나 아인슈타인의 상대성이론을 설명한 4장을 비롯하여 5장도 독파한 독자이므로 물리학에서 빛의 속도에 대해 위와 같이 인정되고 있다는 사실 자체를 인정하면 될 것으로 생각한다.

이 이론은 지구에서 16만 광년 떨어진 곳에서 터진 초신성의 빛이 1987년 2월 마침내 지구에 도착하면서 보다 명확하게 검증되었다.

이 초신성에서 나온 중성미자(광속으로 움직이면서 질량을 갖지 않는 소립자)가 지구에 도착했기 때문이다. 아인슈타인의 이론에 의하면 중성미자 또한 자신을 방출한 물체의 속력에 관계없이 똑같은 속력으로 움직인다. 중성미자의 속도가 중성미자를 방출하는 물체의 속력에 영향을 받지 않는다면 폭발하는 별의 어느 부분에서 나왔건 상관없이 중성미자는 모두 같은 시간에 지구에 도착해야 한다는 것이다.

천문학자들은 이 초신성으로부터 방출된 중성미자를 열아홉 개 검출했는데 모두 12초의 시간 간격 안에 도착했다. 중성미자가 광속으로 16만 년을 달려왔는데도 단지 12초밖에 차이가 나지 않는다는 것은 아인슈타인의 가정이 1,000억분의 1 범위 내에서 정확하다는 뜻이다. 이는 빛의 속도 299,784.25km에 비해 변하는 폭이 0.25cm 미만임을 나타낸다. 아인슈타인의 이론이 처음 발표한 이래 실시된 여러 가지 실험 중에서 가장 엄격한 실험을 또다시 통과함으로써 상대성이론은 부동(不動)의 이론이 되었다. 광속 이상으로는 어떠한 일이 있더라도 달릴 수 없다는 것이다.

뉴턴의 고전 역학에 기반을 둔 상식이 아인슈타인에 의해 뒤집혀진 것은 모두 '광속도 불변의 원리'에 뿌리박고 있다. 빛에 대해 어떤 상대운동을 하더라도 빛의 속도가 바뀌지 않는다면 필연적으로 속도를 규정하는 시간과 공간에 대한 종래의 태도를 수정하도록 만들었다는 점이 아인슈타인을 세기의 과학자로 추앙받게 한 이유이다.

🎞 시공간을 구부러뜨려라

타임머신, 공간이동이 실제로는 불가능하고 초광속 여행도 그렇다면 사실 SF 영화에서 가장 중요한 3대 요소가 원천적으로 공상에 지나지 않는다는 뜻이 된다. 그러므로 적어도 초광속 여행만은 불가능한 것이 아니라는 것을 제시하는 것이 과학자의 의무일지도 모른다.

그것은 시공간의 성질을 이용하는 것, 즉 시공간을 구부러뜨리면 초광속 여행 효과를 나타낼 수 있다는 것이다. 즉 '빛보다 빠른 것은 아무것도 없다'가 아니라 '국부적인 영역에서 빛보다 빠른 것은 없다'는 뜻이다.

학자들은 시공간이 휘어져 있다면 국부적인 기준계는 모든 시공간에 적용될 수 없다는 다소 난해한 아이디어를 제시했다. 이를 다른 말로 설명하면, 시공간이 휘어져 있다고 가정할 경우 특수상대론적 논리에 모순되지 않고 광속보다 빠른 효과를 볼 수 있는 가능성이 생긴다는 이야기이다. 휘어진 시공간 내에 멀리 떨어져 있는 두 지점을 웜홀이 아니더라도 빛보다 빠른 속도로 이동할 수 있다는 것이다.

바로 이 아이디어에서 SF 영화에서 가장 잘 알려진 '워프 항법'이 태어났다. 영화에서는 우주선들이 간단하게 워프 항법을 이용하는데 애니메이션에서는 「우주전함 야마토」가 처음으로 파동 엔진을 사용하여 워프 항법으로 달린다. 영화 속에서 설명된 워프 항법의 원리는 구부러진 우주의 공간을 찾아 곡선이 아닌 직선으로 달리면 초광속 효과를 얻을 수 있다는 것이다. 지구에서 이스칸달 별까지 14만 8,000광년을 간단하게 0.6광년으로 달린다.

웨일스의 물리학자 앨큐비에르는 일반상대성이론에서 초광속 운동이 가능하다는 것을 원리적으로 증명하는 데 성공했다. 그는 아주 짧은 시간 동안 우주선이 두 지점 사이를 여행할 때 시공간을 임의로 구부리는 것이 가능하다고 했다. 방법은 간단하다. 만일 시공간을 우주선의 뒤쪽으로 잡아늘였다가 다시 앞쪽으로 구부릴 수 있다면 우주선은 마치 파도타기 선수처럼 공간을 따라 밀려나가게 된다. 이 경우 우주선은 빛보다 빨리 가는 것이 아니다. 왜냐하면 빛 역시 공간의 파도를 따라 밀려나가고 있기 때문이다.

만일 당신이 타고 있는 우주선의 뒤쪽으로 공간이 엄청나게 팽창했다면, 몇 분 전에 출발한 우주기지는 수 광년이나 멀어져 갈 것이다. 마찬가지로 앞쪽의 공간이 수축된다면 수십 광년이나 떨어져 있던 우주선의 목적지도 수분 내에 도착할 수 있는 것이다. 평범한 분사 추진식 로켓이라도 가능하다.

이것은 만일 우주선 근방의 시공간을 구부릴 수 있다면 어떤 우주선이라도 먼 거리를 단시간에 이동할 수 있다는 의미이다. 행성처럼 무거운 물체를 끌어당기는 견인 광선을 사용하려면 행성 뒤쪽의 공간을 확장시키고 앞쪽의 공간을 수축시키면 된다. 초광속으로 달린다는 것은 결국 우주선의 앞쪽 또는 뒤쪽 공간을 확장하거나 수축할 수만 있다면 가능한 이야기가 된다.

그러나 여기에도 결정적인 문제점이 대두된다. 초광속 비행을 가능하게(적어도 원리적으로) 만들기 위해서는 시공간을 구부러뜨리는 데 필요한 물질과 에너지의 분포를 임의로 조작해야 하는 걸림돌이 나타나기 때문이다. 이 이론이 현실에서 실현되기 위해서는 서로 밀어내는 중력, 즉 음에너지가 필요하다. 양자역학이 특수상대성이론과 결합되었을 때 미시적인 영역에서 에너지의 분포는 국부적으로 음의 값을 가질 수도 있다는 것은 잘 알려진 사실이므로 이것 자체가 문제가 되는 것은 아니다.

그러나 물질이나 진공 상태를 교묘히 조작하여 음의 에너지를 갖는 물질을 만들어냈다 해도 시공간을 마음대로 구부리기 위해서는 우주선을 광속으로 가속시킬 때 필요했던 에너지와는 비교가 안 될 정도로 엄청난 양의 에너지가 필요하다는 것이다. 또다시 에너지 문제가 등장하는 것이다.

태양의 중력장은 빛의 궤적을 1,000분의 1 정도 구부러뜨릴 수 있다. 그러나 눈에 보일 정도로 크게 빛의 궤도를 구부리려면 500만t 크기의 블랙홀이 주위에 있어야 한다. 이 블랙홀의 질량은 태양의 10분의 1 정도이지만 이를 에너지 단위로 환산하면 태양이 처음 생성된 후부터 앞으로 소멸될 때까지의 핵융합반응으로 만들어낸 모든 에너지를 합한 것보다 크다. 한마디로 시공간을 구부러뜨리는 게 그리 간단한 일이 아니라는 것이다.

「우주전함 야마토」에서 야마토는 지구에서 화성까지 7,800만km를 단 1분 만에 주파했다. 속도는 초속 130만km, 광속의 4.4배나 되는 엄청난 속도였다.

그러나 이 정도의 속도로는 어림도 없다. 지구에서 가장 가까운 센타루스 별은 4.3광년에 있는데 이곳을 가는데도 1년이 걸리니 필자가 소설 『피라미드』의 주무대로 삼은 11.8광년에 있는 고래자리 토우별(지구와 같은 행성이 있다고 추정)까지는 4.4광속으로도 무려 2.7년이나 걸린다. 게다가 안드로메다 은하까지는 4.4광속으로 계속 달린다해도 무려 60만 년이나 걸린다.

SF 영화의 묘미는 감독들의 상상력에는 광속의 제한이라는 한계가 없다는 점이다. 영화에서 광속 100만 년 정도로 나는 것은 아무것도 아니다. 감독들은 우주선의 속도를 검증하는 것보다 상상력을 동원한 아이디어로 관객을 즐겁게 만드는 것이 보다 큰 의무라고 생각하기 때문이다.

사족 한마디. 유명한 워프 항법은 놀랍게도 「스타트랙」의 시나리오 작가인 진 로든베리의 제안에 의해 연구되었다. 진 로든베리는 「스타트랙」에 나오는 우주선인 엔터프라이즈호가 아인슈타인의 이론에 의

▶「스타트랙」
유명한 워프 항법은 놀랍게도「스타트랙」의 시나리오
작가인 진 로든베리의 제안에 의해 연구되었다.

할 경우 광속을 넘을 수 없다는 문제점에 봉착하자 과학자들에게 광
속을 넘나들 수 있는 방안을 요청했다. 진 로든베리의 요청에 따라 과
학자들은 우주선 자체만으로 광속을 돌파하는 것은 어렵지만 공간의
수축을 이용하면 광속 효과를 얻을 수 있는 '워프 항법'의 아이디어
를 제공했고, 이후「스타트랙」에서 엔터프라이즈호는 수백만 광년의
거리를 간단하게 주행한다.

　「스타트랙」을 다시 보면 현대 물리학의 발전을 음미할 수 있으며
이 영화의 시나리오 작가인 진 로든베리가 SF 영화에 얼마나 큰 영향
을 미쳤는지 알 수 있다.

　과학자들의 고집은 알아주어야 한다. 우주선이 초광속으로 달리는 것은 어렵다고 하지만 아인슈타인의 절대적인 이론이라고 볼 수 있는 상대성이론에 어긋나는, 즉 초광속으로 달리는 물질을 찾아보자는 것이다. 이것이 그 유명한 제럴드 페인버그(Gerald Feinberg)를 비롯한 몇몇 학자들이 주장하는 '타키온' 입자이다.

　그들은 초광속이 불가능하다는 절대적인 명제를 인정하지 않고 빛의 장벽 저쪽에 특수한 입자가 존재할지 모른다고 생각한다. 타키온은 생성된 순간부터 빛보다 더 빨리 간다는 개념이다.

　빛보다 빠른 물질에 대한 아이디어는 독일의 아놀드 좀머펠트(Arnold Sommerfeld)가 처음 생각해냈고 '빠르다' 라는 뜻의 그리스어 '타키스(tachys)'에서 타키온이란 이름을 만들었다. 타키온이 존재하려면 일반 과학상식이 통하지 않아야 한다. 즉 타키온의 질량은 허수가 되어야 하며 에너지를 얻을수록 속도가 느려져야 한다. 이론상 에너지가 가장 클 때 빛의 속도가 되며 에너지를 모두 잃게 되면 그 속도는 무한대가 된다. 즉 실수의 질량을 갖는 입자는 에너지를 얻을수록 속도가 커지지만 타키온은 그 반대로 행동하는 것이다.

　1968년 스웨덴의 알버거는 감마선으로부터 타키온 한 쌍(타키온과 반타키온)을 만들려고 시도했다. 1970년 미국의 발티는 타키온의 질량이 허수라는 점에 주목하여 가속기를 이용해 입자실험을 할 때 질량의 제곱이 음(−)인 입자들을 찾았으나 실험은 실패로 돌아갔다.

　특수한 조건하에서 광속을 넘어선 입자가 존재할 수 있다는 의견도 있다. 우주선이 대기권에 돌입하면 대기의 분자와 충돌하여 2차 우주선을 만들면서 광속에 가까운 속력으로 지상을 향하게 된다는 것이다. 1973년 클레이는 수백만분의 1초만큼 앞서서 약한 여분의 신호를 받자 이것이 타키온일지도 모른다고 발표했다.

타키온이 발견된다면 발견 그 자체가 커다란 물리적 파문이 됨은 분명하다. 초광속 입자를 측정했다는 그 자체가 이미 아인슈타인의 상대성이론을 거부하는 것이 되기 때문이다. 현재는 아인슈타인의 '광속불변의 법칙'에 의해서 거리나 시간 개념을 사용하고 있는데 만약 클레이의 발견이 사실이라면 현재 물리학의 많은 이론은 수정이 불가피하다. 그러나 과학자들은 광속보다 빨리 갈 수 있는 것은 없다고 확신하고 있으며 클레이의 발견도 타키온을 의미하는 것은 아니라고 굳게 믿고 있다.

한편 2001년 8월 우주가 나이를 먹으면서 빛의 속도가 변한다는 연구결과도 발표되었다. 2001년 8월 14일 「뉴욕타임스」지는 미국·영국·호주의 과학자 연구 팀은 절대적인 진리인 빛의 속도가 변화하고 있는 것을 발견했다고 주장했다. 그들은 지구로부터 120억 광년 떨어진 퀘이사(quasar)에서 오는 빛의 흐름을 추적, 빛이 가스층을 통과하면서 어떻게 달라지는가를 관찰했다. 퀘이사는 블랙홀의 에너지에 의해 생성된 거대한 발광체로 관찰 결과 빛이 금속원자들로 이뤄진 가스층에 흡수되는 양상이 시간이 흐르면서 계속 달라졌다는 것이다. 이같은 조사결과는 지금까지 물리학계가 견지하고 있는 광속불변의 법칙에 정면으로 위배되는 것이며 물리학 교과서를 다시 써야 할지 모르지만 이 연구결과에 대한 반론도 만만치 않아 아직 설(說)로만 남아 있다. 광속을 초월할 수 있느냐 없느냐는 앞으로 과학자들이 계속 연구할 과제로 보이므로 여기서는 더 이상 거론하지 않기로 한다.

여하튼 SF 영화에서 보는 우주여행을 어떻게 실현시킬 수 있는지를 한정된 과학상식으로만 볼 필요는 없다.

타임머신, 공간이동, 초광속 비행이 현실적으로 불가능하다는 것을 알고 있더라도 SF 영화를 만드는 데 문제가 생기는 것은 아니다. 미국의 SF 작가이자 과학자인 아이작 아시모프(Isaac Asimov)는 단 한 문장으로 이 문제를 간단하게 해결하였다.

"이 우주선은 시간과 공간을 초월하여 비행합니다."

감독들은 가능한 한 과학성을 감안한 장면을 도입하는 데 주저하지 않는다. 한 예로 「파이널 컨플릭트Earth ; Final Conflict」에서 주인공은 범인이 탄 우주선을 추적하면서 도망가는 우주선이 초광속으로 진입하기 전에 잡거나 격추시켜야 한다고 말한다. 이것은 우주선이 초광속 여행으로 들어가면 이미 따라잡기가 어려우며 빛의 속도를 감안할 경우 광속 돌파가 관건이라는 것을 의미한다. 일반적으로 상대 물체를 파악하는 방법(과학이 발달한 외계인의 우주선이라면 다른 방법

▶「파이널 컨플릭트」
초광속으로 달린다면 추격이 어렵다. 레이더는 전파로 움직이므로 빛의 속도를 감지할 수 있지만 빛보다 빠르면 감지할 수 없기 때문이다.

이 있을지 모르지만)으로 레이더를 작동시키는데 레이더는 전파로 움직이므로 빛의 속도로 감지할 수 있다. 그런데 우주선이 초광속으로 달린다면 빛보다 더 빠른 속도이므로 그것이 어디 있는지 추적할 수 없는 건 당연한 일이다.

감독들이 과학 공부를 제대로 하지 않으면 영화를 제작할 수 없다는 것도 이해가 가는 일이다. TV 수사물 시리즈 「엘리어스Elias」에서 특별수사대의 주인공 시드니가 수많은 경찰차로부터 추적을 당하자 자동차를 몰고 물속으로 들어간다. 그녀는 침착하게 자동차 속에 물이 완전히 찰 때까지 기다렸다가 유리창을 내리고 자동차에서(자동차 속에 물이 차 있으면 문을 열 수 있다) 빠져나온다. 그녀가 자동차를 타고 물에 빠진 지 10분이 지나자 경찰들은 그녀가 익사했을 것으로 생각하고 현장에서 철수한다.

2001년 7월 서귀포시 문섬 앞바다에서 이탈리아의 무호흡 잠수기록을 갖고 있는 지안루카 제노니와 서귀포시 송산동의 해녀 세 명이 '물속에서 숨 안 쉬고 오래 버티기' 시합을 했다. 수심 10~15m에서 네 차례 '숨겨루기'를 한 결과 해녀들은 모두 1분 15초에서 23초 만에 수면 위로 떠올랐다. 제노니는 이들 해녀들이 수면으로 나오고 나서도 무려 4~5초 후에 나왔다. 해녀들은 소라나 전복을 딸 때는 물속에서 3분 이상 버틸 수 있다고 장담했지만 결과는 그랬다. 여하튼 보통 사람들로서는 상상할 수 없는 일이다.

그런데 주인공 「엘리어스」의 시드니는 물속에서 10분이나 견뎠다. 어떻게 물속에서 숨도 안 쉬고 10분이나 버틸 수 있었느냐는 질문에 대한 답은 자동차 대신 타이어가 해결해 주었다. 그녀는 자동차 타이어에 있는 공기를 빼어 숨을 쉬면서 버틴 것이다.

과학적 지식을 십분 발휘한 감독에게 찬사를 보낸다.

마지막으로 인간이 만든 가장 빠른 속도는 1996년 스위스 제네바에 있는 LEP(Large Electron-Positron) 가속기에서 얻은 0.9999999 99987C(광속)였다. 이 가속기는 둘레가 17마일의 원형으로 총 예산은 10억 달러가 소비되었다. 학자들은 보다 강하게 가속해서 광속보다 더 빠른 속도를 얻을 수만 있다면 이 속력의 한계는 이미 오래 전에 무너졌을 것으로 생각한다.

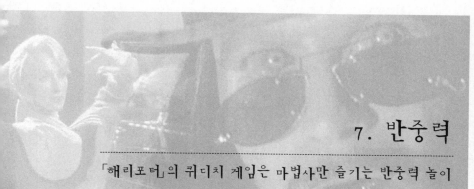

7. 반중력

「해리포터」의 퀴디치 게임은 마법사만 즐기는 반중력 놀이

　공전의 히트를 기록한 스티븐 스필버그의 영화 「E.T.」 중에서 가장 인상적인 장면을 뽑으라면 아마도 달을 배경으로 E.T.를 비롯한 주인공들이 자전거를 타고 하늘을 나는 장면일 것이다.

　「E.T.」의 줄거리는 아주 단순하다. 소년 엘리어트는 어느 날 외계인 한 명을 발견해 집으로 데려온다. 외계인이 지구에 왔다는 사실을 안 FBI는 외계인을 찾으려고 하지만 엘리어트는 E.T.를 숨겨준다. 여동생 게티와 함께 아이들은 전화기를 조립하는 등 E.T.가 고향별에 연락할 수 있게 돕는다.

　그러나 E.T.의 병세가 급속도로 악화되고 FBI 요원들은 E.T.의 은신처를 찾아낸다. 가까스로 도망쳐서 우주선이 내릴 숲으로 간 E.T.와 아이들은 자전거를 타고 달을 배경으로 하늘을 난다. 이 멋진 장면은 당연히 영화 메인 포스터를 장식해 아이들뿐만 아니라 많은 사람들의 사랑을 받았다.

로버트 저메키스 감독의 「백 투 더 퓨처」에서는 스케이트 보드를 탄 마티가 공중을 마음대로 날아다니며 「스타워즈」에서도 랜드 스피더(land speeder)와 스텝 비행선(STAP)이 아무런 분사장치 없이 자유자재로 공중을 난다.

조앤 롤링의 성공한 원작을 바탕으로 제작한 「해리포터」에서 관객들을 열광시킨 장면 중의 하나는 호그와트 마법학교에서 학생들이 빗자루를 타고 퀴디치 게임을 하는 장면이다. 주인공들이 마법학교에 다니고 있으므로 빗자루를 타고 하늘을 자유자재로 나는 것이 무리한 설정은 아니다. 하지만 실제로 이런 상황이 일어난다면 얼마나 좋을까 하고 관객들이 그토록 환호하는 것이리라.

영화 「인디펜던스 데이Independence day」에서는 직경 50km, 두께 3km의 거대한 원반이 뉴욕 상공에 등장하는데 헬리콥터와 마찬가지로 상공에 정지해 있다. 헬리콥터가 하늘에서 정지해 있기 위해서는 강력한 프로펠러가 계속 돌기 때문이라는 것을 잘 알고 있는데 원반에는 그런 장치가 보이지 않는다. 여하튼 대단한 원반임을 즉시 느꼈을 것이다. 만화영화 「말괄량이 전사」에서는 검은 마법사가 상공에 혼자 떠 있으면서 주인공들을 마음껏 괴롭힌다.

아이디어가 탁월한 내용으로는 영화 「플러버Flubber」가 있다. 주인공인 필립 브레이너드 교수는 결혼식 날짜를 두 번씩이나 잊어버릴 정도로 건망증이 심하지만 고성능 퍼스널 로봇 '위보'의 도움을 받아 에너지원에 혁명을 갖고 올 물질인 플러버를 발명한다. 플러버는 고무처럼 끈적끈적한 재료로 볼링공은 물론 사람의 호주머니나 신발에 바르기만 해도 스스로 에너지를 만들어서 공중을 날 수 있다. 그 결과 실력이 형편없는 농구팀이 플러버를 바른 농구화를 신고 천장까지 뛰어올라 경기를 뒤집는 것은 물론, 일반 자동차에 플러버를 탑재하여 하늘을 날게 한다. 소위 과학사에 한 획을 그을 만한 신발명품을 영화 속 브레이너드 교수가 발명한 것이다.

그런데 이들 장면은 과학적으로는 말이 안 된다. 동력 장치가 없을 경우, 높은 곳에서 낮은 곳으로 모든 물체가 떨어지며 물은 절대로 위에서 아래로만 흐른다. 냉장고 문을 열 때 잘못 넣어 둔 물건들이 아래로 떨어지며 사다리를 타고 전등을 교환할 때도 균형을 잡지 않으면 아래로 떨어지는 것은 중력이 어디에서나 작용하고 있기 때문이다.

우주인은 초인?

「E.T.」에서 E.T.가 자전거를 타고 하늘을 나는 것이 불가능한 이유로 중력을 들었지만, 중력은 물리학에서 과학자들이 가장 골치아파하는 것 중의 하나이다.

중력은 지구의 중심으로 향하는 힘으로, 어떤 물체의 무게와 같다. 보통 땅 위에서는 1G(1g의 물질을 1g 무게의 힘으로 잡아당기는 크기)가 작용하며 사람의 경우 자신의 몸이 받는 중력은 몸무게와 같다.

어떤 물건이든 끌든가 밀든가 하지 않으면 움직이지 않으며 이때 움직이게 하는 것을 힘이라고 한다.

이런 힘 중에 두 물체 사이를 직접 연결하는 것은 아무것도 없는데도 불구하고 서로 작용을 미치는 이상한 것이 존재한다. 그 첫 번째가 자석이다. 자석은 쇠를 끌어당기지만 그 힘을 눈으로 볼 수 없다.

두 번째가 중력이다. 중력에 관한 지식은 전쟁에서 대포가 쓰이게 되면서부터 대단히 중요하게 되었다. 포탄이 공중을 어떻게 날아가는 가 하는 문제를 생각하지 않으면 안 됐기 때문이다. 이 당시 학자들은 포탄에 작용하는 힘이 두 가지 있다는 것을 정확히 알고 있었다. 하나는 화약의 폭발에서 생기는 힘으로 이 힘이 폭탄을 공중 높이로 쏘아 올린다. 또 다른 힘, 즉 중력은 포탄을 지구 쪽으로 당겨서 지면에 떨어지게 만든다.

물체가 지구 쪽으로 떨어지게 하는 힘이나, 행성들이 태양 주위를 회전하게 하는 힘, 그리고 달이 지구 주위를 회전하게 하는 힘 등이 모두 동일한 종류의 힘임을 뉴턴이 처음으로 발견했다. 그는 이 힘, 즉 중력은 우주의 모든 물질이 다른 물질을 잡아당기는 것이라고 천명했다.

태양계에 있는 행성들은 엄청난 세기의 중력장을 갖고 있으므로 서로 잡아당긴다. 그러면서도 태양과 지구는 1억 4,967만km나 떨어져 있다. 이와 같은 원리는 수백만 광년의 거리만큼 떨어진 은하계에도 적용되어 질량이 있는 곳은 항상 서로 잡아당기고 있다. 우주를 붙들고 있는 것은 바로 중력이라는 뜻이다.

중력은 질량이 큰 천체에 더욱 크게 존재한다는 가장 단적인 예가 그 물체의 중력을 벗어나기 위해서는 특정한 속도 이상으로 로켓을 발사해야 한다는 '탈출속도' 이다. 지구를 벗어나기 위해서는 초속 11.2km의 탈출속도가 필요하다. 참고로 달을 탈출하는 데는 초속 2.4km, 화성은 5.1km, 토성은 36.8km이며 태양계에서 가장 질량이 큰 목성으로부터는 초속 61km를 넘겨야 한다.

평상시 사람들은 중력에 대해 잘 느끼지 못하지만, 중력이 아주 높아지거나 낮아지면 몸에 심각한 이상을 느낀다. 피가 발이나 머리 쪽으로 쏠리기 때문이다. 대부분의 사람은 보통 1.5~2배나 센 중력을

15분 정도 견딜 수 있으며 3.5배에서는 몇 초가 고작이다. 중력이 높아지면 피부의 모세혈관이 터져 바늘로 찌른 것 같은 반점이 나타나며 호흡이 거칠어진다. 보통 중력의 4.1배가 되면 시신경에 피가 공급되지 않아 하늘이 회색으로 보인다. 4.7배가 되면 뇌 중심부에 피가 없어져 하늘이 까맣게 보이며 5.4배가 되면 의식을 잃는다. 반대로 하늘에서 떨어질 때 2~3g의 중력을 받는다고 가정하면 하늘이 빨갛게 보인다. 눈 쪽으로 피가 몰리기 때문이다.

대부분의 SF 영화에서 감독들은 중력을 많이 고려한다. 우주비행사는 우주선이 발사될 때 땅바닥에 누운 듯한 자세를 취한다. 이와 같은 자세를 취하는 것은 우주왕복선 승무원의 경우 이륙 때에는 3.2배의 중력을, 착륙 때에는 1.4배의 중력을 받기 때문이다.

물론 특별한 능력을 갖고 있는 사람들도 있다. 우주비행사들은 직업의 특성상 지구상에서 가장 완벽한 신체를 갖고 있다고 볼 수 있는데 중력 실험에서도 이를 알 수 있다. 미국에서 처음으로 우주비행을 한 존 글렌은 아틀라스 로켓을 타고 지구 궤도에 진입할 때 8배의 중력을 경험했으며, 훈련 때는 무려 16배의 중력까지 받았다고 한다. 우주인들은 거의 초인에 가까운 체력을 갖고 있다는 것을 알 수 있다. 현재는 우주인들이 중력을 많이 받지 않도록 혈액이 어느 한쪽으로 쏠리지 않게 하는 공기주머니 등 특수장치를 사용한다.

사랑에 빠지면 중력이 중지된다?

학자들은 이 우주의 구성을 위해서는 네 가지의 장이 있다고 믿고 있다. 잘 알려져 있는 중력장, 전자기력장, 약력장, 강력장이다.

같은 거리일 때 강력의 세기는 전자기력의 세기보다 137배가 강하고 약력의 세기는 전자기력의 세기에 비해 1,000억분의 1 정도이다. 약력의 세기는 강력이나 전자기력에 비해 약하기는 하지만 중력과 비교하면 그래도 1,029배로 강하다.

중력과 전자기력은 도달 거리가 매우 긴 반면 강력과 약력은 도달 거리가 매우 짧다. 따라서 원자보다 작은 세계에서 일어나는 일은 강력과 약력의 지배를 받지만 우주와 같이 거대한 세계에서는 아무런 의미가 없다. 또한 천체들은 전체적으로 중성이므로 전자기력이 작용하지 않으므로 천체들의 움직임은 중력의 지배를 받게 된다.

가장 약한 힘인 중력이 가장 큰 세계를 지배하고 있지만 우주의 힘을 하나로 통일하려는 '통일장 이론'에서 중력과 다른 힘들을 통일시키지 못하는 이유는 바로 이들 힘의 차이가 너무 크기 때문이다.

중력이 상상할 수 없을 만큼 작다는 사실을 알게 되자 인간은 대담한 생각을 한다. 중력을 이기는 것이 그렇게 어려운 것이 아닐지 모른다는 점이다. 이것은 새가 하늘을 날아다닐 수 있다는 것을 보아도 알 수 있다. 학자들은 새가 하늘을 나는 원리가 중력을 이기는 것임을 알아차리자 인간도 하늘을 날 수 있다는 야심을 품는다. 머리가 나쁜 새도 하늘을 날아다니는데 똑똑한 인간이 하늘을 날지 못한다면 만물의 영장이 될 수 없는 일이다.

하늘을 날아보려는 시도는 뉴턴의 중력이 알려지기 이전부터 있어왔다. 실제로 서기 1000년경 베네딕트 교단의 한 승려가 날개를 달고 탑에서 뛰어내렸다가 두 다리가 부러졌다는 이야기가 전해온다. 15세기에 레오나르도 다 빈치가 설계한 '공중을 나는 배'에는 네 개의 날개가 붙어 있었는데, 조종사가 막대를 밀어 날개를 조작하게 되어 있었다. 배가 너무 무거워 날 수는 없었지만 레오나르도 다 빈치는 비행

원리를 이미 터득하고 있었음을 보여준다. 그는 오늘날의 헬리콥터와 비슷한 수직이륙 비행기도 구상했지만 실제로 제작해 보지는 않았다.

하늘을 나는 방법에는 기구 등 공기의 부력을 이용하는 방법, 비행기 등 공기의 양력(揚力 ; 물체가 수직 방향으로 받는 힘)을 이용하는 방법, 로켓이나 헬리콥터와 같이 공기나 연료 가스를 뿜어내어 반작용을 이용하는 방법, 인공위성 등 지구를 선회하는 원심력으로 나는 방법 등 네 가지가 있다.

하늘을 나는 가장 쉬운 방법은 부력을 이용하는 것으로 1783년 프랑스의 몽골피에(Montgolfier) 형제가 기구에 의한 유인(有人) 비행에 성공했다. 기구란 공기보다 가벼운 헬륨이나 수소와 같은 가스를 자루 속에 채워 비행하는 것으로 여기다 추진장치가 갖춰진 것을 비행선이라고 한다. 비행선은 비행할 때 공기 저항을 적게 하기 위해 유선형으로 되어 있었는데 유명한 비행선 '힌덴부르크호'가 폭발하여 수많은 사람들이 사망하자 안전성 문제로 곧바로 사장되었다. 추진장치가 없는 원형으로 된 기구는 지금은 스포츠의 하나가 되었고 야구장이나 축구장 등을 공중에서 촬영할 때 대형 비행선이 등장하지만 보편화에는 어려움이 많다.

잉카인들이 몽골피에보다 먼저 기구를 사용했다는 기록도 있지만 여기에서는 상술하지 않는다. 이에 대한 보다 상세한 내용은 필자의 『현대 과학으로 다시 보는 세계의 불가사의 21가지』를 참조하기 바란다.

부력에 의한 열기구의 단점은 하늘은 날 수 있지만 속도가 빠르지 않다는 것이다. 그래서 사람들은 열기구를 대체할 수 있는, 즉 보다 빠르고 임의로 조종 가능한 기계를 만들려고 시도했다.

일반적으로 비행기 개발에 대한 역사는 1893년에 독일의 릴리엔

탈(Otto Lilienthal)이 글라이더로 활공비행에 성공한 것을 시원으로 삼는다. 그는 1896년 8월 9일 격심한 돌풍으로 땅에 추락하여 사망할 때까지 수백 차례의 비행에 성공했으며 최장 250m까지 날 수 있었다.

1900년 하인리히 폰 체펠린은 최초의 운전 가능한 강체 비행기를 만들어 공중을 날았고, 이어 1901년에는 화이트헤드가 엔진을 이용한 최초의 비행에 성공했다. 그러나 동력을 싣고 자기 힘으로 하늘을 난 것은 미국의 라이트 형제가 처음이었다. 그들은 자신들이 만든 '플라이어(Flyer)'를 타고 1903년 12월 17일 다섯 명의 참관인이 보는 앞에서 12초간 36m를 날았고 그 날 네 번째 비행에서는 59초간 256m를 날았다. 이것이 인간이 하늘을 날게 되기까지의 역사적인 기록이다.

라이트 형제에 의해 인간이 처음으로 하늘을 날게 된 뒤로 비행기의 성능은 끊임없이 개선되어 1914년 제1차세계대전 때에는 시속 200km를 넘었으며 1931년에는 시속 656km를 기록했다. 1939년 독일에서 최초의 제트기 '하인켈 He178'이 시험비행에 성공했다. 이전까지의 비행기는 프로펠러를 이용해 추진력을 얻었으나 제트기는 연료를 태워 분사함으로써 추진력을 얻는다. 제트기는 점점 발전하여 소리보다(초음속) 더 빠르게 되었고 콩코드 여객기나 대부분의 전투기들이 초음속으로 날아다닌다.

'우주 비행의 아버지'로 불리는 콘스탄틴 치올코프스키(Konstantin Tsiolkovsky)는 비행물체의 범위를 지구 밖으로까지 넓혔다. 치올코프스키는 하늘을 나는 물체로서 잘 알려진 로켓의 기본 법칙을 만들어 현재와 같은 우주시대가 열리는 발판을 마련해 주었다.

제트엔진은 압축공기를 뿜어 추진력을 얻고 헬리콥터는 거대한 프로펠러를 회전시켜 공기를 아래로 밀어내기 때문에 공중에 떠오를 수 있다. 특히 반작용의 힘이 중력과 같다면 헬리콥터처럼 공중에 정지할 수 있고 중력보다 크다면 상승한다. 반면에 로켓은 간단하게 설명하여 연료를 태워서 만드는 고압가스를 분출하면서 추진력을 얻는 장치이다.

항공기나 로켓은 중력을 역행한다는 개념이 아니라 극복해야 하는 대상으로 보고 그보다 힘이 센 것을 만들면 된다는 생각이다. 문제는 이러한 발상에서 나온 장치들은 로켓에서 보듯이 거대하기 짝이 없으며 비용도 많이 들고 실용성의 측면에서도 효율이 매우 낮다는 점이다. 그러나 이런 정도의 과학 지식을 고지식하게 도입하여 영화를 만들었다가는 당장 파산하기 십상이다. 영화인에게 필요한 것은 이미 알려진 과학 지식이 아니라(어떤 과학자의 일대기를 그리는 것은 몰라도) 관객이 찬탄하면서 박수를 치지 않으면 안 되는 아이디어를 남보다 빠르고 효과적으로 제시하는 것이기도 하기 때문이다.

감독들은 영화의 주제에 따라 황당한 아이디어에 집착하는 경우가 많은데 코미디 영화 「산타후」에서 산타클로스가 하늘을 나는 장면은 정말로 압권이다. 북극에서 요정과 살고 있는 산타클로스 닉은 매년 크리스마스 이브 때 전세계의 어린이들에게 선물을 나누어주는데 어느 해에 그만 여덟 마리의 순록이 끄는 썰매를 타고 하늘을 날다가 실수로 지상에 떨어져 기억을 상실한다. 자신이 산타클로스인지조차 모르는 닉은 우여곡절을 겪은 후 어느 날 기억이 되돌아와 선물을 아이들에게 주기 위해 순록이 끄는 썰매를 타고 하늘로 날아오른다.

「안데르센 이야기」에서도 '얼음의 여왕'의 마차는 백마 네 마리가 끄는데 여왕의 채찍 소리에 여왕과 안데르센이 탄 마차가 가뿐하게 하늘로 떠올라 구름 위로 올라간다.

그런데 영화의 어느 장면을 보아도 날개는 물론 회전장치나 분사장치 등 하늘을 날 수 있는 장치가 없다. 그야말로 순록 여덟 마리와 말 네 마리가 몇 번 빨리 발을 맞추는 것만으로 하늘로 사뿐히 올라가는데 이 정도의 달리기로 하늘에 올라갈 수 있다면 100미터 달리기 선수 모두 결승전에 골인하기 전에 하늘로 솟아올라갈 것이다.

어느 누구라도 하늘을 날기 위해서는 어디엔가 추진장치가 있어야 하는 것이 상식이다. 해리포터가 마법사이므로 추진장치를 간단하게 빗자루 속에 숨길 수 있고 마티도 천재과학자가 만들어 준 스케이트 보드이므로 문제가 없으며 산타클로스야 요정과 살고 있는 그야말로 신화적인 인물이므로 하늘을 올라가는 것 정도는 간단하겠지만 여하튼 보통 사람이 빗자루를 타고 '퀴디치' 게임을 한다는 것은 불가능하다. 「해리포터」가 나온 후 하늘을 날기 위해 빗자루가 동이 나지 않았다는 것은 빗자루만으로 하늘을 날 수 없다는 것을 단적으로 알려주는 것이다.

▶「해리포터와 마법사의 돌」
하늘을 날기 위해서는 어디엔가 추진 장치가 있어야 한다. 보통의 빗자루로 퀴디치 게임을 즐길 수 없는 것도 이 때문이다.

감독은 하늘을 나는 장비가 따로 없어도 하늘을 날 수 있도록 날개가 달린 요정을 등장시키기도 한다. 「후크Hook」에서도 요정이 날개를 갖고 「레플러콘의 사랑의 전설」은 아예 날개가 있는 요정족과 날개가 없는 요정족과의 사랑과 반목을 주제로 삼았다.

그런데 영화를 보면 요정의 날개는 요정 키의 반 정도 크기에 지나지 않는다. 어떤 요정은 그저 액세서리로 간신히 등에 붙이고 있고 날 때도 아주 우아하게 천천히 날개를 움직인다.

헬리콥터가 중력을 이기면서 지상에 떠 있기 위해 프로펠러를 돌릴 때의 회전력을 감안하면(헬리콥터의 회전에 의한 바람이 어찌나 강한지 영화에서 사람들이 금방이라도 날아갈 듯 몸을 웅크리고 어쩔 줄 몰라하는 장면이 많이 나온다) 등에 붙어 있는 조그마한 날갯짓으로 자신의 체중을 떠받칠 수는 없는 노릇이다.

날개 길이 6cm, 체중 69mg인 검은무늬나비가 공중에 떠 있기 위해서는 1초간 11번의 날갯짓을 하며, 잠자리는 대체로 44번 날갯짓을 한다. 「레플러콘의 사랑의 전설」에서 날개가 있는 요정족의 남자 체중을 60kg으로 볼 때 그의 날개 길이는 무려 782.6m가 되어야 한다. 어깨가 매우 넓은 남자의 어깨 길이가 60cm 정도인 것을 감안하면 사람의 등에 1,310배나 큰 날개를 달아야 날 수 있다는 것을 뜻한다. 그것도 1초에 11번씩 온몸에 체중을 걸면서 흔들어야 한다(잠자리로 계산하면 날개는 더욱 커져야 함). 영화에서 요정이나 천사가 달고 있는 조그마한 날개를 붙여 하늘을 날겠다는 생각은 아예 포기하는 것이 현명한 일이다.

그러나 요정족은 사람이 아니므로 그 작고 앙증맞은 날개로 하늘을 날 수 있다고 한다. 그들만의 노하우를 인간이 알 수는 없다. 그러나 그들도 엄연한 형체가 있고 질량이 있다면 요정이 지구상에 존재하는 중력의 힘을 무시할 수는 없다는 모순점이 생긴다. 결국 요정이 조그마한 날개로 날아다니지 못한다고 생각하면 요정이 존재하지 않는다는 결론에도 이른다. 썰렁한 이야기이지만 과학적인 측면만 고려하면 그렇다.

그러나 인간이 오묘한 존재라는 것은 요정이 존재할 수 있는 근거도 제시해준다는 점이다. 「레플러콘의 사랑의 전설」에서 날개가 없는 요정족의 '물돈'이 날개가 있는 요정족의 제시카 공주와 사랑에 빠지자 하늘을 날 수 있게 된다. 진정한 사랑은 중력을 정지시킨다니, '노벨 사랑상'이 생기면 이들이 틀림없이 받을 것으로 생각한다.

원심력으로 중력 밀어내기

인간이 다른 동물보다 탁월한 것은 거짓말을 유효 적절히 사용할 수 있는데다가 어떤 아이디어가 있다면 그것을 역으로 생각하면서 새로운 무언가를 만들 수 있는 자질을 갖고 있다고 볼 수 있다. 유명한 발명품 중에는 그런 역발상의 아이디어로 성공한 예가 많다.

과학의 분야도 마찬가지이다. 인간이 중력이라는 개념을 이해하자 학자들은 유명한 반중력 현상이라는 아이디어를 도출했다. 반중력 현상이 무엇인지 아직 정확하게 설명할 수는 없지만(학자들은 반중력이라는 단어 자체를 부정하기도 한다) UFO가 반중력을 이용하여 하늘을 날고 있다면 모두들 고개를 끄덕인다. 지구상의 모든 물체는 질량을 갖고 있으므로 중력이 생기는 것이 당연한데 반중력이란 질량에 반대되는 마이너스 질량이 있다는 것이다.

SF 영화에서 우주인들의 원반은 아무런 소음도 없이 착륙했다가 이륙하는 것은 물론, 공중에서 한 자리에 서 있기도 하는데 이 모든 원리를 반중력, 즉 마이너스 질량이 있기 때문이라고 설명하면 다소 이해가 쉬울 것이다.

그런데 반중력이 말 그대로 '반대 방향의 중력'이라면 영화의 장면은 모두 거짓말이 된다. 중력에 의하여 돌덩이가 아래로 떨어지는 것처럼 우주선도 반중력에 의해 상공을 향해 튀어올라야 하기 때문이다. 잘 이해 안 되는 사람이 있다면 15층 아파트 옥상에서 뛰어내렸는데 지상으로 떨어지지 않고 하늘로 계속 올라간다고 생각하면 된다. 코미디 영화에서 자주 사용되는 방법이지만 그들이 아래로 떨어지지 않고 계속 올라가도 문제다. 대기권을 넘어 결국 지구 밖으로 나가야 하는데 불행하게도 지구 밖에는 공기가 없다. 결론은 반중력이 있든 없든 아파트에서 떨어지면 결국 죽게 된다는 것이다.

문제는 반중력이 말 그대로 '반대 방향의 중력'이라면 영화의 장면은 모두 거짓말이 된다. 중력에 의하여 돌덩이가 아래로 떨어지는 것처럼 우주선도 반중력에 의해 상공을 향해 튀어올라가야 하기 때문이다.

「인디펜던스 데이」에서 대형 원반이 우아하게 지상에 떠 있다. 놀랍게도 이 우주선의 크기는 직경이 무려 50km나 된다. 이 원반이 반중력을 이용한 것이라면 지구로부터의 중력과 같은 크기의 반발력을 받고 있다는 뜻이 된다. 과학적 원리로만 생각하면 이 우주선은 반발력에 대항하여 지구에 접근하려면 우주를 향해 엔진을 분사하지 않으면 안 된다. 분사 방향은 로켓의 반대로 원반 위이다. 더구나 그 추진력은 보통의 우주선이 지구의 중력을 탈출할 때와 똑같다. 결국 억지로 반중력을 사용하더라도 별도의 추진력이 없으면 안 된다는 뜻.

그러나 이 원반 위엔 어떠한 추진 장치도 보이지 않는다. 대기 중에

▶「인디펜던스 데이」
대형 원반이 지상에 떠 있
기 위해 반중력을 이용하
더라도 별도의 추진력이
필요하다.

떠 있는 원반이라면 상향 추진력이 있을 경우 과학장비에 의해 검출
되어야 한다. 우선 비행기나 로켓의 뒷부분, 헬리콥터가 날아다닐 때
공기의 흐름이 감지되는 것은 당연한 일인데도 「인디펜던스 데이」의
경우 원반 위에 아무런 공기의 흐름이 없다. 이 장면을 과학적으로 분
석한다면 엉터리라는 이야기이다.

「우주 대전쟁」은 아이디어가 돋보이는 영화다. 이 영화에서는 놀랍
게도 중력차단의 원리가 나오는데 물체를 절대온도($-273℃$)까지 낮
추면 에너지를 빼앗기지 않으므로 중력이 작용하지 않는다고 주장한
다. 물체에 작용하는 것은 지구 자전에 의한 원심력만 남아 있으므로
우주로 튕겨져 나가게 된다는 것이다.

온도가 내려가면 중력이 사라진다는 아이디어는 노벨상급이다. 첨
단물리를 연구하는 학자들은 아직까지 이런 이론이 가능하다는 것을
들어본 적도, 확인된 적도 없다고 단언하고 있다.

그래도 중력을 차단하면 지상의 물체가 원심력으로 떠오른다는 발
상은 그리 나쁘지 않다. 영화 「E.T.」, 「백 투 더 퓨처」, 「해리포터」가
현실로 가능해지는 것이다.

원심력으로 중력을 사라지게 할 수 있다는 황당무계한 이야기도 SF

영화에 자주 나온다.

「우주 대전쟁」에서도 원심력으로 중력이 사라진다는 말이 나오는데 이에 발끈한 야나기타는 계산기를 두드렸다. 자전에 의한 원심력은 도쿄(이 영화의 무대) 지역의 경우 중력의 460분의 1밖에 되지 않는다는 것이다. 중력도 쥐꼬리만한데 거기다 또 460분의 1이라니! 그야말로 힘이라고 볼 수도 없다. 또한 원심력은 적도에 평행하게 가해지므로 물체는 똑바로 날아오르는 게 아니라 남쪽으로 54도 각도를 향해 날아가게 된다. 원심력으로 중력이 사라진다는 것은 그야말로 코미디일 뿐이다. 일본의 도쿄를 예로 드는 이유가 무엇이냐고 생각하는 사람은 작가가 일본인이므로 「우주 대전쟁」의 무대를 도쿄로 설정했다는 것을 이해하기 바란다.

SF 영화를 조금만 신경 써서 본다면 과학적으로 볼 때 모순투성이라는 것을 금방 알 수 있다. 여하튼 중력은 여러모로 골머리 아픈 주제인데 과학계를 놀라게 할 대형 사건이 터졌다. 일본의 신니치 세이케가 전자석을 만들 때 전선을 '뫼비우스의 띠' 모양으로 감으면 반중력이 생긴다고 밝힌 것이다. 뫼비우스의 띠는 19세기 수학자 뫼비우스의 이론으로 내용은 다음과 같다.

띠의 한쪽 끝을 한 번 비틀어 다른 쪽 끝에 연결한다. 만일 띠 가운데 선을 그어 한바퀴 돌면 다시 제자리로 돌아오며 이 선을 따라 자르면 하나의 띠만 생긴다. 또 두 개의 선을 그어 자르면 서로 고리처럼 연결돼 있는 두 개의 띠가 생긴다.

세이케는 뫼비우스의 띠 모양으로 전선을 감은 전자석과 영구자석을 조합하여 반중력장치를 개발했으며 이 장치는 질량을 감소시켜 공중에 뜰 수 있게 한다고 주장했다. 과학자들이 벌떼같이 달려들어 그 이론을 과학적으로 설명하라고 다그치자, 그는 뫼비우스 띠의 원리가 어떤 힘을 발휘한 것인지는 잘 모르지만 중력이 전자기력과 긴밀한 상호작용이 있기 때문인 것 같다고 설명했다.

그의 발표에 연이어 일본의 하야사카 히데오 교수도 분당 수천 번 회전하는 금속 플라이휠로 고속 자이로스코프(회전체의 역학적인 운동을 관찰하는 실험기구)의 운동상태를 연구하다가 놀라운 사실을 발견했다. 자이로스코프가 시계바늘 방향으로 회전할 때 무게가 약 10만분의 1 정도 줄어드는 것이었다. 그는 이 무게의 감소가 반중력 때문인지 모른다고 발표했다. 냉소적인 학자들은 코웃음을 쳤다.

현재 반중력에 대한 연구결과는 까다롭기로 유명한 저명 학술지에서도 발표를 거절하지 않는 추세이다. 소립자 수준에서는 중력이 어떻게 작용하는가를 아직도 정확히 알지 못하기 때문에 반중력 현상일지도 모른다는 주장을 받아들이는 것이다.

그러나 반중력이 있고 없고의 차원을 지나서 반중력의 아이디어가 그렇게 나쁘지는 않으므로 이럴 때 가장 좋은 방법은 이론이고 뭐고 따질 필요 없이 감독의 아이디어대로 된다고 생각해 보는 것이다. 이른바 반중력을 가능하게 만들 수 있는 마이너스의 질량이 있다고 간주하는 것이다.

반중력의 원리에 의한 마이너스 질량이 존재한다면 사람들의 삶은 획기적으로 바뀔 수 있다. 15층 옥상에서 자살하려고 뛰어내렸더니 웬걸, 아래로 떨어지지 않고 하늘로 올라가는 것이다. 여기에서 슈퍼맨의 아이디어가 생겨난 것일까?

그런데 감독의 상상력으로만 되지 않는 것이 또한 과학이다. 마이너스 질량의 물체는 지구로부터 위쪽 방향의 중력을 받는다고 하더라도 운동의 방향은 중력과 반대가 된다. 결국 지구상에서는 질량의 플러스·마이너스에 관계없이 물체는 지면을 향해 떨어지는 것이다. 그러므로 자살을 결심하고 15층 옥상에서 떨어진 사람은 소기의 목적을 달성하게 된다. 이 책을 읽고 반중력을 확인하기 위해 15층 옥상으로 올라가는 일이 없기를……

🎞 중력장을 조절하다

인간의 장점은 불가능의 영역이 있다는 것을 알면서도 그것을 극복하려는 노력을 아끼지 않는 데 있다. 인간의 탁월한 머리는 중력을 이기는 것도 중요하지만 중력장을 피하거나 중력의 실체를 인정하고 이를 역으로 활용하자는 생각을 떠올린다.

중력을 차단하거나 이용할 수 있는 장치는 내연기관의 발명보다 더 큰 효과를 갖고 올 수 있다. 예컨대 현재의 고속도로와 철도는 한 물간 교통수단이 되고, 비행기는 날개가 없이도 이·착륙이 가능하다. 우주비행도 안전하고 빠르며 비용도 꽤 많이 감소했다.

그런데 세상에는 다소 억지스러워 보이는 생각들을 구체화해 보겠다는 돈키호테 같은 사람들이 의외로 많다.

「과학동아」 1996년 9월호에는 1952년 영국인 존 설이 영구자석을 이용한 원반 모양의 장치를 공개한 내용이 실려 있다.

이 영구자석은 티탄, 네오디뮴, 철, 알루미늄, 나일론66 등 다섯 가지의 재료를 섞어서 만든 것이다. 존 설은 원통형 영구자석 주위에 12개의 원기둥형 영구자석을 균일하게 부착시키고 그 바깥쪽에 다시 같은 방식으로 3중의 자석 모형을 만들었다. 이때 가운데 원기둥을 전기모터로 회전시키면 주변의 원기둥자석과 원통자석도 함께 회전하는데 가장 바깥쪽에는 발생한 전기를 모으는 장치가 있다.

스위치를 넣자 모터가 서서히 회전하면서 10만V의 고압이 발생하고 주변에 강력한 정전기장이 형성되더니 회전속도가 높아지면서 공중으로 떠오르기 시작했다. 15m 상공에 도달하자 주변에 분홍색 광선이 발산되면서 눈깜짝할 사이에 하늘 높이 사라졌다.

존 설의 장치는 전자기장이 중력과 밀접하게 상호작용하고 있음을 시사한다. 자석을 고속으로 회전시키면 주변에 우리가 아직 이해하지 못하는 새로운 공간이 형성되어 중력을 제어할 수 있다는 가설도 이래서 나온 것이다.

전자기력을 이용해 중력장을 성공적으로 조절한 또 다른 사람은 존 허치슨이다. 그는 두 개의 커다란 고압발생코일(테슬라 코일)을 서로 마주보게 설치하고 코일의 끝에 각각 정전기 발생장치를 부착했다. 이 장치를 이용해 고압을 발생시키면 그 주변에 특수한 공간이 형성돼 금속이든 비금속이든 관계없이 물체가 공중에 떠오르게 된다. 이를 '허치슨 효과'라고 한다.

놀라운 것은 이 장치가 중력장을 조절하는 것 외에 물체를 파괴하는 기능도 있다는 사실이다. 이때 파괴된 물체의 단면에서 전혀 다른 성분이 검출된다. 캐나다 토론토 대학에서 조사한 바에 따르면 강철 파편 속에서 실리콘 원소가, 알루미늄 파편 속에서 구리 원소가 다량으로 검출되었다. 고압방전과 정전기장에 의해 주변에 특수한 반중력 공간이 형성될 뿐만 아니라 물질 변환도 가능하다는 점이 허치슨 장치의 특징이다.

브라운도 1923년 실험을 통해 중력장이 전장(電場)에 의해 영향받는다는 사실을 밝혔는데 그 실험결과를 '버펄드-브라운 효과'라고 부른다.

NASA도 중력을 부분적으로나마 차단할 수 있다면 우주선 궤도 진

입에 필요한 추진 연료를 획기적으로 줄일 수 있다는 가정에서 중력을 역이용하는 방법을 연구하고 있다. 1999년에는 미 오하이오 주 소재 슈퍼컨덕트 컴포넌트사에서도 일련의 중력차단 연구용 반중력 기계를 연구하고 있다고 발표하는 등 각지에서 중력 차단용 연구를 진행시키고 있다고 한다.

이 정도 되면 중력을 이용한다는 것이 그렇게 어렵지 않을지도 모른다. 그러나 이들 장치는 중력을 이기는 도구, 즉 비행기나 로켓보다도 신빙성이 없는데다가 실용화되지 못했다. 당분간은 영화감독들의 아이디어 정도로 만족해야 할 것 같다.

무중력 상태에서 산다면?

우주인들이 우주선 안에서 둥둥 떠서 다니는 원인이 무중력 때문이라는 것을 모르는 사람은 없을 것이다.

중력이 존재하는 지구와는 달리 우주선 내에서는 물체를 아래로 당기는 힘이 없기 때문에 갖가지 신기한 현상이 일어난다. 구 소련이 발사했던 우주정거장 미르호에서 우주인들이 장기간 생활하는 것을 텔레비전 화면으로 볼 수 있었는데 무척 흥미로웠다. 가령 양치질을 할 때 입을 꼭 다물지 않으면 치약이 입 밖으로 줄줄 흘러나오는가 하면 물체를 공중에 놓으면 그대로 떠 있게 된다. 무중력 상태에서는 컵에 든 음료를 그대로 마실 수 없고 빨대를 사용해 마셔야 하며, 물을 무중력 공간에 뿌리면 구 모양으로 둥둥 떠 있다.

무중력 상태의 환경은 인체에도 큰 영향을 준다. 우선 무중력 상태에서는 사람의 내장이 위로 올라붙어 사람의 허리 부분이 가늘어진다. 또한 중력의 영향을 더 이상 받지 않는 혈액이 머리 쪽으로 몰려 얼굴이 퉁퉁 붓는다. 우주비행사의 키는 3~4cm 정도 더 커지는데 이는 무중력 상태에서는 척추가 아래 방향으로 작용하는 힘이 없어지므로 척추뼈 마디가 압축되지 않기 때문이다.

우주정거장에 장기간 체류했던 우주인들에 의하면, 무중력상태에서 허리 둘레가 6~10cm 줄어들며, 다리의 혈액도 평소의 10분의 1, 즉 1ℓ 정도가 줄어든다고 한다. 키가 작은 사람들에게는 가장 확실하게 키를 키우는 방법인데다가 다이어트에 안성맞춤이므로 앞으로 우주여행이 키 작고 뚱뚱한 사람들에게는 복음이 될지도 모르겠다.

그러나 혈압의 변화에 의한 악영향은 생각보다 심각하다. 혈액이 상체로 몰리면 심장이 평소보다 무리하게 일하므로 과다한 혈액을 오줌으로 배출하게 된다. 오줌을 배출하는 일은 콩팥이 한다. 그러나 콩팥에서 혈액이 이동할 수 있게 도와주는 압력이 감소하기 때문에 오줌의 양이 평균 20~70%까지 감소되며 배설이 제대로 이뤄지지 않으므로 콩팥 결석이 생길 수도 있다.

운동감각도 둔해지며 실제로 운동을 담당하고 있는 뼈와 근육도 약해진다. 뼈에서 칼슘이 한 달 평균 10% 정도 빠져나가며 근육의 단백질도 손실된다. 그러므로 우주인들은 본격적인 우주생활을 하기에 앞서 장기간 무중력 상태의 훈련을 받으며 우주정거장에 체류할 동안에도 꾸준한 운동으로 체력의 약화와 신체의 노화를 막는다.

여하튼 무중력 상태가 오래 계속되면 다양한 우주 병이 생기므로 장기간 우주여행을 할 때 무중력 상태를 계속 지속하는 것은 위험천만한 일이다. 그러므로 대부분의 SF 영화에서는 무중력 상태를 그리지 않는다.

우주선 안에서 특별한 경우가 아니면 승무원들은 지구에서와 마찬가지로 행동하고 있다. 한마디로 지구와 우주선의 거주 조건이 똑같다는 얘기다. 이와 같이 승무원들이 활동할 수 있는 것은 우주선 안에 지구와 같이 중력이 존재하도록 만들어주기 때문이다.

인공중력을 만드는 방법은 네 가지이다. 첫째는 관성력을 이용하는 방법으로 전철이나 차가 달리기 시작했을 때, 타고 있는 사람은 뒤쪽으로 밀리는 것을 느낀다. 급정거하면 앞쪽으로 밀려서 쓰러지므로 승객이 많을 경우 운전사가 고의적으로 급정거하여 사람들을 한쪽으로 쏠리게 만든다. 이것이 관성력으로 로켓이 이륙할 때 걸리는 'G(관성력이 지표중력의 몇 배에 달하는가를 표시하는 단위)'도 그 중 하나이다.

우주선을 일정 비율로 계속 가속하면 우주인들에겐 뒤쪽을 향해 일정한 힘이 계속 걸리게 된다. 지상에서 모든 물체가 아래쪽을 향해 힘을 계속 받고 있는 것과 같은 효과를 얻는 것이다. 관성력에 의해 발생되는 중력은 가속을 강하게 할수록 커지는데 지상과 같은 중력을 발생시키기 위해서는 잘 알려져 있는 숫자인 1초당 9.8m/sec씩 가속하면 된다.

그러나 우주선을 계속 가속할 수는 없는 일이다. 필요한 에너지원은 어떤 방법으로든 해결한다고 하더라도 우주선도 쉬어야 하는 것이다. 우주선의 속도를 줄이기만 하면 중력은 사라지게 된다. 중력이 생겼다 사라졌다 하면 그때마다 우주인들은 날아다니다가 갑자기 바닥으로 떨어져 골병이 들기 십상일 것이다.

두 번째는 원심력을 작용시키는 것이다. 실제 우주 스테이션 계획에서 구상되고 있는 방법으로 우주선 내부를 온통 파이프로 연결된 바퀴형으로 만들고 외부를 고속으로 회전시켜 원심력을 만드는 것이다. 이럴 경우 파이프 안에서 생활하는 사람은 회전축에서 가장 멀리

▶ 「스페이스 오딧세이」
원심력을 이용하여 인공 중력을 만들면 우주선
벽을 걸어다닐 수 있다.

떨어진 부분에서 바깥벽을 바닥으로 해서 서 있게 되는데 스탠리 큐
브릭의 영화 「2001 스페이스 오딧세이2001 Space Odyssey」에서 승
무원들이 벽면으로 걷는 장면이 나오는 이유이다.

정지 공간에 떠 있는 우주 스테이션은 원칙적으로 우주선을 종횡,
또는 날아가는 방향을 축으로 회전(창이 날아가는 모습)하기만 하면
된다. 그러나 영화에서처럼 적의 공격에 대비하기 위해 가속, 또는 감
속할 경우 회전을 멈추어야 한다. 결국 우주인들은 전투하려고 공격
명령을 내리는 순간 무기를 발사하지 못하고 천장 등에 부딪히며 적
군의 공격에 파괴되기 십상이다. 우주에서 우아한 자세로 살아가기는
애초에 틀려먹었다.

첫째, 둘째 방법이 신통치 않자 과학자들은 가장 간단한 방법을 드
디어 도출했는데 그것은 우주선 밑에 무거운 물체를 달아 중력을 만

드는 것이다. 말하자면 우주선 밑에 지구를 고정시키고 지구와 함께 달리면 된다. 「스타워즈」를 보면 제국군의 기지에서 승무원들이 지구에서처럼 걸어다닐 수 있는 건 제국군의 기지 자체가 지구와 같은 크기이기 때문이다.

마지막으로 아인슈타인의 상대성이론에서 도출된 것으로 물체가 고속으로 운동할 때 정지하고 있는 다른 물체에 대해 마치 운동하는 물체의 중량이 증가한 것과 같은 효과를 얻도록 하는 것이다. 예를 들면 광속의 99%로 운동하는 물체는 정지하고 있는 물체에 대해 7.1배의 질량을 가지고 있는 물체로 작용한다. 간단하게 말해 우주선 밑에 거대한 바퀴를 엄청난 속도, 즉 광속과 거의 같게 회전시키면 된다.

매우 간단하게 생각되겠지만 여기에도 문제는 많다. 어떤 물체를 광속과 거의 같게 회전시키는 것이 현실적으로 불가능하다는 것은 차치하고라도 문제는 우주선 안에만 중력이 발생하는 것이 아니라는 것이다. 즉 우주선 아래에 있는 중력발생회전장치에 이끌려 우주선은 회전톱날에 부딪치면서 그야말로 박살나 우주먼지가 되기 십상이다. 따라서 중력발생회전장치를 가동하는 순간 지구상에서 헬리콥터가 공중에 정지하는 것과 같은 방법으로 우주선 상부에 회전력을 만들도록 강력한 추진력이 필요한데 이 추진력을 상쇄하면서 우주선이 날아갈 수 있을지 의문이다.

감독들의 장점은 이런 골머리 아픈 문제점을 영화 안에서 일일이 해결하지 않아도 된다는 점이다. 그런 실무적인 문제는 후대의 과학자들에게나 맡기고 중력과 무중력으로 일어날 수 있는 재미있는 현상을 생각하기만 하면 된다. 굳이 무중력 상태만을 고집할 필요도 없다.

안토니 호프만 감독의 「레드 플래닛Red Planet」은 지구가 환경오염으로 살 수 없는 여건이 되자 지구를 대체할 인간의 새로운 생활공간으로 화성을 선택하고 '화성 식민지화 프로젝트'를 추진한다는 내용이다. 화성을 지구화하는 방법으로 '산소 생성 유전자조작 이끼'를 화성에 이식시켜 화성 대기를 지구화시킨다. 그러나 진행중이던 '대기 생성 프로젝트'에 갑자기 이상이 생기자 탐사대를 구성하여 화성으로 보내는데 모선이 고장나자 인공중력장치가 차단되는 사태가 일어난다. 곧바로 우주선 안은 무중력 상태가 되면서 모든 물건들이 둥둥 떠다닌다. 우주선이 인공중력장치를 가동시키고 있다는 것을 알려주면서 그 장치가 고장났을 때를 상정하는 이 영화는 일반적인 SF물에서는 잘 보여주지 않는 중력을 소재로 삼았다.

필자의 소설 『피라미드(1부)』에서도 이런 상황이 설정됐다. 영생장치를 통과하여 10만 년을 살아온 크눔은 물과 소금을 혼성한 솔루매트에 의해서만 살해할 수 있다. 크눔이 있는 곳을 정확히 포착한 피라미드 함대는 철갑탄으로 크눔이 있는 원통형 공간까지 뚫고 들어가 물과 소금을 퍼붓는다. 예상대로 크눔이 해체되기 시작하자 크눔을 조절하던 세트 황제는 곧바로 비상대책을 세운다.

중앙제어실의 컴퓨터를 통해 크눔이 있는 원통형 공간의 중력을 조절해 주는 장치를 끈다. 중력 조절기가 꺼지자 원통형 속은 삽시간에 무중력 상태로 변한다. 크눔을 해체하던 솔루매트가 공간에서 둥둥 떠다니게 되자 완전히 분해되었던 크눔이 솔루매트에 닿지 않는 부분부터 차츰 복원되기 시작하는 것이다. 주인공 라이더 박사에 의해 결국 크눔이 살해되지만 우주선 안에서 무중력이라는 소재의 설정이 오히려 새롭게 보일 정도로 관객들은 중력에 대해 무심하게 지나친다. 그러나 우주선에서 중력이 없다는 것은 엄밀한 의미에서 감독들이 매우 어려운 기술을 사용하여 중력이 있는 우주선을 만들고 있다는 것을 이해해야 한다.

물론 그런 우주선을 만드는 작업이 가능한가 아닌가를 감독이 판단할 필요는 없다. 그것이 많은 어린이들과 청소년들이 감독이라는 직업을 선호하는 이유 중 하나인지도 모르겠다.

제5의 힘

중력이 미지의 분야라는 것은 중력 현상이 너무나 미묘하게 작용하기 때문이다. 중력은 우주 전체의 운동을 조율하지만 학자들은 예상하지 못한 아주 난해한 사실에 가끔 직면한다. 골짜기보다는 산꼭대기에서 중력이 더 약해지며, 적도보다는 극지방에서 중력이 더 강해진다. 인도양에는 다른 곳보다 중력이 훨씬 약한 중력 구덩이(gravity trench)가 있다. 학자들은 아직 명확한 이유를 찾아내지 못하고 있다.

시계에서 수력발전기에 이르기까지 수많은 기계와 장비들이 필요한 에너지를 중력에서 얻는다. 대부분의 생명체도 중력에 의존하여 살고 있다. 중력은 생물의 신체 높이와 모양과 질량을 결정하며 사람의 삶에 있어서도 필수적이다. 중력이 존재하지 않는다면 사람의 몸이 깜짝 놀랄 정도로 허약해진다는 것은 1년 이상 우주선을 타고 지낸 소련 우주인들의 경우만 보아도 알 수 있다.

그런데 1986년 전세계의 학자들을 깜짝 놀라게 하는 발표가 있었다. 주인공은 퍼듀 대학의 이론물리학자 에프라임 피슈바흐로 그는 반중력을 지지하는 과학적 증거를 찾았다는 것이다.

브룩해븐 입자가속기의 실험결과에서 정상적인 중력의 법칙과는 다르게 카온(중간자)이라는 입자는 입자 충돌이 일어났을 때 위쪽으로 떠오르는 움직임을 보였으며, 위쪽으로 떠오른 듯한 카온의 움직임은 발견되지 않은 새로운 힘이 작용한 것이라고 했다.

프랭크 스테이시도 오스트레일리아의 마운트이다에서 지하 중력 실험을 했다. 그는 두 군데의 수직 갱에서 수백m의 깊이까지 지구 중력장의 세기를 측정했는데 지하로 깊이 내려갈수록 중력의 세기는 커졌는데 중력의 1% 정도 되는 세기로 중력에 거스르는 힘이 수백m 범위에 나타난다는 것을 발견했다.

그들의 주장은 일종의 반중력으로 보이는 힘은 이제까지 알려진 네 가지의 힘 외에 또 다른 힘, 즉 '제5의 힘'이 존재하며 새로운 제5의 힘이 있기 때문에 반중력과 같은 현상이 나타난다는 뜻이다.

이 가설은 즉각 전세계 학자들 사이에 격렬한 논란을 불러일으켰으며 그들의 가설을 확인하기 위해 수많은 과학자들이 이론적 또는 실험적 연구에 뛰어들었다. 전세계에서 무려 48군데의 팀이 확인을 위한 실험을 진행했으며 그 중에는 발 피치와 같은 노벨상 수상자들도 있었다.

그러나 결과는 부정적이었다. 진공관과 정밀한 레이저 측정장치를 사용하여 서로 다른 조성을 가진 물체들이 낙하하는 속도를 측정하는 실험도 해보았지만 아무런 성과도 없었다. 그러자 제5의 힘에 열광적으로 뛰어들었던 학자들은 피슈바흐의 가설 자체를 비판하고 나섰다. 스페인의 알바로 데 루홀라도 그 중 한 사람이다.

"똑같은 결과를 가져오는 실험이 재현되지 않는 한, 우리는 그것을 아직 과학이라고 부를 수 없다."

제5의 힘에 대한 증거가 확실하게 발견되지 않았지만 제5의 힘을 놓고 과학계와 대중매체가 보인 관심은 물리학자들에게 신비로운 힘인 중력에 대한 이론이 얼마나 빈약한지를 보여주는 또 다른 증거인 셈이다.

물리학에 보면 '증거 부재가 부재 증거를 의미하는 것은 아니다' 라는 말이 있다. 우리들이 알고 있는 과학 지식은 너무나 단편적인 것에 지나지 않으므로 일반인들에게 잘 알려져 있지만 실제로는 잘 파악되지 못한 중력과 같은 힘이 있다는 게 그리 이상한 것은 아니다.

놀라운 것은 진공에도 중력이 작용한다는 것이다. 얼핏 진공에는 아무것도 존재하지 않는다고 생각된다. 극미의 세계를 보여주는 양자론에 의하면 진공은 아무것도 없는 공간이 아니다.

'카시미어 효과' 가 있다. 공간에 두 장의 금속판을 놓으면 그 사이에 미소한 인력이 작용한다는 내용이다. 두 물체 사이에 만유인력이 작용하지만 그것을 말하는 것은 아니다. 이것은 만유인력보다도 훨씬 강한 힘이고 또 만유인력과는 달리 힘의 크기는 금속판의 무게와 상관이 없다. 물체는 에너지가 작은 방향으로 움직이려고 한다. 지상의 물체가 낙하하는 것도 낮은 쪽의 위치에너지가 작기 때문이다. 따라서 금속판의 경우도 에너지가 작고 간격이 좁은 상태로 움직인다는 것이다.

카시미어 효과의 실험은 극히 미소한 힘을 측정하는 실험이라 매우 어려운데 미국의 로스앨러모스 국립연구소의 실험에서 5% 이내의 오차로서 카시미어 효과가 존재한다는 것을 증명했다. 무에서 유가 창조될 수 있다는 것인데 과학자들은 우주의 최초 탄생은 바로 이 대전제 때문에 가능했다고 믿고 있다.

8. 무한동력

에너지보존법칙에 도전장을 낸「플러버」

　제2차 에너지 파동이 한창이던 1970년대 말에 필자는 과학기술연구소(KIST)에 근무하고 있었다.

　어느 날 에너지 파동을 해결할 수 있는 획기적인 아이디어가 있다며 한 사람이 전화를 걸어왔다. 지금도 그렇지만 당시 에너지의 안정적인 확보는 한국의 장래가 달려 있다고 할 만큼 중요한 사안이었다. 1배럴당 1달러도 채 안 되던 원유 가격이 몇십 달러로 폭등한 것은 둘째치고 원유 전량을 해외에서 수입하는 한국으로서는 안정된 공급자를 찾는 것조차 어려운 때였다.

　정부에서는 대체에너지를 개발하여 외국으로부터의 원유 수입을 축소시키겠다고 했지만 대체에너지 개발은 시간을 요하는 일이었다. 그러므로 정부에서는 국민들이 허리띠를 졸라매야 한다고 연일 호소했다. 그러자 갖가지 아이디어가 속출했다. 한 가로등 건너 소등하기, 집안 내 한 등 소등하기, TV 시청 시간 단축, 격일제 자동차 운행 등은 물론이고, 상가의 네온사인 사용 금지도 포함되었다.

이런 긴박한 시기에 해외의 에너지, 즉 원유 수입을 획기적으로 줄일 수 있는 아이디어가 있다니 반갑지 않을 수 없었다.

약속시간 정각에 도착한 '아이디어맨'은 25세 정도의 청년으로 커다란 스케치북을 들고 왔다. 여름인데도 두터운 코트를 입고 온 것이 다소 이상하기는 했다.

아이디어 하나만은 어느 누구에게 지지 않을 자신이 있다며 그는 자신의 아이디어를 스케치북에 그려 왔다고 했다.

한 시간 정도 자신의 화려한 경력을 떠들어댄 후 그는 비로소 스케치북을 열었다.

그의 아이디어는 간단했다. 스케치북에는 구름이 그려져 있고 피뢰침이 있고 철탑과 전선이 있으며 저장소가 있었다. 번개를 붙잡으면 우리나라의 에너지 문제는 원천적으로 해결된다는 것이다.

"번개를 잡자는 뜻으로 보이는데 그렇다면 그 많은 전기를 어떻게 저장하죠?"

"무슨 이야기입니까? 나는 우리나라가 에너지 때문에 곤욕을 치른다니까 그 대안을 제시하는 겁니다. 구체적인 방법은 제가 할 일이 아니라 정부에서 해야죠."

그는 필자의 질문에 짜증을 내면서 자신은 아이디어를 제공하는 발명가임을 강조했다.

벼락은 일반적으로 한번에 1~2,000만kW에 이르므로 벼락을 효율적으로 잡아서 저장할 수 있다면 에너지 문제는 해결할 수 있다. 한국의 현재 전기 사용량이 최고 약 4,000만kW임을 감안하면 벼락을 잡는다는 것은 무척 솔깃한 아이디어가 아닐 수 없다.

그러나 현재로서는 벼락에서 나오는 엄청난 에너지를 순식간에 저장할 수 있는 방법이 없다. 자동차에서 사용하는 12V 배터리의 크기를 보면 1∼2,000만kW를 저장하기 위해 얼마나 큰 규모의 저장장치가 필요한지 단번에 이해할 수 있을 것이다.

현대의 기술로도 바로 이 저장 문제를 해결하지 못했기 때문에 아직 번개를 실용화할 수 없는 것이다. 벼락을 잡는 기술보다 저장 기술을 먼저 해결해야 한다는 뜻으로 정부나 대학과 같은 비영리 연구기관이 아닌 개인 발명가가 개발 우선순위를 혼동한다면 파산하기 십상이다.

🎞️ 아라비안나이트와 도깨비방망이

경험적으로 세상사에 공짜가 없다는 것을 잘 안다. 로또 복권 열풍으로 복권 당첨액이 몇십억 원이나 된다고 부러워하지만 적어도 복권에 당첨된 사람은 복권을 제 돈 주고 사서 갖고 있는 사람이어야 한다. 최소한의 구체적인 행동이 필요한 것이다.

그러나 영화에서는 이러한 일이 다반사로 일어난다.

영화보다는 책으로 더 잘 알려진 『아라비안나이트』는 시종일관 그야말로 황당한 이야기로 채워져 있다. 그 중에서 첫째는 알리바바가 향로를 비비면 거대한 거인이 나타나 주인이 요구하는 소원을 척척 들어준다는 스토리다. 보물을 갖다달라면 보물을 갖다주고 궁전도 갖다주며 심지어는 아름다운 여인까지 대령한다.

어려서 『아라비안나이트』에 나오는 향로를 갖고 싶다고 생각한 사

▶「요술공주 샐리」
조그마한 마법의 봉을 흔들어 원하는
모든 것을 만들어내는 일이 현실에서
도 가능하다고 믿는 사람들이 있다. 바
로 공짜에너지를 얻고자 하는 사람들
이다.

람이 필자만은 아니었을 것이다.

그런데「요술공주 샐리」의 샐리도 만만치 않은 실력을 갖고 있다. 조그마한 마법의 봉을 흔들기만 하면 그녀가 원하는 모든 것이 나타난다.

그런데 이런 말도 안 되는 것과 같은 상황이 현실적으로 가능하다고 고집하는 사람들이 있다. 바로 공짜에너지를 얻고자 하는 사람들이다.

외부로부터의 동력을 공급받지 않은 채 영구적으로 움직이는 '영구기관', 즉 공짜에너지는 그동안 수많은 작품의 소재가 되었다.

그런데 대부분 자세히 보면 허무맹랑하기 짝이 없다.「플러버」가 대표적이다.

영화에 나오는 플러버는 아무리 보아도 플라스틱류의 고분자로 보이는데 신발에 바르기만 해도 스스로 에너지를 만드는 신통력을 발휘한다. 한 번 구르기만 해도 천장에 올라갈 정도로 탄성이 뛰어나며 가장 놀라운 것은 자동차에 장착했더니 자동차가 하늘에 떠 있는 것이다.

마술사나 슈퍼맨이 아닌 발명가들이 현실적으로 만들려고 노력하는 이와 같은 영구기관(무한동력)이 무엇인지 한번 살펴보자.

영구기관은 제1종과 제2종으로 나뉘어진다. 제1종 영구기관은 외부의 에너지 공급 없이 일을 할 수 있는 장치를 말하는데 이 기관은 에너지는 창조되거나 소멸될 수 없다는 열역학 제1법칙에 위배된다.

제2종 영구기관은 저열원에서 열을 얻어 움직이는, 또는 공급받은 열을 모두 일로 바꾸는 가상적인 기관을 말하는데 이 기관도 열역학 제2법칙인 에너지가 다른 형태로 전환될 때마다 일부 에너지가 쓸모없는 존재로 변한다는 이론에 위배되어 불가능하다.

열역학 제2법칙은 닫힌계에서 일어나는 반응은 그 계의 분자나 원자들이 더 무질서해지는 방향으로 일어난다고도 풀이하는데 예를 들어 고온의 물체에서 저온의 물체로 열이 이동하지만 그 역으로는 이동하지 않는다는 것을 뜻한다(아이스크림에 햇빛이 비추면 아이스크림이 더 뜨거워지지 않고 녹는다). 에너지 법칙에 의하면 외부로부터 행해진 열과 주어진 열량의 합은 내부 에너지의 증가분과 같아야 한다는 뜻인데 이를 쉽게 말하면 자연계에서 일어나는 어떤 현상도 공짜로 생길 수는 없다는 것이다.

영화 「플러버」의 고무공이 현실에서 존재할 수 없는 것은 바로 에너지보존법칙에 위배되기 때문이다. 에너지보존법칙은 어떤 물질도 에너지를 스스로 만들거나 소멸시키지 못하고 단지 다른 형태로 변환시킬 수 있다는 이론이다. 고무공을 아래로 떨어뜨리면 고무공의 탄성이 좋을 경우 제자리로 돌아오는 정도이다. 만약에 고무공의 위치에너지가 공기나 바닥 면에서 마찰에너지나 열에너지로 전환된다면

▶ 「플러버」
모터를 달지 않은 고무공이 높이 올
라간다거나 마구 돌아다닌다는 것
은 에너지보존법칙에 위배된다.

고무공은 제자리로 돌아올 수 없다. 즉 모터를 달지 않는 한 영화처럼 고무공이 높이 올라간다거나 마구 돌아다닐 수 없다. 주인공이 탄 자동차가 건물 밖 허공에 떠 있는 건 더더욱 불가능하다.

그러나 감독들에게 열역학 1, 2법칙을 이야기해봐야 소용없는 일이다. 그들은 사실이야 어떻든 어떻게 하면 관객들이 즐거워할지에 더 관심이 많기 때문이다.

『아라비안나이트』와 같이 다소 황당한 이야기는 한국의 설화에서도 나온다. 『도깨비 방망이』의 내용은 매우 단순하면서도 교육적이다. 착한 사람은 도깨비 방망이를 얻어 부자가 되지만 욕심쟁이는 도깨비 방망이를 얻으려다 오히려 망하게 된다는 권선징악의 내용을 담고 있는데 줄거리는 다음과 같다.

옛날에 어떤 사람에게 아들 형제가 있었다. 형은 장가를 들어서 잘살고, 동생은 나무를 해다가 팔아서 끼니를 이으며 어머니를 모시고 살았다. 그런데 형은 저만 알고 마음씨가 나쁜 반면, 동생은 마음씨가 착하고 예의가 바르다고 칭찬을 받았다.
어느 날 동생이 산에서 갈퀴로 갈잎을 긁고 있는데 개암(개금) 하나가 굴러오자 아버지에게 드리겠다면서 주웠다. 개암 한 개가 또 다시 굴러 오자 이번에는 어머니에게 드리겠다고 말했다. 세 번째 개암이 굴러오자 비로소 자신의 몫이라며 주워서 집으로 가져가려는데 날이 저물었다. 하는 수 없이 어느 빈집으로 들어갔는데 아무도 없으므로 잠을 청했다.

그러나 그 집은 도깨비들이 살고 있는 집이었다. 도깨비들이 들어오자 그는 천장의 대들보에 몸을 숨겼다. 도깨비들은 그가 숨었는지 모르고 방망이를 두드리면서 그들이 갖고 싶은 물건들을 나오게 한 후 춤도 추고 야단이었다. 숨어서 도깨비들을 보고 있던 그는 배가 고파지자 개암 하나를 "딱" 하고 깨물었다. 도깨비들은 그 소리를 듣고 산신령이 노했다고 말하면서 방망이를 버리고 도망쳤다. 그는 도깨비 방망이를 들고 집으로 가서 부자가 되었다.

심술맞은 형이 이 소식을 듣고 산으로 가서 갈퀴로 갈잎을 긁었더니 역시 개암이 굴러왔다. 그는 첫 번째는 자기 자신이 갖고, 두 번째는 자기 아내에게 주며, 마지막으로 자기 부모에게 드리겠다고 말했다. 개암을 갖고 날씨가 어두워질 때까지 기다렸다가 도깨비들이 살고 있는 빈집을 찾아갔다. 한밤중이 되자 동생의 말처럼 도깨비들이 난장판을 만들고 있었다. 그는 동생처럼 개암을 깨물었다. 그러나 이번에는 도깨비들이 도망가기는커녕 도깨비 방망이를 훔쳐간 도둑놈이라고 실컷 때려 주었다.

신비한 도깨비 방망이는 두들기기만 하면 금이 나오고 은이 나오며 음식이 나온다. 심지어는 아름다운 여자나 하인들이 줄줄이 나오는 경우도 있다. 작품에 따라 도깨비 방망이를 두들기거나 거인이 알리바바의 청을 들어주기 위해 각종 물건이 나오게 하는 방법은 대체로 다음의 두 가지로 나뉘어진다.

첫째는 그야말로 만화 같은 아이디어이다. 과학적인 지식은 무시하고 마법사의 행동이거나 상상의 작품이므로 무에서 유를 창조할 수 있다고 눈 딱 감고 인정하는 것이다.

황당무계한 무협 이야기로 재미를 톡톡히 보고 있는 홍콩영화의 경우 아예 과학은 저리가라이다. 그럼에도 불구하고 영화감독들은 아무런 비난도 받지 않는다. 감독의 권한이 마법사보다 더 크다고 관객들이 이해하기 때문에 감독은 보다 황당한 내용을 재미있게 만들어내기만 하면 된다.

물론 모든 문제를 그렇게 간단하게 처리하는 것은 아니다. 둘째 방법은 보다 합리적이다. 거인이 다른 곳에서 훔쳐다 주는 것이다. 보물은 물론 음식도 훔쳐오며 궁전도 알리바바가 원하는 장소에 옮겨다 놓는다. 졸지에 음식이 없어지고 궁전이 사라지는 것을 생각하면 말도 안 된다고 생각하겠지만 관객으로 보아서는 그런 문제 역시 관심 밖이다.

하지만 보물을 빼앗기고 궁전을 빼앗긴 왕의 분통은 어떻게 처리하는가? 소재에 따라 재산을 도둑맞은 왕에 의해 알리바바가 곤욕을 치르기도 하지만 첫째 방법보다는 합리적인 것이 틀림없다. 에너지보존법칙에도 위반되지 않는다. 작가나 감독들도 공짜로 무슨 물건이 나온다는 것은 비상식적이라고 생각하고 있다는 뜻이다.

『도깨비 방망이』도 같은 원리로 전개되기도 한다. 도깨비 방망이를 두들기면 다른 곳에서는 저장된 쌀이나 옷감들이 사라진다는 이야기가 있는데 이것은 우리의 선조들도 에너지보존법칙을 잘 알고 있었다는 것을 뜻한다.

그러나 엄밀한 의미에서 열역학 법칙이라는 것이 원래 일종의 경험에서 도출된 결론이라는 점 때문에 문제점이 생긴다. 기존에 알려진 것과는 다른 경험에 의한 실험 결과가 얻어진다면 철옹성 같은 열역학 법칙이라도 수정되어야 한다는 것이다. 정통 과학자들이 무한동력이 불가능하다는 것을 조목조목 나열하지만 무한동력이 가능하다는 발명가들은 꿈쩍도 하지 않는다. 과거에 불가능이라고 생각했던 것이 현대 기술에 의해 간단히 해결되는 것을 볼 때 자신의 아이디어야말로 이런 경험치를 변경할 수 있다는 것이다.

현대의 과학기술은 결코 완벽하지 않으며 인류의 지식 수준 또한 모든 자연현상을 이해하고 설명할 수 있을 정도로 발달하지 않았다는 뜻이지만 이들의 문제점은 지구에 살고 있는 한 열역학법칙이 아직도 위배된다는 증거를 찾기 못했는데도 무에서 유가 창조될 수 있다고 믿는다는 점이다.

사실 필자도 열역학법칙에 위배되는 현상, 즉 알리바바의 거인이 순식간에 궁전을 만들어 오는 것을 보고 싶다. 도깨비 방망이로 금, 은을 뚝딱 만들어 오는 것을 갖고 싶다. 문제는 영화 장면에서 쉽게 일어나는 일이 현실에서는 아직도 실현되지 않았다는 점이다.

🎞 매력 만점의 무한에너지

무에서 유를 창조할 수 있다는 것을 설명하는 것이 쉽지 않다는 것을 이해할 것이다. 현실은 정반대다. 노력해도 노력한 만큼 결실을 거두기가 어렵다.

그러나 무에서 유를 창조할 수 있다고 생각하는 유쾌한 사람들이 있는데 그들의 말을 액면 그대로 믿어보자.

발명가들이 '영구히 움직이는 기계'를 발명하겠다는 생각을 포기하

▶「알라딘」
에너지보존 법칙에 의하면
향로의 거인이 새로운 보물
을 갖고 올 때마다 다른 곳에
선 보물이 하나씩 사라지는
것이다.

지 않는 이유도 영구적인 에너지라고 생각할 수 밖에 없는 자연의 힘,
소위 공짜에너지가 실제로 존재하기 때문이다. 이 장에서 영구기관
또는 무한동력이라 함은 두 가지 정의에 포함되는 모든 것을 말한다.

18세기에 접어들어 전기력이나 자기력과 같은 자연의 힘이 새롭게
발견되고 증기력이 산업과 수송에 큰 역할을 담당하기 시작하자 동력
기관의 중요성이 부각되기 시작한다. 기계를 작동시키기 위해서는 에
너지가 필요하다는 점에 착안한 발명가들은 에너지를 무한정으로 공
급시킬 수 있는 기계 만들기에 열중한다. 19세기에 그런 관심이 절정
에 달했는데 1855~1903년에 영국에서만 영구기관과 관련된 특허

수가 500건이 넘을 정도였다.

이들이 사용하는 에너지원은 전기력이나 자기력뿐만 아니라 중력, 태양에너지, 조력(조석[潮汐]에 의해 발생하는 힘)과 파력(파도에 의한 해면의 상승 운동으로 발생하는 힘)도 있다. 이들의 에너지는 무한대이며 절대로 고갈되지 않는다. 태양은 10만 년 전에도 동쪽에서 떠올랐고 어제도 떠올랐으며 내일, 그리고 10만 년 후에도 반드시 동쪽에서 떠오른다. 조력과 파력도 마찬가지이다.

언뜻 생각하면 영구운동은 가능한 것처럼 보인다. 예를 들어 세로형 차바퀴를 만들어 축의 주위를 회전하는 기계를 연결했다고 하자. 바퀴의 위쪽에 작은 추를 붙이면 그 자체의 무게로 밑바닥까지 내려가고 다음에는 탄성으로 정상 가까이 상승한다. 여기에서 정상을 넘길 만한 밀어주는 장치가 고안되기만 하면 영구적인 기계는 완성되는 것이다. 그러나 좀 더 무게를 더하고 바퀴 위의 위치를 조금 앞으로 가게 하면 결정적인 문제가 생긴다. 미끄러지지 않는 한, 즉 다시 약간 밀지 않으면 계속 운동하지 않는 것이다.

중세의 기술자들도 이와 비슷한 개념을 도입하여 적당한 재료와 윤활제만 있으면 영원히 움직일 수 있는 기계를 만들 수 있다고 생각했고, 실제로 제작도 해보았다.

13세기 프랑스의 건축가이자 기술자인 오네쿠르가 남긴 그림에는 최초의 영구기관 설계도가 그려져 있다.

망치의 자루 부분이 일정한 간격을 두고 바퀴 테두리에 걸려 있기 때문에 바퀴의 한쪽 절반에는 항상 다른 쪽보다 망치 하나가 더 많다. 따라서 얼핏 보면 바퀴는 좌우 균형이 맞지 않는 탓에 한쪽으로 힘이 몰려 계속 멈추지 않고 돌 것 같다. 그러나 바퀴는 몇 바퀴 못 돌고 멈추게 되어 있다. 우선 망치가 움직일 때 공기와 마찰을 일으키기 때문에 망치의 젖혀지는 힘이 온전히 바퀴에 전달되지 못한다. 아래로 떨어진 후 뒤로 흔들거림으로써 구르는 반대방향으로 힘이 전해지는 점도 문제이며, 망치와 바퀴의 연결 부위에서 발생하는 마찰력도 영구동작을 방해한다. 그러나 가장 중요한 것은 바퀴의 높낮이에 따르는 중력의 가속도 문제가 엄연히 존재한다는 것이다. 한쪽에 하나 더 많은 망치로부터 생기는 추가 에너지가, 마찰로 인하여 손실되는 에너지를 상쇄하여야 하는데다가 바퀴의 높이에 의한 중력의 가속도 $(1/2gh^2)$를 초과할 수 없으므로 몇 번 작동한 후 자동적으로 정지하게 되는 것이다.

다소 어렵게 생각될지 모르는데 간단하게 말하여 물레방아는 물이 공급되지 않으면 정지한다는 것이다. 여기에서 가장 중요한 걸림돌 중의 하나는 마찰력이다. 마찰의 영향을 단적으로 보여주는 것이 바로 자동차이다. 자동차는 이상적인 조건에서도 연료에서 나오는 에너지의 15%만이 자동차를 움직이는 데 사용된다.

자동차에서 에너지를 손실하게 되는 것 중 3분의 2는 엔진에서 공기중으로 손실된다. 사용 가능한 에너지 중 3분의 1에서 약 10%가 자동차 엔진에서 바퀴까지 힘을 전달하는 과정에서 손실된다. 그리고 엔진 내부의 움직이는 부품들 사이의 마찰로 6%의 에너지를 잃고, 4% 정도의 에너지는 연료를 보내거나, 냉방 · 브레이크 · 전자제품을 이용하는 데 쓰인다. 결국 14~15% 정도의 에너지만이 자동차를 움직이는 데 사용되는 것이다.

마찰력이 일어나는 이유는 원자나 분자 수준에서 살펴보면 쉽게 이해할 수 있다. 눈으로 봤을 때 아무리 매끄러운 표면이라도 현미경으로 보면 매우 거칠다. 따라서 두 표면이 만나면 상대적으로 움직이는 것을 방해하므로 마찰이 일어난다. 접해 있는 두 종류의 금속 중

더 부드러운 금속 내부에서 접합된 부분이 잘림으로써 작은 부스러기들이 튀어나오는데 이것을 '접착이론'이라고 한다. 진공상태에서 아주 깨끗한 표면에 아무런 압력을 가하지 않아도 이러한 접합이 일어나며 방사선 동위원소 측정방법에 의해서도 이러한 현상이 발견된다. 무한의 동력이라고 생각되는 에너지를 사용하기 위해서 기관을 사용해야 한다면, 기관의 접촉면에서 일어나는 마찰력을 사라지게 할 수는 없다는 뜻이다.

영구기관으로 만든 기계가 궁극적으로 정지하는 가장 큰 이유 중 하나이다.

발명가가 아닌 사기꾼들

태양에너지, 중력, 파력, 조력 등의 무한에너지에 사람들이 매력을 느끼는 것은 기계를 가동시킬 때마다 소요되는 에너지가 공짜라는 이유 때문이다.

무한에너지를 이용하여 에너지를 값싸게 이용하려는 시도는 끊이질 않는다. 한 번만 가동시키면 에너지 없이도 영원히 움직이는 환상의 기계라는데, 에너지 효율이 100% 이상 되는 기계라는데 누군들 매력을 느끼지 않을 수 있겠는가! 여기에서 에너지 효율이 100% 이상이라는 뜻은 투입된 에너지보다도 생산된 에너지가 더 많다는 뜻이다.

발명자들 중에는 자기의 발명이 진정한 발명품이라고 확신한 사람들도 있었겠지만 대부분은 거짓말쟁이, 즉 사기꾼이다. 영구기관을 발명했다고 하면 부자나 권력자들로부터 많은 자금을 지원받을 수 있기 때문에 조작되지 않은 것은 거의 없다고 해도 과언이 아니다.

1990년대 초, 인도에서는 필라이라는 한 고등학교 중퇴생이 특수한 약초를 섞어 물을 무공해 연료로 바꿀 수 있다고 주장하여 세계를 놀라게 했다. 이를 실험한 인도기술연구소의 과학자들도 그의 발명이 사실이라고 증언했다. 제조과정에서 탄산가스가 흡수되어 물에서 나온 수소와 반응했을 것이라는 것이 실험에 참여한 과학자들의 말이었다.

탄산가스를 수소로 처리, 천연가스나 휘발유를 만들 수 있는 것은 사실이다. 석탄이나 석유의 주성분은 탄소와 수소. 단지 차이가 있다면 수소의 양이 다르다는 것인데 수소의 비율이 석유에는 13% 이상 함유되어 있는 데 비해 석탄은 5% 이하에 불과하다. 따라서 석탄에 수소를 첨가함으로써 석유와 유사한 탄화수소로 전환시키면 된다.

그러나 탄산가스의 흡수, 물에서의 수소 생성, 그리고 탄산가스와 수소의 반응은 저절로 일어나는 것이 아니다. 더구나 약초를 섞는다고 해서 그런 일이 일어나는 것은 더더욱 아니다.

결국 진상이 밝혀졌다. 필라이가 그동안 정유회사에서 훔친 휘발유를 합법적으로 사용하기 위해 속임수를 쓴 것이다.

이 사건을 보더라도 '무한' 이라는 말이 얼마나 많은 사람들에게 매력을 주는지 알 수 있다. 필라이는 고등학교 중퇴생으로 논리정연한 이론을 제시하여 인도의 유명한 과학자들조차 껌뻑 속게 만들었다.

영구기관은 과학적인 지식이 많지 않은 사람들에게는 그야말로 황금알을 낳는 거위처럼 보인다.

영구기관을 둘러싼 사기사건 중 가장 유명한 것은 18세기 초 독일의 오르피로이스(Johann Bessler Aka Orffyreus)의 '자동바퀴 사건' 으로 볼 수 있다. 크고 작은 톱니바퀴와 추의 낙하를 교묘히 연결하여 바퀴를 영원히 돌릴 수 있는 장치로 당시 많은 주목을 받았다. 그는 여러 나라의 귀족이나 부유한 상류층으로부터 거액을 지원받으면서 호사스런 생활을 누렸고 러시아의 황제 표트르 1세에게서는 10만 루블을 받기도 했다.

결국 그의 사기극은 들통나고 말았다. 장치의 중요 부분을 가리고 사람을 밑에 숨겨서 밧줄로 잡아당기는 속임수를 쓴 것이다.

미국의 존 워렐 킬리(John Worrell Keely) 역시 탁월한 사기꾼이었다. 킬리의 발명은 물의 '공감적 진동'을 사용해서 대량의 에너지를 낼 수 있다는 아이디어였다. 그는 교육을 받지 않았으나 언변이 뛰어났고 난해한 용어들을 씀으로 인해 많은 사람들의 주목을 받았다. 그는 '한 양동이의 물로 세계를 바꿀 수 있다'는 엄청난 구호로 사람들의 이목을 집중시켰다.

1872년에 10여 명의 기술자, 자본가들이 1만 달러를 출자해서 '킬리 모터회사'를 설립했고 킬리는 복잡한 기계를 만들었다. 1874년에는 필라델피아 유지들이 모인 가운데 공개 실험을 했는데 목격한 사람들은 '압력계는 1제곱인치당 5만 파운드 이상의 압력을 나타냈다. 굵은 밧줄이 끊어지고 쇠막대가 휘었으며 총알은 30cm 두께의 판을 관통했다'고 적었다.

그는 한술 더 떠서 "약 1*l*의 맹물로 기차를 필라델피아에서 뉴욕까지 달릴 수 있게 할 수 있다"고 기염을 토했다.

이 실험으로 많은 출자자들이 무려 500만 달러(현재의 가치로 따지면 최소한 5억 달러 상회)라는 거액의 돈을 투자했고, 킬리는 자신이 고안한 기계의 실용화를 위해 더 많은 자금을 요구했다.

킬리의 행동에 의심을 품은 한 사람이 킬리의 실험실이 있던 건물을 임대하여 샅샅이 조사했다. 그 결과 실험실 마루 밑에 압축공기 탱크가 숨겨져 있었고 그 탱크에 파이프를 연결하여 압축공기의 힘으로 기계를 움직였던 것이다.

그가 말한 기계는 아예 존재하지도 않았고 그는 그 많은 돈을 어디에 썼는지 모르지만 다 탕진해 버리고 죽었다.

미국 특허청을 곤혹스럽게 한 사건으로 '뉴먼 장치'가 있다. 그의 장치는 작은 전지를 쌓아올려 4~500V가 나오는 커다란 직류 모터인데 발명의 요지는 전지가 소모되지 않는다는 점이다. 우주의 '아원자 입자'로부터 발생하는 에너지가 작동중에 전지를 다시 충전시키기 때문에 전지의 출력이 고갈되지 않는다는 설명이었다.

그가 말하는 '아원자 입자' 에너지란 '회전운동입자(gyroscopic particle)'라고도 부르는데 이 입자가 장치 내에서 자기장을 통과할 때 개개 입자 질량의 일부가 동력 에너지로 바뀐다는 것이다. 그는 에너지 출력이 입력보다 많다는 점이 특허의 요지라며 대대적인 홍보를 했다.

그러나 효율이 700%나 된다는 특허가 1981년 출원이 거절되자 뉴먼은 정부를 상대로 소송을 제기했다. 이때 컬럼비아 연방지방법원은 국립표준국(National Bureau of Standards)에 뉴먼 장치를 검증하도록 명령했다. 법원에서 NBS에게 효율 700%라는 아이디어를 검증하라고 명령 내리는 것도 의아하지만, 여하튼 NBS 보고서는 그의 장치가 조잡하게 만들어진 발전기이며 '어떤 조건에서도 입력 에너지가 출력 에너지보다 많다'고 결론을 내렸다. 그가 주장하는 대로 700%의 효율은커녕 27~67%에 지나지 않는다는 것이다. 당연한 결과이다. 누가 검증에 필요한 경비를 대었을까는 독자 여러분의 상상에 맡긴다.

1881년 미국의 갬지는 액체 암모니아를 순환시키는 엔진을 개발했다. 액체 암모니아는 영하 31℃에서 증발하므로 주위의 열에 의해 쉽게 증발하므로 그 팽창력으로 피스톤을 움직일 수 있다고 주장했다. 미 해군도 그의 말에 설득 당했으며 가필드 대통령도 솔깃했다. 하지만 그의 장치는 끝내 실용화되지 않았고 그는 불명예스럽게도 가짜 발명가의 명단에 이름을 올렸다.

그러나 갬지의 이론이 전혀 엉터리만은 아니었다. 실제로 프랑스의 스피너 교수나 필자가 연구한 STELF 시스템은 암모니아의 증발력을 이용하여 전기를 사용하지 않고도 냉방을 할 수 있기 때문이다. 단지 STELF 시스템은 영구기관이나 공짜에너지를 이용하는 것이 아니라 수많은 냉방 방법 중 암모니아의 증발력을 이용한 것이며 가동에 필요한 에너지가 충분히 공급되어야 한다. 이 점이 바로 영구기관과 일반기계 장치와 다른 점이다.

🎞 영구자석은 영원한가

1269년 십자군 원정길에 나선 피에르드 마리쿠르는 친구에게 자석에 관한 길고 긴 편지를 썼다. 그는 말하길, 자석은 천극의 자기적 방향력을 지닌 '신의 은총'이며 대우주와 소우주를 비밀리에 연결하는 '현자의 돌'이라는 것이다. 실제로 영구자석은 발명가들의 각종 실험에 자주 이용된다.

자석은 영구적이므로 잘만 하면 이를 영구적인 힘으로 변형시킬 수 있다는 생각은 오래 전부터 많이 퍼져 있다. 그럼에도 불구하고 이 실험은 단 한 번도 성공하지 못했다.

그 이유를 「뉴턴」 1988년 8월호에 게재된 내용을 중심으로 설명하면 이렇다.

전지의 두 극에 소형전구를 연결하고 전류를 흐르게 하면 전지의 에너지는 차츰 감소한다. 또 전구를 빼고 두 극을 직접 연결시키면 에너지의 감소는 더욱 심해진다. 그러나 영구자석에서는 이와는 정반대로 아무리 사용해도 힘이 줄지 않으며, N과 S의 두 극을 붙여 놓으면 오히려 힘이 더 오래 간다.

전류는 물의 흐름과 비슷하여 실제로 전하(에너지의 덩어리)가 움직이는 현상이다. 그래서 전하가 빠져나감으로써 에너지의 손실이 생긴다. 그러나 자석에서 뻗어나온 자기장의 다발, 즉 자속은 자기의 덩어리가 움직이는 현상이 아니다. 천체 사이의 만유인력이나 정전기 사이의 전기적 인력과 같은 모종의 힘을 나타내는 가상의 선(線)이다. 따라서 자기의 흐름, 즉 자류(磁流)는 존재하지 않으므로 자속은 전류처럼 에너지의 손실을 수반하지 않는다. 문제는 영구자석에서 자기에너지를 끌어낼 수 없다는 점이다. 그것은 자속이 자기의 흐름이 아니므로 자기에너지를 운반할 수 없기 때문이다.

그러나 영구자석을 사용하면 쇳조각을 끌어당기거나 전기면도기의 모터를 돌릴 수는 있다. 이런 면에서 보면 아주 작은 규모나마 영구자석을 이용하여 에너지를 끌어내었다고 볼 수도 있다. 발명가들이 주장하는 것은 바로 이런 기계가 영구기관이라는 것이다.

자석이 지구의 중력을 이기고 쇳조각을 끌어당기는 경우 분명 에너지가 필요하다. 그 에너지의 크기는 쇳조각이 끌려 올라간 높이에 그 무게를 곱해서 얻어지는 쇳조각의 위치에너지에 해당한다. 그래서 자석이 갖는 에너지는 그만큼 줄어든다. 다음에 쇳조각을 자석에서 떼어놓을 때는 쇳조각에 가해진 모든 에너지가 자석으로 되돌아간다. 그 결과 주고받은 에너지는 0이므로 영구자석은 언제까지나 무한히 이용할 수 있을 것처럼 보인다.

반면에 모터 속의 영구자석이 회전코일을 회전시키는 경우 내용이 약간 달라진다. 우선 코일을 돌리기 위한 에너지가 필요한데 이 에너지는 코일에 흐르는 전류로부터 얻어야 한다. 엄밀한 의미에서 보면 자석의 힘이 아니라 전류가 공급되었기 때문에 모터가 영구히 회전하는 것이다. 그러므로 일단 기계라는 동력시스템을 사용한다면 기계 사용시에 일어나는 마찰력 등에 의해 영구자석만으로 기계를 움직인다는 것은 불가능하다.

일반인들에게 영구자석이 매력적으로 보이는 것은 영구자석이라고 하니까 자석이 영구히 자성을 잃지 않을 것처럼 착각하는 데에도 있다. 그러나 이 세상에서 실제로 영구적이라고 할 수 있는 현상은 없으니 영구자석의 힘도 시간의 경과에 따라, 또는 어떤 충격에 의해 차츰 약해진다.

영구자석은 약 700℃ 이상으로 가열하면 자성을 잃어버린다. 이 현상을 일으키는 한계 온도를 마리 퀴리의 남편 피에르 퀴리가 발견했기 때문에 '퀴리 온도'라고 한다. 이런 현상의 원인은 영구자석의 구조가 밝혀짐으로써 해명되었다.

자석의 근원은 원자이다. 원자는 그 내부에 포함된 전자의 운동에 의해 미소한 자석의 성질을 띠고 있다. 이 미소자석은 보통 원자의 열운동에 의해 언제나 제멋대로의 방향으로 향하고 있다. 외부에서 힘을 가해 이 미소자석을 일정한 방향으로 늘어세우면 전체적으로 하나의 자석이 된다. 그런데 '퀴리 온도' 이상으로 가열하면 자성이 없어진다.

이것은 지구가 영구자석의 덩어리가 아니라는 설의 한 근거가 된다. 지구 내부에 철이 있는 것은 확실하지만 그 온도는 퀴리 온도를 훨씬 넘기 때문이다.

또 철이나 니켈과 같은 강자성체의 막대를 자기화시키면 자기화 방향의 길이가 변한다. 재료에 따라 늘어나는 것과 줄어드는 것이 있는데 이처럼 길이가 변하는 이유는 외부 자기장에 의해 원자의 배열이 일그러지기 때문이다. 그래서 기계적인 충격(압력)을 주면 자성이 약해지기도 한다. 영구자석으로 만들었다는 기계가 영구히 작동하지 못하는 이유이기도 하다.

뉴턴이 중단한 것

무한한 에너지로 생각하고 있는 자기력 · 전기력 · 중력 · 태양력 · 파력 · 조력 등의 에너지를 사용하는 기계를 만드는 데 소요되는 에너지가 이런 기계를 통하여 얻는 에너지보다 훨씬 클 경우 쓸모없는 기계가 됨은 당연하다.

태양에너지를 이용한 예를 들어보자. 만유인력을 발견한 뉴턴도 무궁무진한 태양에너지를 이용하여 기계를 돌리려는 연구를 하고 있었다. 그러나 한 부호가 태양에너지를 이용한 인쇄기를 단 한 대 만들고 파산하였다는 말을 듣고 당장 그 연구를 포기하였다. 태양이 있을 때 인쇄기는 그런대로 잘 작동되었다고 한다. 그러나 인쇄기를 가동시키는 데 공급하는 태양에너지의 밀도가 항상 충분하지는 않았기 때문에 산업용으로 이용할 수 없었다. 그래서 결국 그 부호는 파산했다.

당시의 파산은 대부분 교도소에 수감되어 생애를 마감해야 했으므로 많은 사람들이 자살했다. 연구를 위해 수많은 재산을 탕진하고 이름도 남기지 못하고 그야말로 비운의 과학자가 되었다. 썰렁한 이야기이지만 과거의 과학자들이 얼마나 불안한 환경에서 연구했는지 알 수 있다.

그러나 현대 과학은 이런 실패자들이 있었기 때문에 발전했다고 볼 수 있다. 후대의 과학자들은 실패한 과학자들이 실패한 이유를 검토한 후 똑같은 연구방법을 시도하지 않는다. 과학자들이 연구할 주제가 정해지면 연구를 시작하기 전에 다른 과학자들의 연구 논문을 모두 검토하는 이유이다.

문제는 영구기관을 발명하고자 하는 사람들이 이런 방법을 원천적으로 무시하거나 도외시한다는 점이다. 자신의 발명은 과학을 초월한다는 뜻이다.

한국의 경우 대체로 맑은 날 하루 종일 2,500kcal/m/sec 정도의 에너지를 얻을 수 있다. 이 에너지는 태양이 가동되는 시간을 6시간 정도로 볼 때 시간당 10 l 의 물을 20℃에서 60℃ 정도로 올려주는 에너지에 지나지 않는다. 시간당 400kcal의 에너지로 어느 규모의 기계를 움직일 수 있는지 계산해 보라. 사전에 염두에 두어야 할 것은 이 에너지를 얻기 위하여 값비싼 태양열 집열기를 1m² 사용하여야 한다는 것이다.

태양전지를 이용한 전자계산기나 전자시계는 빛만 있으면 어느 장소에서나 작동한다. 조명등 아래에서도 문제없다. 그러나 이것은 영구기관이 아니다. 태양전지를 만들기 위해서는 태양전지가 토해내는 에너지의 수십 배에서 수백 배 이상의 에너지가 이미 소모되었으며 무엇보다 태양전지는 수명이 있다.

일본의 미나토는 네오디움 자석의 배치를 교묘하게 조합, 자석간의 반발력으로 계속 회전하면서도 전자석을 부착하여 회전을 제어하는 것까지도 가능한 장치를 개발했다고 발표했다. 이 장치는 미국은 물론 일본, 유럽에서 특허도 얻었다. 가와아이 데루오는 20W의 입력으로 출력은 62W를 얻는 영구 자석모터를 개발했는데 후지 TV에서 '꿈의 엔진'으로 소개한 바 있다. 300% 이상의 초효율이 얻어진다는 뜻이다. 그런데 이 전자석은 초강력 자석이라고 하는데 이것은 어떻게 만드는지, 초강력 자석을 만드는 데 소용된 에너지는 어디에서 나오는지, 또 그 기계의 가격이 얼마인가를 생각해 보면 결국 영구기관을 왜 얻으려고 했는지 의아하지 않을 수 없다.

뉴턴이 태양에너지를 이용한 기관을 만들려다가 포기했다는 것을 귀담아들을 필요가 있다.

레오나르도 다 빈치도 영구기관을 만들려고 시도한 적이 있었다. 그러나 곧 불가능하다고 판단하고 그는 다음과 같은 탄식의 말을 남겼다.

"아, 영구운동을 희롱하는 공상가들이여……. 어찌하여 그렇게 덧없는 시도를 많이 했던가?"

한편 앞에서 이야기한 번개 잡는 아이디어는 현재 활발히 연구중이다. 번개는 처음부터 낙뢰 지점을 향해 곧바로 떨어지는 것이 아니라 구불구불하게 마치 지나가기 쉬운 길을 찾아가듯이 진행한다. 번개의 방전이 일어날 때 '리더'라는 방전의 앞 끝이 먼저 진행해 오는데 이는 대기 중의 비와 눈, 미립자의 분포가 짙은 곳을 찾아가기 때문으로 생각된다.

레이저는 공간에 확산되는 일도 없이 전파하고 또 매우 짧은 시간에 에너지를 집중시킬 수 있으며 공기 중에 에너지 밀도가 높은 빛의 덩어리를 만들 수 있다. 이 빛의 덩어리를 전기가 잘 통하는 '플라스마' 상태로 만들어 번개를 유도하는 것이다.

그러나 번개의 엄청난 에너지를 어떻게 저장할 수 있느냐 하는 것은 아직도 해결되지 않은 문제점이다.

여하튼 대량 축전기술이 개발된다면 번개를 잡아 유용한 에너지로 전용시키는 것은 불가능한 일이 아니라고 생각한다.

그런데 영구기관과 공짜에너지를 혼동하면 안 된다. 영구기관은 아직도 수많은 발명가들이 군침을 흘리고 있는 분야 중 하나이다. 그럼에도 불구하고 아직까지 무한으로 움직이는 기계가 단 한 건도 발명되지 않았다는 것은 영구기관이 불가능의 과학 범주에 속해 있음을 확인시켜 준다.

그러나 발명가들은 아직도 미련을 버리지 않는다. 영구기관에 대한 특허신청을 참다못한 미국 특허국은 1911년 영구기관에 대한 특허출원을 할 때 반드시 실제 작동하는 모형을 함께 제출하라고 발표했다. 모형을 만들어보면 영구기관이 불가능하다는 것을 곧바로 파악할 수 있을 것이라는 기대감 때문이다.

국내 상황도 비슷하다. 1996년 한 해 특허청에 제출된 영구기관 설계도는 56개였다. 물론 모두 실격이었다. 1998년부터 특허청은 영구기관 특허출원을 아예 사절한다는 방침을 정하고 홍보에 나섰지만 아직도 특허신청은 줄어들 기미가 보이지 않는다.

그러나 영화 「플러버」에서와 같은 아이디어는 참신하다. 사실 수많은 SF 영화에서 소개되는 과학자들의 발명품은 허무맹랑한 것들이 많다. 그럼에도 불구하고 관객들은 그 기상천외한 발명품에 찬탄하고 환호한다. 상상력으로 만드는 영화에서 다소 허무맹랑한 아이디어가 없다면 누가 영화를 재미있다고 보겠는가?

9. 불사조

「드라큘라」에게 필요한 건 권태기에서 벗어나는 방법

　지상에 태어난 생물은 언젠가 죽어야 하며 이러한 죽음은 살아 있는 동안에는 경험할 수 없다. 따라서 죽음에 대한 불안과 공포의 근원은 죽음이 무엇인지 전혀 알 수 없다는 데서 비롯한다.

　그러므로 죽음을 피하기 위한 가장 좋은 방법은 죽지 않는 법을 알아내는 것이다. 이것은 오래 살려는 인간의 욕망과도 맥락을 같이한다. 역사 이래로 인간은 수많은 장수 양생법을 만들어냈다. 고대 인도인은 호랑이의 고환을 먹었고, 히브리인과 시리아인 들은 젊은이의 피를 마시거나 그 피로 목욕을 했다고 전해진다. 15세기 교황 이노센티우스 8세는 죽기 직전에 세 소년의 피를 수혈했다는 기록도 있다.

　중국의 『사기(史記)』, 『봉선서(封禪書)』에 제(齊)의 위왕(威王, 기원전 356~320)과 선왕(宣王, 기원전 319~301), 연(燕)의 소왕(昭王,

기원전 311~279)이 발해(渤海)의 삼신산(三神山)에 가서 신선을 만나 불사약을 구해 오게 하였다는 다음과 같은 기록이 있다.

정재서의 글에서 인용한다.

삼신산(三神山)이라는 곳은 전하는 말에 의하면 발해의 한가운데 있는데 속세로부터 그리 멀지 않다. 금방 다다랐다 생각하면 배가 바람에 불려가 버린다. 언젠가 가본 사람이 있었는데 신선들과 불사약이 모두 그곳에 있고 모든 사물과 짐승들이 다 희고 황금과 은으로 궁궐을 지었다고 한다. 도착하기 전에 멀리서 바라보면 마치 구름과 같은데 막상 도착해 보면 삼신산은 물 아래에 있다. 배를 대려 하면 바람이 끌어가버려 끝내 아무도 도달할 수 없었다 한다.

중국의 전국(戰國)시대에 시도된 삼신산 찾기는 진(秦)의 시황(始皇, 기원전 246~210) 때에 제일 활기를 띠었다. 『사기(史記)』의 「진시황본기(秦始皇本紀)」에 의하면 진시황은 발해 사람인 서불(徐福, 徐市)에게 불로초를 구해오라고 동남동녀(童男童女) 수천 명과 수만 금을 주었다. 또한 노생(盧生)을 시켜 신선에 관한 선문(羨門)과 고서(高誓)를 찾게 함과 동시에 한종(韓終) 등을 시켜 불사약을 구하도록 했다. 그러나 진시황으로부터 받은 재화를 모두 챙긴 서불은 이 세상에 불로초가 없다는 것을 잘 알고 있었으므로 다음과 같은 글을 올린 후 줄행랑을 놓았다.

봉래산의 불사약을 얻을 수는 있습니다. 그러나 언제나 거대한 교어(鮫魚)가 방해하여 그곳에 도달할 수가 없습니다. 바라옵건대

활을 잘 쏘는 사람을 함께 데리고 갔으면 합니다. 교어를 발견하면 즉시 쇠뇌를 연발하여 쏘아 죽이겠습니다.

서불이 불로초를 구하지 못한 핑계를 대고 도망치자 진시황이 방사(方士)들은 믿을 수 없는 사람들이라고 비난한 후 분서갱유(焚書坑儒)를 단행했다는 것은 널리 알려진 사실이다. 한(漢)의 무제(武帝, 기원전 148~87) 역시 여러 사람을 삼신산에 보내어 신술(神術)을 익히고 불로초를 구해 오게 하였다는 기록이 있다. 여기서 삼신산이란 금강산, 지리산, 한라산을 의미한다.

그러나 인간들은 아직까지 불로장생약을 발견하지 못했으며 수백 살을 살았다는 증거도 없다. 장수한 사람에 대한 기록은 상당히 많은 편이지만 실제로 믿을 수 있는 경우는 거의 없다. 기네스북에 기록된 최장수기록은 1875년 2월 21일에 태어나서 1997년 8월 4일에 사망한 프랑스의 잔느 칼망 할머니로 그녀는 122살 164일을 살았다. 100살을 넘게 사는 것이 얼마나 장수한 것인가는 청동기시대인 4000년 전 사람의 평균수명이 겨우 18세였고 2000년 전인 서기 1세기경에는 22세인 것만 보아도 알 수 있다. 1세기 전만 해도 30~40세에 불과하던 평균수명이 그 두 배인 70~80세로 늘어난 것은 불과 100여 년 안짝의 일이다.

죽음, 인간의 영원한 테마

21세기의 질병으로 꼽히는 암이나 노인성 치매 등 난치병이 극복되면 평균수명 100세 시대가 곧 도래할 것이라고 장담하는 학자들도 있지만 100이라는 숫자에도 만족하지 못하는 것이 인간이다. 누구도 원치 않는 인간의 죽음을 막아보려는 시도는 예술가들의 상상력을 자극, 수많은 영화와 소설이 불사조 이야기를 앞다투어 다루었다.

인간이 죽지 않는 방법을 작품에서 사용하는 것은 두 가지이다. 첫째는 죽어도 다시 살아나는 것이고 둘째는 아예 죽지 않는 것이다.

죽어도 다시 살아나는 방법을 가장 잘 소화시킨 작품으로는 만화 『드래곤볼』을 꼽을 수 있다. 광대한 우주를 상대로 선과 악이 싸우는데 신비의 종족 나메크 성인은 드래곤볼을 만드는 재주를 갖고 있다. 드래곤볼, 즉 여의주 일곱 개를 모으는 사람에게 어떠한 소원이라도 세 가지를 들어주는 것이다. 처음에는 한 가지만 들어준다고 했으나 만화가 인기를 끌자 세 가지로 늘렸다. 소원 숫자를 늘리는 것이야 작가의 마음이므로 탓할 수는 없는데 세 가지 소원 중에는 죽은 사람을 살리는 것도 포함된다.

전 42권이 나올 만큼 전세계적으로 호응을 얻자 점점 스케일이 커지며 결국 드래곤볼의 힘도 파워업되어 죽었던 생명이 모두 살아난다 (지구인이 악당인 부우에 의해 전멸했는데 그 모든 사람들이 모두 살아난다. 드래곤볼이여 영원하라!).

죽음과 환생에 대해 가장 극적인 장치로 작품에 가장 많이 등장하는 것은 브람 스토커의 원전을 기본으로 하는 『드라큐라』이다. 섹슈얼리티와 은밀한 성적 은유가 난무하는 드라큐라는 동성애, 근친상간, 사도마조히즘 등을 주제로 하는 등 그 범위를 넓혀왔다. 1922년 무르나우 감독의 「노스페라투」를 시작으로 「뱀파이어와의 인터뷰」 등 무려 170차례나 영화화되었는데도 지금까지 단 한 번도 흥행에서 실패한 적이 없다는 기록을 갖고 있다.

드라큐라가 흥행에 성공하는 이유는 여러 가지가 있겠으나 '뱀파이어'라는 모순의 존재, 즉 죽어도 죽지 않는다는 성격이 섹슈얼리티와 복합하여 사람들에게 크게 어필을 하기 때문으로 보인다. 흡혈귀의 솟아오른 송곳니가 미녀의 목덜미를 깨물 때의 에로티시즘, 드라큐라가 세상과 등지는 이유가 자살한 아내에 대한 사랑 때문이라는 로맨티시즘, 그리고 숱한 종교적 상징과 원초적인 공포를 도입하여 흥미를 끌 만한 자극적 요소가 가득하다. 요즈음의 드라큐라는 시대가 바뀌었다는 것을 반영하듯 남자들의 아성인 드라큐라가 여자 흡혈귀의 세상으로 변하면서 남자사냥에 열 올리는 영화가 제작되기도 한다.

반면에 드라큐라와 다소 유사한 성격을 갖고 있는 중국의 '강시'가 드라큐라처럼 인기를 끌지 못하는 것은 공포스럽고 기괴하기만 할 뿐 인간의 감성을 그리 자극하지는 않기 때문이다.

SF 영화에서 두 장르가 영원한 흥행 보증수표라고 인정하는데 그것은 '드라큐라(뱀파이어)'와 '스페이스 오페라'이다. 스페이스 오페라 장르는 「스타워즈」, 「스타트랙」, 「은하영웅전설」, 『피라미드』 등 광대한 우주를 배경으로 한 작품으로 사랑·전쟁·배신 등이 주제를 이룬다. 이들이 관객의 주목을 받을 수 있는 것은 주제에 따라 참신한 아이디어를 무궁무진하게 만들어낼 수 있기 때문이다.

여하튼 '드라큐라'는 거의 2~3년마다 한 번꼴로 제작되는데 영화 「크로노스Cronos」도 '뱀파이어'를 사뭇 다르게 각색한 작품이다.

이 영화는 영생을 주는 기계가 16세기 한 연금술사에 의해 발명되는 것에서부터 시작한다. 그러다가 400년 후 골동품점을 경영하던 헤수스는 우연히 크로노스를 발견하고 태엽을 감자 날카로운 침이 나오며 헤수스를 찌른다. 그 후 헤수스는 크로노스를 쟁취하려는 사람들에 의해 죽임을 당하게 되지만 이미 뱀파이어가 된 그는 다시 소생한다. 그러나 자신의 삶을 위해서는 다른 사람의 피가 필요하다는 사실을 알고 또 다른 희생자를 만들지 않기 위해 가족들이 보는 앞에서 영원한 죽음을 택한다.

「백 투 더 퓨처」, 「포레스트 검프Forest Gump」, 「콘택트」를 감독하여 흥행 감독으로서의 위치를 공고히 한 로버트 저메키스 감독의 「죽어야 사는 여자Death becomes her」는 영원한 젊음을 가지려는 여성의 꿈을 잘 표현한 영화이다.

여배우 매들린과 작가로 활동하는 헬렌은 어려서부터 라이벌 의식을 가지고 있는 친구 사이다. 매들린이 헬렌의 애인을 빼앗자 헬렌은 복수심에 불탄 나머지 영원한 아름다움과 젊음을 가져다주는 신비의 여인 리즐을 찾아 묘약을 구입한다. 리즐이 제시하는 조건은 한 가지. 71세나 되었는데도 신비스런 미모와 젊음을 간직한 그녀는 묘약의 존재가 알려지면 안 되므로 헬렌에게 한 10년쯤 완벽한 젊음으로 활동하고 그 후에는 공적인 무대에서 완전히 사라져 사람들의 시선을 받지 않을 것을 주문한다.

문제는 매들린도 묘약을 마셨다는 데 있다. 서로 증오하면서 서로를 죽이려고 하지만 영생을 얻은 그녀들은 머리가 돌아가고 배에 커다란 구멍이 나도 죽지 않는다. 묘약은 몸을 젊게 하는 동시에 신체 안에 있는 영혼도 결코 죽지 않게 만든다. 하지만 한번 젊어진 후에 자신의 신체는 스스로 간수해야 하며 사고로 만신창이가 된 몸은 수선하지 않으면 아름다움을 유지할 수 없다는 데서부터 문제가 꼬이기 시작한다. 영원한 젊음과 생명을 갖고 싶어하는 사람들의 욕망을 날카롭게 꼬집었지만 영원히 살 수 있다면 이런 주인공이라도 되고 싶은 관객이 많았으리라고 생각한다.

한편 현실적으로 죽음을 가장 잘 이용하는 것은 뭐니뭐니해도 컴

▶「코쿤」
일단 죽었다가 다시 살아나는 것
이 작가들의 상상력을 높여주지만
처음부터 죽지 않는 방법도 작가
들을 자극시키기는 마찬가지이다.

퓨터 게임일 것이다. 죽었다가 다시 살아나는 작품이 컴퓨터 게임처럼 보편화된 곳은 없다. 게이머가 게임을 잘못하여 실수로 죽더라도 곧바로 살아난다. 죽을수록 파워업 되는 경우는 없지만 일단 죽었다가 살아나면 죽을 때의 능력치를 그대로 갖고 있는 것이 대부분이다. 사실 순발력이 요구되는 게임에서 생명체와 같이 단 한 번 죽음으로 게임이 끝난다면 그것처럼 한심스러운 일이 없을 것이다.

일단 죽었다가 다시 살아나는 것이 작가들의 상상력을 높여주지만 처음부터 죽지 않는 방법도 작가들을 자극시키기는 마찬가지이다.

영화「코쿤Cocoon」에서는 인근 부자의 빈 별장에 숨어들어 도둑 수영을 즐기던 노인들이 회춘한다는 스토리다. 세 노인 중에서 한 명은 바람을 피우고 또 다른 사람은 결혼 후 제2의 황금기를 맞는다. 그 이유를 찾던 노인들은 자신들의 회춘 이유가 수영장 안에 있던 코쿤이라는 돌 때문이라는 사실을 발견한다. 사실 그 코쿤 안에는 외계인이 잠자고 있는데 노인들이 계속 생명의 힘을 갖고 가자 그들은 죽어간다. 자신들이 젊어지는만큼 외계인들에게 피해를 준다는 것을 알게 된 노인들은 결국 그 돌을 바닷속에 버린다.

노인들의 갸륵한 정성에 감사한 외계인들이 양로원의 노인들을 영생불사의 별로 데려간다. 영생을 다룬 영화 중에서는 보기 드물게 해피엔딩이다.

만화영화 「은하철도 999」도 주인공인 철이와 메텔이 영생을 얻기 위해 230만 광년이 떨어진 안드로메다까지 여행을 하면서 겪는 일을 그린 것이다. 이 영화는 생명까지 팔고 사는 자본주의의 폐해를 고발하면서 철이라는 소년이 우주와 생명에 대한 사랑을 깨달으며 어른이 되는 과정을 보여준다. 사이보그나 로봇에게 정신을 이식하는 형태의 영원한 기계인간도 등장하여 흥미롭다.

영화감독이야 자기의 작품 속에서 불사조를 설정하고 마음대로 선언하기만 하면 된다. 그러나 현실적으로 죽지 않는 생물은 존재하지 않는다. 생물체가 영원히 살 수 없다는 것은 결국 왜 죽어야 하는가 하는 문제로 귀결된다.

노화, 그 슬픈 삶의 일정표

인간은 왜 꼭 죽는가? 영원히 살 수는 없는 것일까? 불행하게도 정답은 NO. 이유는 일단 태어난 생명체는 시간이 경과함에 따라 점차적으로 늙어가기 때문이다. 이러한 운명을 막을 수 있는 신비의 묘약, 「죽어야 사는 여자」에서처럼 영원히 죽음과 노화로부터 벗어날 수 있는 약은 정말로 없는 것일까? 실제로 죽음과 노화를 막으려는 연구는 인간이 태어난 이래 가장 오래된 과제일 것이다.

그럼에도 불구하고 불멸의 진리와도 같은 인간의 죽음과 노화는 여전히 어느 누구도 막아내지 못하고 있다. 소위 불가능의 영역인 것이다. 많은 사람들의 기대와는 달리, 의학의 눈부신 발전에도 불구하고 노화는 어김없이 찾아오기 때문이다. 의학은 노화의 제증상(머리가 세는 것, 이가 빠지는 것, 뼈와 근육이 약해지는 것, 주름살이 생기는 것, 폐경이 오는 것 등)을 방지하는 데 아무것도 기여하지 못했다. 스트렐러는 인간의 경우 25세에서 30세가 지나면 매년 어김없이 약 1%의 비율로 신체의 각 기능이 약화된다고 추산했다.

생명체에서 일어나는 노화의 공통적인 성질은 변화가 진행성이며 비가역적(되돌릴 수 없는)이라는 점이다. 생물의 공통적인 노화 패턴은 생리적 기능이 저하하고 생명을 위협하는 질병에 걸릴 확률이 높아진다.

이 무자비한 쇠퇴의 원인에 대해서는 여러 가지 학설이 있다.

노화는 진화의 산물이며 노화 유전자가 따로 존재한다고 생각하는 것이다. 다윈이 제창한 진화론의 주 개념은 자연도태, 즉 적자생존이다. 인간을 포함한 많은 생물군이 먹이와 생식을 바탕으로 변이를 하는데 생명체가 존속하려면 이 변이형질은 주어진 환경에 잘 적응하는, 적자생존된 것에 국한되어 번식할 수 있다는 것이다.

즉 노화는 이미 태어날 때부터 생물체의 유전자 시스템에 입력되어 있으며 이 유전자는 약속된 시기에 작동을 개시한다는 것이다. 사춘기나 폐경기가 오는 것도 우리 몸에 일종의 생물학적 시계가 있어서 '삶의 일정표'가 진행된다는 것을 뜻한다. 이와 같은 운명론적인 노화이론을 '수명 프로그램설'이라고 한다. 이 이론은 자식을 모두 생산하고 나면 젊은이들의 먹이만 축낼 뿐 종의 보존에는 백해무익하므로 살아남을 이유가 없다는 다소 비정한 주장이지만 진화론을 신봉하는 많은 학자들의 지지를 받았다.

두 번째 이론은 세포 안에 있는 유전 메커니즘이 낡아져 자체 수리 능력을 잃고 쇠퇴해 가는 것이다. 이 중에 '예비 유전자'라는 것이 있는데 이것은 유전자 체계 중 손상된 부분을 제거하고 정상적인 것으로 대체하려는 특성을 갖고 있다. 결국 오래 사는 종이란 예비 유전자가 풍부해서 여러 번 수리가 가능한 종을 말한다. 그러므로 노화란 이 예비부품을 다 써버린다는 뜻이다. 이 이론에는 '손상설'도 가세한다. 신체에 대한 위험요인이 축적됨으로써 노화가 진행된다는 것이다.

한 예로 당(糖)은 우리 몸의 에너지원이지만 과잉 상태가 되면 몸을 구성하는 단백질과 결합해 노화를 일으킨다. 또 몸 안의 대사과정에서 생기는 유해활성산소가 세포나 DNA에 손상을 입히거나, 잘못 만들어진 효소가 돌연변이를 일으키는 것 등이 여기에 해당한다.

'자유 래디컬 이론(free radical theory)', 즉 노화는 유전 메커니즘 자체의 쇠퇴 때문이라기보다 세포 내의 에너지 처리 센터가 쇠퇴하기 때문이라는 주장도 있다. 자유 래디컬이란 불안정한 원자 혹은 원자의 그룹을 일컫는데, 섭취된 음식물이 세포에서 에너지로 전환되는 과정에서 생성되는 부산물이다. 그러나 이 자유 래디컬은 주변의 어느 것과도 쉽게 결합하는, 화학적으로 매우 활발한 물질로서 빨리 처리하지 않으면 세포구조가 큰 피해를 입는다. 물론 생체는 이러한 자유 래디컬로부터 생체를 방어하는 각종 방어체계를 효소적 또는 비효소적 방법에 의해 항상 가동시키지만 손상이 누적될 경우 결과적으로 전반적인 세포노화가 초래된다는 것이다.

수명이 한정적이라는 것을 구체적으로 설명해주는 것 가운데 하나가 '헤이프릭의 한계설'이다. 1960년대 미국의 생물학자 헤이프릭은 정상세포가 영원히 살 수 있는 게 아니며 정해진 수명이 있음을 제창했다. 수명이 약 2.5년인 새앙쥐의 세포 분열이 14~28번, 30년인 닭은 15~35번, 인간이 20~60번이며 150년 이상 사는 갈라파고스 거북이가 72~114번이다. 이는 세포의 분열 횟수가 한계에 다다르면 수명 역시 마감한다는 것으로 세포의 수명과 개체의 수명 사이에 밀접한 관계가 있다는 것을 시사한다.

특히 학자들을 놀라게 한 것은 50번 분열하는 태아의 세포를 20번 분열시킨 다음에 냉동 보존했다가 다시 배양을 시켰더니 30번 분열하고 정지했다는 점이다. 정상세포에게 아무리 적합한 환경을 인위적으로 조성해 주어도 소용이 없으며 정해진 수명이 있음을 분명히 보여주는 것이다.

이 원리를 거꾸로 뒤집어 놓는다면 노화 연구에 획기적인 발판이 된다. 유전자 속에 수명과 노화를 결정하거나 적어도 매우 큰 영향을 주는 인자가 포함되어 있다는 것이므로 노화를 촉진하는 유전인자만 찾아내면 된다고 생각한 것이다.

한편 노화나 수명이 유전정보에 따라 결정되는 것이 아니라 세포 분열과정에서 DNA 손상 등으로 촉발된다는 학설이 있으니 일명 '에러설'이다. 실제로 DNA가 방사선이나 자외선을 받게 되면 상처가 나거나 사슬 구조가 절단된다. 특히 방사선은 치명적인 부작용을 불러일으켜 노화나 수명에 영향을 초래하는 것이 사실이다. 그러나 이것도 아직 가설일 뿐이다.

노화 현상의 진행 과정을 객관적인 입장에서 살피고 노화의 메커니즘을 공정하게 다루어보자는 의견도 대두되었다. 원시생명은 약 34억 년 전에 이 지구상에 태어났다. 그 당시 대기 중에는 유리된 산소는 포함되어 있지 않았으므로 지금과 같은 산소 호흡은 없었다. 그러나 20억 년 정도 지나 진핵 생물, 동식물의 세포가 생겨나면서부터 산소는 이미 에너지 생산의 수단으로 사용되었다. 이 시점에서 생물은 산소 중독의 대상이 되었고 그 산소의 해독 능력이 큰 동물일수록 장수하고 작은 동물은 단명하게 되었다. 결국 지구 위에서 태어난 생물은 그 누구도 산소로부터 자유로워질 수 없으므로 노화는 당연하고 죽음은 피할 수 없다는 것이다.

텔로머라제의 등장

노화를 의미하는 세포분열에는 왜 한계가 있는 것이며 그 원인은 무엇일까? 이러한 질문을 줄기차게 던지는 이유는 노화의 원인만 찾으면 노화를 막을 수 있지 않을까 해서이다.

학자들의 노력은 헛되지 않아 드디어 그 결정적인 단서를 찾았다. 세포 핵 안에 있는 텔로미어, 즉 염색체말단립(染色體末端粒)이 바로 그 원인이라는 것이다. 이 텔로미어는 'TTAGGG'라는 염기의 배열이 250~2,000번 반복되어 있다. 이것은 DNA 복제 때마다 떨어져나가며, 다 사라졌을 때 바로 세포분열의 한계가 오는 것이다. 그러나 모든 세포가 다 그런 것은 아니다. 생식세포, 즉 난자와 정자 및 암세포는 세포분열의 한계인 노화나 죽음과 크게 관계가 없다.

1986년 하워드 쿡 박사가 처음으로 체세포의 텔로미어가 정자세포보다 짧다는 사실을 발견한 후 전세계 노화연구가들은 이 이상한 현상에 주목했다. 특히 과학자들은 암세포의 경우 정상세포와 달리 세포가 분열할 때 염색체 말단 부위, 즉 텔로미어의 길이가 전혀 짧아지지 않으며 정상세포와는 달리 세포분열을 무한히 반복할 수 있다는 사실을 발견했다. 그리고 암세포에서는 정상세포에서는 발견되지 않는 텔로머라제라는 효소가 정상 이상으로 높게 나타나는 점도 포착했다.

여기서 텔로머라제의 효소 과잉이 텔로미어 단축현상을 억제하고, 그 결과 암세포의 무한분열이 가능하다는 공식이 나온다. 텔로머라제가 비정상 변이세포를 암으로 바꾸는 데 필요한 자극을 제공한다는 것은, 어떤 요법으로 그 효과를 제어할 수 있다는 가능성을 제기한다.

이 원리를 거꾸로 뒤집어 놓는다면 어떨까? 즉 텔로머라제의 결핍은 텔로미어의 단축을 가져오고 그것은 바로 세포의 노화로 이어진다는 것이다. 따라서 정상세포에 텔로머라제를 투입하여 마치 암세포처럼 세포분열이 활발히 이루어지게 하면 한정된 횟수의 분열을 거친 후 사멸해 버리는 정상세포의 수명을 어느 정도 늘릴 수 있을지 모른다는 가정이 제기되었다.

실제로 1998년 1월 미국의 텍사스 대학에서는 텔로머라제를 만드는 유전자를 인간의 세포에 도입하였더니 통상의 분열 횟수보다 약 20회 정도 세포가 늘었다고 발표했다. 물론 텔로미어가 짧아지는 것을 막아 세포의 수명을 늘렸다고 해서 세포를 죽지 않게 할 수 있다는 것은 아니다. 또한 신경세포 등 전체 세포의 10% 정도는 텔로미어 가설에 부합하지 않는다는 주장도 있다.

그렇다면 수명이 정해져 있는 세포와 무한대의 분열 능력을 갖고 있는 세포(힐러 세포)를 융합하여 새로운 세포를 만들면 어떻게 될까? 한쪽은 분열 능력이 없고 다른 한쪽은 분열 능력이 있다.

학자들은 두 세포를 융합하면 분열 능력이 있는 쪽으로 끌려가 무한수명이 될 것으로 예상했다. 요컨대 무한수명의 세포에 있는 텔로미어 신장 효소가 작용하여, 무한수명이 된다고 할 수 있다. 그러나 학자들의 기대와는 달리 유한수명이 되었는데 이는 세포의 수명에 관한 한 불리한 쪽으로 움직인다는 뜻이다.

모든 생물은 텔로미어 신장 효소를 가지고 있지만, 또 그 텔로미어 신장 효소의 기능을 저해하는 인자가 있다는 것이다. 물론 힐러세포에 텔로미어 신장 효소의 저해인자를 넣으면 그 세포가 죽게 되고, 반대로 보통의 세포에서 텔로미어 신장 효소의 저해인자를 제거하면 무한으로 분열을 반복하게 될지도 모른다. 여하튼 노화연구에 대한 단서를 찾았다는 데 학자들은 동의한다.

한편 암세포에 있는 텔로머라제는 암의 조기탐지용으로 이용될 수 있는데 간편한 방법으로 조기에 암을 진단할 수 있다면 그것만으로도 이미 획기적인 것이다.

🎞 노화를 막는 특효약은 있는가

노화를 막으려는 인간의 노력 역시 다방면의 연구로 전개되고 있다. 대표적인 것 중 하나가 유해활성산소 관련 부문.

강력한 산화제인 산소는 호흡이나 소화과정에서 필요불가결한 원소이기도 하지만 한편으로는 생체분자를 산화시켜 세포를 손상시킨다. 젊었을 때는 세포가 산소의 공격을 물리칠 능력이 있지만, 나이가 들수록 방어능력이 약해져 세포의 노화가 일어나고 결국은 죽게 된다.

사람은 하루에 500g 이상의 산소를 마셔야 하는데 여기에서 활성산소란 '고반응성 산소종(reactive oxygen species)'을 줄여서 부르는 이름으로 다양한 과산화물이 여기에 포함된다. 활성산소의 대표적인 물질은 '초과산화물(superoxide, O_2^-)'이라 부르는 래디컬 형태의 불안정한 것으로 산소보다 산화력이 더 큰 화학종이다. 산화력이 큰 과산화수소(H_2O_2)와 수산화기(OH^-), 알킬 과산화물, 할로겐 산화물 등이 모두 활성산소로 분류된다.

이 이론은 1950년대 중반에 등장하였지만 크게 주목받지 못하다가 DNA와 단백질의 산화가 노화를 촉진시킨다는 실험 결과가 나오자 1980년 후반부터 주목을 받기 시작했다. 특히 노인의 심장과 뇌세포에 있는 미토콘드리아에는 태아 조직에는 없는 결함이 있음이 발견되었다. 미토콘드리아가 산화되어 손상되면 에너지 생산 능력이 떨어지게 되고 결국 에너지가 부족한 세포는 기능이 저하되면서 노화가 촉진된다는 것이다.

학자들의 관심은 단백질이 산소의 공격을 받아 노화가 촉진되는가로 옮겨졌는데 PBN(phenybutylnitrone)이라 불리는 화합물이 단백질의 산화를 감소시켜 젊음을 유지시켜 줄 수 있음이 증명되었다. 더욱 놀라운 증거는 베르너증후군 환자로부터 나왔는데 같은 또래의 건강한 사람에 비해 단백질이 산화된 정도가 무척 높게 나타난 것이다.

이에 고무된 미국 캘리포니아 대학 연구 팀은 초파리 가운데 오래 사는 놈만을 골라 교배시킨 결과 평균수명이 두 배나 긴 초파리를 만들어내는 데 성공했다. 이 초파리들을 유전자 분석한 결과 유해활성 산소를 처리하는 항산화효소 생산능력이 보통 초파리보다 뛰어났다. 이것은 항산화제를 많이 생산하는 유전자를 사람의 유전자에 끼워넣으면 수명을 연장할 수 있다는 뜻이다.

1999년 이탈리아의 밀리아초는 생쥐를 사용한 실험에서 P66[SHC]라 불리는 유전자를 변이시켜 30%의 수명을 연장시키는 데 성공했다. P66[SHC]유전자의 변이로 수명이 늘어나는 것은 P66[SHC] 유전자를 바탕으로 하여 만들어지는 단백질이 산화적 스트레스에 대한 적응에 관계되어 있고 P66[SHC] 유전자를 변이시킴으로써 산화적 스트레스에 대한 내성을 높이기 때문이라고 추측한다. 산화물이 생명체에 큰 영향을 미치는 것이다.

세포의 산화와 관련되어 현재까지의 노화연구에서 오래 살 수 있는 방법으로 입증된 대표적인 것은 칼로리를 줄이는 것이다. 실험용 쥐에게 필요한 영양소는 충분히 공급하되 평소보다 적은 30~50%의 먹이만 준 결과 원래대로 먹은 쥐에 비해 30% 정도 더 오래 산다는 결과가 나왔다. 한마디로 음식 양을 줄이면 유해산소가 적게 생기므로 이것이 노화를 막는 한 요인이 된다는 뜻이다.

학자들의 연구는 계속되어 드디어 노화과정에 중요한 단서가 될 효소를 발견했다. 유전자 배열이 알려져 유명한 C엘레강스 선충(몸길이 1mm, 세포의 수가 959개)은 먹이가 풍부한 상태에서는 정상적인 활동을 할 경우 겨우 3주 정도 생존하는데 비해 먹이가 부족할 때는 2개월 이상 유충 상태(일종의 동면)로 견딘다. 학자들은 사이토졸릭 카탈라제(CTL-1)라는 효소가 중요한 역할을 한다고 발표했다. 체내의 사이토졸릭 카탈라제 농도가 높은 돌연변이 선충은 보통 선충보다 두서너 배 오래 살았다.

사이토졸릭 카탈라아제가 산화물로 인한 세포의 손상을 방지함으로써 어느 정도 수명을 연장한다고 학자들은 믿고 있다. 세포 내 일부 화학반응은 부산물로 과산화수소를 만들어내고, 과산화물과 같은 산소화합물은 세포의 구성인자와 반응해 구조를 변형시키거나 세포에 해를 끼친다는 것이 정설이다. 사이토졸릭 카탈라제는 세포유동액에 포함되어 있으며 해로운 과산화물을 세포 전체에서 제거하는 역할을 수행한다.

인위적으로 만든 항산화효소나 성호르몬, 성장호르몬, DHEA, 멜라토닌 등을 섭취하면 노화 예방에 효과가 있을지도 모른다는 연구가 활발히 진행되었다. 에스트로겐 등의 호르몬은 폐경 후 여성에게 심장병과 골다공증 예방효과가 있고 성장호르몬은 근육을 강화하고 지방을 줄이는 효과를 보인다는 것은 잘 알려져 있는 사실이다. 물론 이것이 노화를 늦춘다는 뜻은 아니다. 호르몬 분비가 정상인 사람의 경우 밖에서 호르몬 제제가 들어오면 신체에서 자체 합성을 하지 않는 속성이 있으며 먹는 항산화제는 소화기를 통과하면서 파괴돼 효과를 기대할 수 없기 때문이다. 불행한 일이기는 하지만 어떤 특정 물질을 복용해도 노화가 늦추어지지는 않는다는 뜻이다.

노화에 관한 한 학자들을 실망시키는 결과가 계속 발견되었다. 세포는 핵과 세포질로 나누어진다. 학자들은 핵과 세포질의 수명을 예측할 수 있는 매우 중요한 실험을 하였다. 노화된 핵과 젊은 세포질을 합성하면 그 합성세포는 젊어질 것인가, 아니면 노화될 것인가? 실험 결과 노화된 핵과 젊은 세포질을 조합할 경우 불행하게도 합성세포는 노화되었다. 이 결과는 학자들에게 큰 충격을 주었다. 일단 노화한 세포인자는 어떤 방법으로든 회복시킬 수 없다는 뜻이니까.

운동이야말로 영양과 더불어 노화를 막는 가장 중요한 요소로 추정된다. 병들지 않고 정상적인 노화과정을 거친 노인은 심장박동이나 혈류 공급이 젊었을 때와 차이가 거의 없다. 또 폐기능도 20세와 70세의 차이가 거의 없으며 뇌의 판단력도 정상이다.

일부 연구에서는 젊어서부터 운동을 많이 하고 스포츠나 레크리에이션 등을 꾸준히 한 사람들이 그렇지 않은 사람보다 수명이 긴 것으로 나타났다. '계속적인 운동을 통해서만 노화의 진행을 막을 수 있다'는 결과에서 알 수 있듯 이 분야에 대한 연구는 미진한 편이다.

실망스러운 소식 한 가지 더. 미국의 한 연구보고서에 의하면 인간의 순리대로 사는 것이 장수의 비법이라는 것이다. 젊었을 때는 건강에 신경 쓰지 않다가 나이 들어 갑자기 작심하고 운동에 열중하는 사람들이 많다. 그러나 인간의 노화를 소식(小食)이나 운동으로 100% 막을 수 있는 것은 아니므로 운명을 하늘에 맡기고 자연스럽게 처신하는 것이 도리어 장수에 도움이 된다는 얘기이다. 이는 동양철학과도 일맥 상통한다.

한마디로 노화를 막는 특효약은 아직 없다.

늙어서 죽을 수 있는 것도 행복

사람은 왜 죽음을 두려워하는가?

자기가 존재한다는 환상 때문이다. 자유의지를 가진 자기, 자신을 중심으로 한 세계를 죽음으로 전부 잃게 된다는 것에 대한 공포 때문이다. 죽음의 두려움은 인간만이 가지고 있는데 그것은 인간만이 죽음을 예측하기 때문이다.

죽음과 삶은 일체(앞뒤 한몸)이며 '태어나는' 일과 '죽는' 일을 한 가지로 파악하는 것이 중요하다. 어떤 종이 완전히 멸종하더라도 그들이 갖고 있는 생명체의 기본은 사라지지 않는다. 지구상에 초등생명이 태어났기 때문에 결국 인간이 태어난 것이며 인간이 태어났기 때문에 또 다른 생물의 변화도 일어날 수 있는 것이다.

그러므로 인간의 수명을 인공적으로 연장하려는 시도에 우려를 나타내는 학자들도 있다. 인간 수명이 400세가 되면 이론적으로 한 쌍의 부부에서 시작된 13대 대가족의 총 구성원이 무려 1만 6,382명이 되어 인구 문제가 심각해진다. 더구나 인간의 뇌세포는 태어나는 순간부터 죽기 시작하므로 설령 400세까지 산다고 해도 나중 300년은 100세 노인과 같은 정신 상태로 지낼 수밖에 없다.

「자도스」라는 영화에서는 사람들이 죄를 범한 대가로 벌을 받지 않는 한 늙지 않는 것으로 나온다. 재생할 수 있는 영원한 기계가 있으므로 사람들은 절대로 죽지 않는 것이다. 불사인들은 잠을 잘 필요도 없고 항상 깨어 있다. 다만 유죄판결을 받은 사람만이 판결에 따라 '나이를 먹는다'. 그러나 젊음이 영원히 계속되는 것에 싫증을 느낀 사람들이 나오기 시작한다. 의식이 없는 듯 생활이 무감각해지자 그들은 오히려 죽음을 요구하고 나선다. 말도 되지 않는 이야기 같지만

▶「죽어야 사는 여자」
죽지 않고 영원히 살게 되는 것이
과연 축복일까, 저주일까?

이런 주제는 「죽어야 사는 여자」에도 나온다.

배에 총구멍(구멍 안은 투명하다)이 크게 나고도 헬렌이 죽지 않는 것은 물론, 얼굴이 등쪽으로 돌아갔는데도 매들린은 살아 있다.

그녀를 진단한 의사는 다음과 같이 말한다.

"손목이 세 군데 부러졌고, 척추도 부러졌으며, 뼈도 피부를 뚫고
나왔습니다. 심장 박동도 멈췄고 체온도 25℃ 이하입니다."

이 두 여성이 죽지 않고 영원히 살게 된 것은 축복일까 저주일까? 두 여자는 자신의 신체를 보수해 줄 남편이자 전 애인인 성형외과 의사 멘빌에게 자신들이 마신 것과 같은 묘약을 마시라고 권유한다. 그러나 멘빌은 이 괴물 같은 두 여자를 위해 고장난 신체나 손질해 주며

영원히 살 마음이 전혀 없었으므로 이렇게 말한다.

"난 영원히 살고 싶지 않아. 좋긴 하지만 내가 영생을 얻는다고 해
도 뭘 하지? 지겹고 외로우면 매들린, 헬렌과 마지못해 어울리겠
지. 그런데 내가 불구가 되고 총에 맞으면 누가 보수해 주지?"

결국 멘빌은 영원한 삶을 포기하고 늙어서 죽을 수 있는 자유를 택
한다. 죽지 않고 영원히 산다면 언젠가는 그 삶도 지겨워진다는 결론
도 그럴듯하다. 하지만 많은 사람들은 일단 영생을 얻어놓고 영생에
문제점이 생기면 그때 가서 문제점을 해결하는 것이 더 좋다고 생각
할 것이 틀림없다.

여하튼 인간이 영생을 포기한다는 것은 특수한 예가 되겠으나 영
생이 막상 현실화되면 적지않은 문제점이 생긴다. 젊음을 간직하고
영원히 살 수 있다고 가정하자. 만약 그 모든 사람들이 결혼하여 자식
을 낳고 가정을 이루고 산다면 곧바로 대혼란이 일어난다. 인구는 줄
지 않고 새로운 생명은 계속해서 태어난다.

게으른 사람이 일할 필요도 없다. 영원히 산다는 뜻은 에너지를 보
충하지 않아도 된다는 뜻이다. 직업도 필요가 없고 부를 축적할 필요
도 없다. 한마디로 살아 있는 개체로서의 다양성은 포기된다. 언제나
똑같은 사람들과 함께 하는 똑같은 생활이 영원히 계속된다면 생각만
해도 끔찍하다. 영화 「자도스」에서는 구제자들이 불사인들을 학살하
는데 그들은 죽음을 기쁘게 순순히 받아들인다. 죽지 않는다는 것이
인간의 모든 것을 해결할 수는 없다는 메시지를 이 영화는 전해준다.

물론 모든 감독들이 영생을 부정적으로만 그리는 것은 아니다. 크
레이그 R. 백슬리(Craig R. Baxley) 감독의 「심야의 도망자Deep

Red」는 어느 날 우주로부터 날아온 물체 하나가 뇌성마비를 앓고 있는 소녀 스테이시의 몸속에 파고드는 것으로부터 이야기가 시작된다. 스테이시의 부모가 근무하는 연구소 소장 뉴마이어 박사는 노벨상을 받은 학자인데 온갖 실험을 통해 그 물체가 세포를 완벽하게 재생시켜 주는 '딥 레드'임을 밝혀낸다. 딥 레드를 이용하면 늙지도 않고 영생하므로 총알이 몸을 뚫어도 죽지 않는다.

영화 줄거리는 불로장생의 욕망에 사로잡힌 뉴마이어 박사가 스테이시의 몸에서 딥 레드를 추출해내려 하고 그 부모는 죽음의 위기에 처한 딸을 구하기 위해 동분서주하는데……. 스테이시에 의해 악당은 궤멸되고 여러 사람이 영생을 얻지만 앞으로 그들이 어떻게 될지는 미지수.

영화감독 지망생이라면 인간들이 영생을 얻었을 때 생기는 문제점들을 꼼꼼히 검토하여 새로운 아이디어를 창출해 보기 바란다.

한국인은 장수한다

OECD(경제협력개발기구)의 최근 발표에 따르면 우리나라의 노령화 속도가 OECD 회원국 가운데 가장 빠르게 진행되고 있다. 유엔은 노인층 비율(총인구 대비 65세 이상 인구)이 7%를 초과하면 '노령화사회'에 들어선 것으로 간주하며 14%를 넘어서면 '노령사회'로 규정하고 있다.

'OECD 한국경제보고서'에 의하면 우리나라는 2000년에 노령화사회에 진입했고 오는 2022년에 본격적인 노령사회로 접어들 것으로 예상했다. 우리나라가 노령화사회에서 노령사회로 이행하는 데 걸리는 22년은 프랑스(115년), 스웨덴(85년), 미국(71년), 영국(47년), 일본(24년)에 비해 무척 빠르다.

노령화사회의 문제점은 생산가능인구가 상대적으로 적어지는데다가 치매 등 고령으로 인한 질병이 증가하여 경제적인 면으로만 보면 낭비가 심하다는 점이다. 그러나 고령화사회가 다른 나라보다 빠르다는 것은 역으로 한국인들이 매우 축복 받은 민족임을 알려주는 지표가 된다. 노령화사회란 그만큼 장수하는 사람이 많다는 것을 뜻하니까. 그리고 한국인들이 비교적 치매와 같은 치명적인 질병에 잘 걸리지 않는 데서도 알 수 있다.

박상철 교수는 100세 이상 장수한 노인들을 대상으로 조사해본 결과 치매 비율이 당초 예상보다 훨씬 적은 10% 미만으로 나타났다고 밝힌 바 있다. 로널드 레이건 전 미국 대통령은 자신이 대통령이었다는 사실조차 모를 정도로 심한 치매를 앓고 있다. 알츠하이머성 치매는 조기 진단이 어렵고 발병 원인이 불분명하다.

알츠하이머성 치매가 유전적 원인에 의해 발병될 가능성이 높다는 의견도 많다. 한국인들은 치매가 비교적 적게 나타나는 편인데 이러한 경향은 한국 특유의 식단에 기인한다고 주장하는 학자들도 있다.

우리 민족은 예로부터 쌀과 야채 위주의 식생활을 했으며 김치, 장, 막걸리를 비롯한 발효식품을 즐겨 먹었다.

김치의 특징 가운데 하나가 마늘을 양념으로 사용하는 것이다. 마늘은 강장 효과가 있으며 신경안정 작용도 해서 피로회복에도 도움이 된다. 또한 마늘은 살균력이 높은 알릴설파이드라는 자극성 물질을 갖고 있는데 이 성분의 살균 효과는 페니실린보다 더 강력하다고 최근 미국의 시사주간지 「타임」은 발표했다.

우리나라의 간장, 된장, 고추장도 대표적인 발효식품이다. 장을 만드는 데 가장 필요한 것이 콩인데 1997년에 발견된 대동강 유역의 삼석구역 표대 유적에서는 벼와 콩의 흔적이 발견되었다. 이 곡식들은 단군 초기, 즉 기원전 3000년경으로 거슬러 올라간다. 따라서 벼와 콩이 고대 한민족이 거주하는 지역에서 일찍부터 재배되었음을 알 수 있다.

콩을 재료로 하여 메주로 쑨 장은 뛰어난 항암성분을 지닌 건강식품으로 알려져 외국에서도 호평을 받고 있다.

막걸리는 술이면서 건강식품으로 잘 알려져 있다. 발효과정에서 증식한 효모 균체가 막걸리 속에 포함되어 있는데 단백질과 각종 비타민의 함량이 높아 영양이 풍부하며 젖산균과 같은 정장제로 이용된다. 또한 막걸리에는 인체의 조직 합성에 기여하는 라이신과 간질환을 예방하는 메티오닌이라는 물질이 들어 있다. 우리 할아버지나 할머니들이 소화가 잘 안 될 때 막걸리를 마시면 괜찮다고 한 것이 나름대로 근거 있는 이야기였던 것이다.

막걸리가 암예방과 암세포 증식억제 효과, 간손상 치료효과, 갱년기 장애 해소 등에 탁월한 효과가 있다는 연구 결과도 있다. 또한 한국의 장수촌에 살고 있는 80세 이상의 남자들 중 절반 이상이 매일 막걸리를 반 되 이상 마셨다는 통계도 있다.

막걸리의 진가는 우리나라보다 외국에서 그 제조법을 인정받고 있다. 막걸리의 장점은 맥주와 달리 전분의 분해와 발효를 동시에 수행한다는 데 있다. 따라서 곡류를 원료로 하는 우리나라의 술 빚는 방법을 병행복발효(竝行復醱酵)라고도 부른다. 1970년 미국 등에서 최첨단 신기술로 만든 양조법이 개발되었다고 대대적으로 선전한 적이 있었다. 이를 동시당화발효법(simultaneous saccharification and fermentation process)이라고 명명했는데, 우습게도 바로 막걸리를

만드는 방법과 동일했다. 우리나라에서 고대부터 전통적으로 만들어
온 막걸리 제조법이 외국인들에게는 최첨단 신기술로 보인 것이다.
김치, 장, 막걸리에 대해서는 『세계 최고의 우리 문화유산』에서 보다
상세하게 다루었다.

불가리아가 장수국으로 유명한 것은 발효식품인 요구르트를 많이
먹기 때문인 것으로 알려져 있다. 김치와 장을 비롯한 우리의 식단은
요구르트보다 더 훌륭한 발효식품으로 채워져 있다. 한국인이 장수할
수 있다는 것은 한마디로 우리 식단과 유전적인 요인이 합하여 나타
나는 극히 정상적인 현상이라고 할 수 있다.

제주도의 이춘관(102세) 할아버지와 송을생(97세) 할머니가 2002
년 1월 25일 결혼 80주년을 맞아 세계 최장수부부로 기네스북에 오
르기도 했다. 그러나 이 기록은 미국 켄터키주의 윌리엄 리치(104세)
와 클로디아 리치(98세) 씨 부부에 의해 깨졌다. 이들은 1919년 4월
12에 결혼식을 올려 83년간 결혼 생활을 했다.

온돌도 장수에 기여한다. 온돌은 추운 겨울을 나기 위해 구들 고래
를 만들고 고래 위에 구들장을 놓아 아궁이를 통하여 받아들인 열을
구들장에 저장했다가 서서히 복사열을 방출하여 방바닥이 따뜻해지
도록 고안된 난방구조를 말한다.

난방법은 온돌을 이용한 복사난방과 실내에 방열기를 설치하거나
스토브를 설치하여 난방하는 대류난방으로 나뉘어진다. 가열된 공기
가 천장 밑은 고온이 되고 바닥은 저온이 되는 것이 대류난방이다. 즉
사람이 서 있는 자세에서 머리 부분은 고온이고 발 부분은 저온이 되
는 두열족랭(頭熱足冷)이 되는데 이는 건강상 좋지 않다고 의학자들
은 지적한다. 고온의 공기는 공기 중 산소 분자의 운동 속도가 급격히
빨라지고 팽창되어 분자간의 거리가 멀어지므로 결국 이 공기를 호흡

하면 심폐 내 산소분자의 수가 줄어든다. 이는 열대지방 사람들의 수명이 짧다는 것으로도 증명된다.

반면에 온돌은 바닥면과 천장면을 제외하면 실내 상하 온도차가 거의 없는 균등한 실온이 형성된다. 또 발바닥을 포함한 신체가 직접 온돌에 접촉하기 때문에 쾌감을 얻는 동시에 혈액순환을 촉진시킨다. 더구나 온돌은 구조상 방바닥에 온도 차이가 있는 부분(윗목과 아랫목)이 만들어지는데 이 역시 건강상 좋다. 요즈음 아이들이 잔병에 자주 시달리는 이유는 온도 차이가 거의 없는 아파트에서 중앙집중식 난방생활을 많이 하기 때문이라는 지적도 있다.

불사조는 없다

통계청이 1999년도 기준으로 발표한 우리나라 사람들의 평균수명은 남자는 71.7세, 여자는 79.2세이다. 20세기 초에 비하면 무려 30~40년이 연장된 것이다. 또 1999년에 태어난 신생아 가운데 80세까지 생존할 수 있는 확률은 남자는 33.2%에 불과한 반면 여자는 57.6%로 나타났다.

여자와 남자의 수명 차이가 꽤 큰데 왜 그럴까?

한국의 경우 여자가 남자보다 무려 7.5년을 더 산다. 선진국의 경우도 이와 비슷하다.

많은 학자들은 포유류, 조류, 파충류뿐만 아니라 원시형태의 생명체조차 암컷이 수컷보다 오래 산다는 점을 들어 남녀간의 수명 차이는 생물학적인 원인이 있다고 추정한다.

가장 설득력 있는 학설은 남녀간의 염색체 차이다. 즉 남성의 염색체는 애초부터 활동 속도가 여성보다 빠르니 수명도 짧을 수밖에 없다는 것이다. 또 남성은 건강과 관련된 X염색체가 하나밖에 없어 여기에 결함이 생기면 치명적인 질환을 앓는 반면, 여성은 X염색체가 두 개여서 하나에 결함이 생겨도 보완이 된다는 지적도 설득력 있다. 옛날에 생식능력을 거세당한 내시의 평균수명이 여성과 비슷한 점으로 미뤄 성(性)호르몬이 수명 차이를 낳는다는 주장도 있다.

남성의 무절제한 생활 패턴 등 사회적 요인으로 보는 견해도 있다. 남성은 여성보다 많이 먹고 많이 마시며 거기다 담배까지 더 많이 피운다는 것이다. 전쟁을 비롯, 교통사고 범죄 등에 의한 사망자도 남성이 훨씬 많으며, 여성보다 과시욕이 강해 그만큼 에너지를 많이 소모함으로써 수명이 짧아진다는 설명도 있다.

일부 학자들은 여성의 출산율 감소를 중요한 원인으로 꼽는다.

인간은 과연 최고 몇 살까지 살 수 있을까? 지금까지의 정설은 인간의 수명은 120세를 넘기지 못한다는 것이다. 이는 인간의 수명을 단축시키는 환경오염, 교통사고, 스트레스, 암 등 각종 장애물을 모두 극복했다고 가정했을 때이다.

앞으로도 의학은 눈부시게 발전할 것이다. 암도 곧 정복될지 모른다. 그런데도 인간은 100~120년 정도가 한계생명일까? 아쉽게도 대답은 '그렇다' 이다.

지구에 있는 생물은 지구 표면에 있는 수많은 원소의 조합으로 이루어져 있다. 구성원소를 살펴보면 탄소·수소·질소·유황·인 등이 있고, 철·칼슘·마그네슘 등의 금속 이온도 있다. 물론 어느 원소 하나 중요하지 않은 것이 없으나 그 중 탄소는 특별한 의미를 갖고 있다. 생체 구성물의 기본골격은 탄소이며 생명현상을 유지하기 위한 핵심적인 원소라고 할 수 있는데 불행하게도 탄소로 만든 재질의 사

▶「뱀파이어와의 인터뷰」
생체 구성물의 기본 골격은 탄소인
데 불행하게도 탄소로 만든 재질의
사용 기간은 대략 100년 정도이다.

용 기간이 대략 100년 정도이다. 결국 사람의 수명은 자원적인 면으
로도 100년 이상을 초과하기 어렵다는 것이다.

규소 원자도 생물을 만들 수 있으므로 어쩌면 외계인들은 탄소 대신
규소로 만들어졌을지도 모른다는 설이 있다. 어쨌든 앞으로 인간의 생
명을 100세 정도로 확정하고 미래를 대비하는 것이 좋을 것 같다.

영화에 등장하는 캐릭터 중 깜찍하고 사랑스러운 것이 요정이다.
요정의 특징은 나이를 먹지도 않고 죽지도 않는다는 것이다.

「레플러콘의 사랑의 전설」에서 요정족은 나이를 먹지 않아 500세
정도도 어린아이 취급을 받는다. 그러나 일단 태어나면 죽지 않으므
로 온 세상이 요정족으로 채워질 것 같지만 아직까지 요정들이 인구
과밀로 문제가 되었다는 이야기는 없다. 이유. 요정족도 죄를 짓거나
질투, 반목을 계속하면 형체가 사라지며 죽는다. 요정 나라에서도 절
묘하게 인구를 조절하고 있다는 뜻이다.

「아메리칸 터부」에서의 요정은 인간과 똑같이 사랑과 질투 등으로
범벅이 되며 시간여행은 물론 공간이동도 가능하다. 주인공 샘은 나

이가 4,000살이나 되며 호리병 속에 1,000년이나 갇혀 있었는데 정신과 의사인 인간 '티이'와 사랑에 빠진다. 문제는 요정이 인간과 사랑하고 인간을 위해 헌신한다면 인간과 같이 나이를 먹고 죽게 된다는 것이다. 결국 요정 샘은 사랑을 선택하고 죽음을 감수한다.

「레플러콘의 사랑의 전설」, 「아메리칸 터부」처럼 요정이 영원히 산다면 감독들은 요정의 나이에 걸맞은 캐릭터를 짜내기 위해 무진 고생을 해야 할 것이다. 물론 감독들은 요정의 세계를 상상으로 그리더라도 관객에게 흥미만 주면 되지 그들 내면까지 알려줄 의무는 없다.

반면에 과학자들의 연구 목표는 간단하다. 주어진 생명을 최대한 그리고 효과적으로 지키자는 것이다.

대부분의 SF 감독들도 영생에 관한 한 과학자들과 기본적인 인식의 틀을 같이한다. 인간을 비롯한 모든 생명체는 반드시 죽어야 한다는 것이다. 불사조는 없다는 것이 감독들에게 더 유효한 소재를 제공할 수 있으며 과학자들 또한 불사조를 만들려고 노력하지 않는다. 그럼에도 불구하고 감독들만이 이 위대한 명제에 도전할 수 있으므로 감독 지망생이 많은 것도 결코 우연은 아니다.

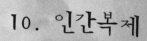

10. 인간복제

우등유전자 코드를 가진 인간이 열성인간을 지배하는 사회, 「가타카」

    중국의 4대 고전소설은 『삼국지』, 『수호지』, 『금병매』 그리고 『서유기』이다. 『서유기』는 삼장법사가 불경을 가지러 천축국(인도)을 여행하면서 그를 수행하는 손오공, 사오정, 저팔계와 함께 겪는 모험담이다.

    삼장법사는 실존 인물이고 인도에 가서 불경을 가지고 온 것도 역사적인 사실이다. 그가 인도에 갔다 와서 쓴 책이 바로 『대당서역기大唐西域記』인데 책에 나온 내용을 토대로 중국인들이 상상하던 모든 것을 혼합하여 오승이 이야기로 써낸 것이 바로 『서유기』이다.

    『서유기』에서 가장 흥미를 끄는 장면은 손오공이 불리할 때마다 자기의 머리털을 뽑아 입으로 불면 수없이 많은 손오공이 나타나 악당들을 멋지게 물리치는 부분이다.

현대는 유전공학이 아주 발달하여 손오공의 복제는 약간의 제한적인 조건이 있기는 하지만 생물학적으로 보면 가능한 일이다. 손오공이 뽑은 머리털에는 생물체의 기본구성단위라 하는 세포가 붙어 있고, 이 세포에는 손오공을 구성하는 데 필요한 유전자가 있으므로 작가 오승이 현대 과학자들보다 더 일찍 복제 아이디어를 낸 것이 경이로울 뿐이다.

이 정도 이야기하면 독자들은 곧바로 마이클 클라이튼의 소설『쥬라기 공원』을 머리에 떠올릴 것이다. 『쥬라기 공원』은 멸종된 공룡을 컴퓨터를 이용, DNA 합성을 통해 만들어냈다가 자신들의 피조물인 그 공룡들에 의해 파멸되는 인간들의 이야기를 다룬 작품이다.

줄거리는 다음과 같다.

코스타리카의 누블라 섬에 6500만 년 전에 멸종한 공룡들의 공원이 만들어진다. 컴퓨터 기사와 유전공학자들은 호박(琥珀; 옛날 식물의 수액이 오랜 시간 굳어져 만들어진 보석) 화석에서 찾아낸 쥬라기 시대의 모기로부터 추출한 공룡의 피에서 DNA를 분석, 새끼 공룡을 부화시키는 데 성공한다. 야생 그대로의 중생대를 재현하기 위해서 초식공룡뿐만 아니라 인간에게 해를 끼치는 육식공룡들도 만들었다.

이들 공룡들은 자체 생식이 불가능한 암컷들뿐이었으며 공원에서 주는 사료를 먹지 않으면 한 달 안에 죽도록 설계되어 있었다. 그러나 공룡들을 완벽하게 통제하는 통제실의 주컴퓨터가 작동하지 않자 모든 것은 순식간에 혼란에 빠지고 결국 쥬라기 공원은 파멸을 맞는다.

스티븐 스필버그 감독이 마이클 클라이튼의 소설을 원작으로 만든 영화 「쥬라기 공원」은 흥행에 성공했다. 6,500만 년 전에 멸종한 공룡을 되살린다는 아이디어는 많은 사람들로 하여금 복제에 관심을 갖게 하였다. 이제 복제 관련 이야기는 하루도 빠지지 않고 신문에 오르내리고 있으며 양이나 원숭이, 소나 돼지 등의 복제는 흔한 일이 되었다.

현대의 과학기술이 총 결집되었다는 복제 아이디어처럼 사람들의 상상력을 부추기는 것도 없는데 우리 선조들도 이런 매력을 작품의 아이디어로 사용하는 데 있어 뒤지지 않았다. 『옹고집전』이 바로 그것이다.

황해도 옹진골 옹당촌이라는 묘한 곳에 옹고집이라는 사람이 살고 있었는데 성격이 고약해서 매사에 고집을 부리는 것은 물론 인색하여 팔십의 노모가 냉방에 병들어 누워 있어도 돌보지 않았다. 그런 어느 날 한 대사가 어린 중과 함께 옹고집의 집에 시주를 구하러 왔다가 매를 맞는 등 수모를 당한다. 원출봉 비치암의 도사는 옹고집을 징벌하기로 작정한 후 허수아비를 만들어 부적을 붙이니 옹고집이 하나 더 생겼다. 가짜 옹고집이 진짜 옹고집의 집에 가서 둘이 서로 진짜라고 다툰다.

옹고집의 아내와 자식이 나섰음에도 누가 진짜 옹고집인지를 판별하지 못해 관가에 고소를 하지만 놀랍게도 가짜 옹고집이 승리한다. 진짜 옹고집은 곤장을 맞고 쫓겨나 거지 신세가 된다. 가짜 옹고집은 진짜 옹고집의 아내와 자식을 거느리고 살며 아들을 몇 명이나 낳는다. 거지가 된 옹고집은 온갖 고생을 하며 지난날의 잘못을 뉘우치고 산 속으로 들어가 자살을 하려고 한다. 이때 도사가 나타나 부적을 주면서 집으로 돌아가라고 한다. 집에 돌아가서 그 부적을 던지니 그동안 집을 차지하고 있던 가짜 옹고집은 허수아비로 변하고 아내가 가짜 옹고집과 관계해서 낳은 자식들도 모두 허수아비였다. 그 후 옹고집은 착한 사람으로 거듭난다.

우리나라 문학작품은 비교적 과학적 지식이 필요한 내용을 주제로 삼지 않았으며 바로 이 점이 우리나라가 과학기술면에서 뒤떨어진 요인이었다고 줄기차게 비판을 받아왔지만 『옹고집전』, 『흥부전』, 『도깨비감투』, 『도화녀와 비형랑』등을 보면 우리 조상들도 공상적인 소재를 사용하는데 주저하지 않았다. 한국인들의 상상력이 결코 떨어지지 않았다는 것을 보여주는 좋은 예라고 생각된다. 보다 구체적인 내용은 필자의 『신토불이, 우리 문화유산』를 참조하기 바란다.

복제인간에게도 정체성은 있는가

생명체 복제에 대한 이야기는 연구실에서보다는 작가들의 상상력에 의하여 보다 구체화되기 시작하였다. 아이라 레빈(Ira Levin)은 신(新)나치주의 과학자들이 히틀러의 체세포를 가지고 새로운 히틀러들을 만들어낸다는 『브라질에서 온 소년들』을 발표했다.

브라질 상파울로의 한 호텔에서 나치 잔당 6명이 유태인 학살로 악명 높았던 멩겔로 박사로부터 65세의 남자 94명을 살해하라는 지시를 받는다. 연쇄살인 사건을 조사하던 주인공 리베르만은 살해당한 남자들이 모두 공무원 출신이며 젊은 아내와 12세의 아들이 있다는 사실을 발견한다. 놀랍게도 그 아이들은 마른 얼굴에 날카로운 코와 머리카락 등이 쌍둥이처럼 너무 똑같았다.

이 아이들은 멩겔로 박사가 히틀러의 세포핵으로 만든 복제인간이었던 것이다. 인간의 성장에 환경적 요인도 중요하다는 것을 잘 알고 있는 멩겔로가 복제인간들을 히틀러의 어린 시절과 비슷한 환경의 가정에 입양시켰는데, 히틀러의 아버지가 65세에 사망했으므로 12세된 복제인간의 양아버지들을 모두 살해하도록 한 것이다.

프랭크 허버트의 『듄』에 나오는 복제인간 던컨은 한 번 제조되고

마는 인간이 아니라 이전에 만들어진 던컨이 죽으면 다음 던컨이 제조되어진다. 이 과정은 무려 3500년간 계속된다. 그는 황제에게 보내져 황족의 유전형을 개량하는 데 사용되는 과정에서 자기 자신이 이미 살다가 수없이 죽어갔다는 사실에 혼란을 느끼고 괴로워한다.

데이비드 로빅은 『복제인간The Cloning of A Man』에서 어느 부유한 사업가가 과학자들에게 많은 돈을 지불하고 자신의 세포를 사용, 자신과 똑같은 복제인간을 만드는 데 성공했다는 내용의 작품을 발표하여 세상을 놀라게 하기도 했다. 당시 시험관 아기도 충격을 주는 판에 복제인간이 성공했다고 하자 전세계 과학자들은 사기라고 들고 일어났고, 어떤 과학자는 자신의 이름이 부당하게 책에 인용되었다며 출판사 측을 고소하기도 했다. 하지만 그럴수록 책은 불티나게 팔렸다.

생명체에 대한 복제는 복제인간 이야기가 영화화되면서 본격적으로 알려졌다고 해도 과언이 아니다.

영화 「여섯 번째 날The Sixth Day」은 기억이 이식된 복제인간의 이야기이다.

유능한 비행기 조종사이자 중소기업의 사장인 아담 깁슨은 어느 날 집에 들어갔더니 자신과 똑같은 모습의 남자가 가족들과 생일 파티를 하고 있는 것을 보고 놀란다. 게다가 정체모를 암살자에게 납치당하기까지 하는데 범인은 복제 후 영생을 꿈꾸며 세상을 지배하려는 악당 드러커이다. 영화는 결국 선악 싸움으로 귀결되지만 복제인간을 만드는 방법은 인공자궁에서 인체를 만들어내고 기억을 복제하여 이식시키는 신코딩 기법(한 생명체의 기억을 복제된 새로운 생명체로 이식시키는 기술)을 사용한다. 인간의 기억도 이식이 가능하다는 메시지를 보여주지만 영화의 내용은 복제인간에 대해 매우 부정적이다.

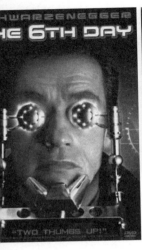

▶「여섯 번째 날」
「여섯 번째 날」에서는 인공자궁에서 인체를 만들어내고
기억을 복제하여 이식시키는 기법으로 인간을 복제한다.

「여섯 번째 날」에서의 '6'은 성경에서 신이 인간을 창조한 날을 상
징적으로 표현한 숫자이다.

복제인간을 심층적으로 다룬 SF물로는 대니 캐논 감독의 「저지 드
레드Judge Dread」가 특히 주목을 받았다. 이 영화는 자신과 똑같은
복제인간을 대량생산해서 미래사회를 지배하려는 복제인간의 이야기
로 한때 뉴욕이라 불리던 '메가시티 원'이 공간적 배경이다.

주인공인 드레드와 리코는 법전을 신봉하고 원칙을 준수하는 판관
을 만들기 위해 수석판관 파고의 DNA로 만들어진 복제인간이다. 그
러나 우수한 유전자들로만 이루어진 드레드는 정의를 수호하는 판관
이 되었지만 유전자 조작과정에서 돌연변이가 일어난 리코는 사악한
판관이 된다. 결국 영화는 정의를 사랑하는 드레드와 리코의 대결구
도로 이야기가 진행된다. 인간복제는 비인간적인 미래사회와 비극적
인 결말을 초래한다는 암시에 많은 장면을 할애했다.

앤드류 니콜 감독의 「가타카Gattaca」는 유전자만으로 인간을 판단

▶ 「가타카」
우등유전자 코드를 가진 인간이 열성인간을
지배하는 생물학적 계급사회가 펼쳐질지 모
른다고 이 영화는 경고한다.

하는 미래의 인간 사회를 진단했다. 우주항공회사 '가타카'에서 가장
우수한 인력으로 인정받고 있는 주인공 '제롬 머로우'는 뛰어난 외모
와 탁월한 재능을 가진 인물이다. 그러나 그는 사실 유전자조작이 아
닌 자연수태로 탄생했기 때문에 열등 유전자를 갖고 있는 '빈센트 프
리맨'이다. 그는 우주비행사의 꿈을 실현하기 위해 피 한 방울, 피부
한 조각, 타액, 오줌으로 인간의 신분을 읽어내는 사회를 속여야 한
다. 머리카락 하나만으로 예상 수명까지 산출하는 사회에서 우등유전
자 코드를 가진 인간이 열성인간을 지배하는 생물학적 계급사회가 펼
쳐질지 모른다고 이 영화는 경고한다.

　리들리 스코트의 SF 고전 「블레이드 러너Blade Runner」 또한 복
제인간의 정체성 문제를 다루었다. 암울한 2019년 타이렐사는 '리플
리컨트'라 불리는 복제인간을 만들어 우주 식민지 개척에 투입한다.
그러나 리플리컨트는 자신들의 생명이 4년으로 한정되었다는 것을

알고 수명을 연장하기 위해 반란을 일으키고 이들을 제거하기 위해 블레이드 러너가 호출된다. 블레이드 러너는 고도의 감정이입과 테스트를 통해 인간과 리플리컨트의 차이점을 식별할 수 있다. 리플리컨트를 찾아내는 방법이 매우 지능적으로 전개되는데 영화는 마지막으로 남은 리플리컨트가 주인공을 구해줌으로써 인간보다 더욱 인간적인 모습으로 최후를 맞는 장면으로 대미를 장식한다. 복제인간이 오히려 인간보다 더 따뜻한 마음을 지니고 있다는 설정이 매우 신선하게 느껴진다.

복제인간을 만드는 과정을 영화화한 작품도 있다. 존 프랑켄하이머 감독의 「닥터 모로의 DNA DNA Island of Dr. Moreau」.

노벨상을 수상한 모로 박사는 남태평양의 한 섬에서 동물과 사람의 생체 DNA를 합성하여 완벽한 인류를 창조하려고 한다. 그러나 그는 실험중 과도기적인 창조물로 비스트맨(동물인간)을 만든다. 비스트맨은 고통 프로그램을 몸속에 이식받았는데 어느 날 자신들의 몸속에 장치된 충격 전달 전자칩을 제거하면 더 이상 고통이 재발하지 않는다는 것을 알게 된다. 곧바로 비스트맨들의 대반란이 일어나며 모로 박사를 비롯한 관련자들이 살해당한다. 비스트맨들의 요구는 단하나. 자신들을 원상태로 복구, 살게 해달라는 것.

SF 영화는 함부로 사용된 유전자 복제기술이 인류에게는 얼마나 큰 재앙인지를 보여준다.

복제인간에 대한 논쟁을 뒤로하고 1999년 다국적 인간복제 기업을 표방한 '클로나이드 사'가 복제 희망자를 모집했을 때 수백 명이 지원했는데 흥미롭게도 그 중에는 한국인도 네 명 포함되어 있었다고 한다. 이 회사는 인류가 외계인들의 복제술로 만들어졌다고 믿는 유사 종교단체인데 2002년 12월 이브라는 복제인간이 태어났고 2003년 1월에 제2호 복제 아기가 태어났다고 발표하여 세계를 깜짝 놀라게 했으며 2003년 3월에는 모두 다섯 명의 인간 복제아기가 태어났다고 주장했다.

그들은 성숙한 난자에서 핵을 제거하고 대신 복제 대상자의 체세포에서 핵을 추출해 난자에 집어넣은 뒤 그 난자를 수정란처럼 키웠다고 하는데 이는 전형적인 동물 복제기법과 같다. 그러나 이들의 발표는 또 다른 문제점을 제기했다. 자신들의 주장을 입증할 구체적인 과학적 증거를 제시하지 못했기 때문이다. 아무리 당사자들의 인권을 보호하기 위해서라지만 객관적인 테스트 결과의 검증 의뢰를 받은 의사조차 검증을 거부한 것을 볼 때 유사종교단체를 선전하기 위한 기만극에 지나지 않는다는 혹평도 나왔다. 이에 클로나이드 사에서는 일본인 복제아이를 공개하면서 자신들의 주장을 입증하겠다고 발표했으므로 복제인간에 대한 진위 여부는 조만간 밝혀질 것으로 생각된다.

"정지!"

"왜?"

"너 복제인간이냐?"

"아냐. 왜 나를 복제인간 같다고 생각하고 검문하지?"

"얼굴이 너무 잘생긴데다가 복제인간에게는 금지구역에 있기 때문이야."

"잘생긴 것도 죄가 된다는 뜻인데 나는 오리지널 인간이야. 인간들도 나처럼 잘생긴 사람들이 있다는 걸 잘 알아두라고."

복제인간이 보편화되면 이런 검문이 다반사가 될지도 모른다.

복제 양 돌리의 탄생

복제인간에 대해 이미 설명했으므로 설명의 선후가 다소 바뀌었지만 1997년 2월 영국의 로슬린 연구소에서 윌머트(Ian Wilmut)는 중대발표를 하여 세상을 깜짝 놀라게 했다.

복제 양 돌리의 탄생이 그것이다.

원래 인간은 아버지가 만든 정자와 어머니의 난자가 수정되어 만들어진 수정란으로부터 시작된다. 단 한 개의 수정란은 아주 많은 세포 덩어리가 될 때까지 분열하는데, 이것이 바로 배아(배)이다. 이 배아가 자라서 아기가 되는 것이다. 그런데 복제 양 돌리는 이런 탄생의 법칙을 깨뜨린 것이다.

복제 양 돌리는 체세포 복제라는 방법으로 태어났다. 간단히 말하면 6살 난 암컷 양의 젖샘세포(체세포)를 채취해서 잠시 잠재운 후, 다른 암컷 양으로부터 미수정란을 채취하여 수정란의 핵을 제거한 후 젖샘세포의 핵을 이 미수정란에 이식시켰다. 이때 전기 쇼크를 주어 미수정란과 핵을 융합시켰는데 전기 쇼크는 핵을 융합시킬 뿐만 아니라 융합한 미수정란이 분열을 일으키는 기폭제 역할도 한다. 분열이 시작된 세포를 6일간 배양한 뒤 대리모가 되는 암컷 양의 자궁에 이식하였고, 그것이 자라 복제 양 돌리가 탄생한 것이다. 돌리의 DNA는 젖샘세포를 제공한 암양과 똑같았다. 이것은 체세포 하나만 있으면 어떤 동물도 복제할 수 있다는 걸 의미했기 때문에 세상이 경악한 것이다.

그 뿐으로 놀라기엔 아직 이르다. 1997년 7월에는 돌리를 탄생시킨 로슬린 연구소에서 인간의 유전자를 이식받은 양의 젖샘세포의 핵에서 복제 양을 탄생시켰다. 이번에는 폴리라고 이름을 붙였다. 1999년에는 돌리가 세 마리의 새끼를 낳아 생식력이 정상임을 확인시켜 주었다.

복제 양 돌리처럼 부모와 유전자가 똑같은 생물을 클론(clone)이라고 한다. 자연 상태에서는 몸을 둘로 쪼개어 번식하는 세균이나 효모 같은 생물이 자기와 똑같은 유전자로 자손, 즉 클론을 만든다. 하지만 정자와 난자가 만나는 수정을 통해 자손을 만드는 사람은 자연적으로는 클론을 만들 수 없다. 하나의 수정란에서 태어난 일란성 쌍둥이는 예외이지만.

동물의 몸을 이루는 세포의 시작은 수정란이라는 세포 하나이다. 이 수정란이 어느 정도 분열된 경우, 분열된 각각의 세포는 피부·눈·근육 등 어느 것으로도 될 수 있는 무한한 가능성을 가지고 있다. 이것이 바로 배아 세포이다. 이 세포를 분리해서 키우면 각각 완벽한 하나의 개체로 자랄 수 있는데, 일란성 쌍둥이는 이러한 과정이 우연히 일어난 결과이다. 일란성 쌍둥이가 태어나는 이런 과정을 인위적으로 만들어 보자는 것이 바로 복제의 기원인 셈이다.

동물의 몸을 이루는 체세포는 수정란이 분열하여 만들어진 것이므로 수정란과 유전자가 같다. 하지만 분열 초기의 수정란 세포와 체세포는 다른 점이 있다. 분열 초기의 수정란 세포는 몸의 어느 부분으로도 될 수 있지만 체세포는 이미 각자의 역할이 정해져 있기 때문이다. 지금까지 생물학에서는 '체세포처럼 완전히 분화하여 기능이 고정된 세포는 분화 전의 상태로 되돌릴 수 없다'는 것이 정설이었다. 이미 분화된 세포는 그 세포가 속한 조직의 기능만 하도록 되어 있기 때문에, 분화되지 않은 분열 초기의 수정란 세포와는 달리 새로운 개체를 만들 수 없다는 것이다. 여기에서 수많은 의문이 생겨난다. 피부 세포 역시 수정란이 가진 모든 유전자(DNA)를 가지고 있는데도 뼈나 근육 세포로 분열되지는 않는다. 왜 똑같은 재료를 가지고도 배아 세포가 할 수 있는 일을 하지 못할까?

그러나 과학계에서는 어른 개구리의 암세포에서 빼낸 핵을 난세포 속에 집어넣었을 때도 올챙이가 태어나고 어른 개구리로 성장해 나간다는 것을 알아냈다. 이는 암세포를 집어넣으면 암세포들만 생겨날 거라고 생각했던 많은 생물학자들의 예상과는 다른 것이었다. 말하자면 정상적인 세포가 암세포로 변할 때, 성장한 개체 내에서 각종 기능이 정지되었던 유전자들이 다시 되살아난다는 것이 증명된 셈이다.

특히 일부 과학자들은 충분히 성장한 올챙이의 내장세포에서 핵을 빼내어 핵을 제거한 난세포에 이식한 결과, 정상적인 개구리를 탄생시킬 수 있었다. 이것은 올챙이 단계에서 분화된 유전자들은 돌이킬 수 없을 정도로 완전한 기능정지가 일어나지 않으며, 난세포의 조건만 충족되면 그러한 기능들이 복원될 수 있다는 것을 의미한다.

이러한 연구과정을 거쳐 1997년에 윌머트가 6년생 암양의 유선(乳腺) 조직에서 채취한 DNA 유전자를 다른 양의 난자와 결합시킨 결과, 암수의 성교나 수컷의 정액 없이도 미수정란 핵을 체세포 핵으로 바꾸어 유전적으로 똑같은 양을 만들어내는 데 성공한 것이다.

이 연구 전까지는 포유동물의 복제를 연구할 때 주로 핵 이식 (nuclear transfer) 방법을 이용했다. 핵을 제공할 공여(供與) 세포와 핵을 제거한 난자를 융합하는 방식이었다. 두 세포가 융합되면(세포 융합의 효율을 높이기 위해 보통 약한 전기충격을 가한다) 발생단계의 배아(embryo)를 대리모에게 옮기는 것이다.

월머트는 공여세포와 난자의 상태를 교묘하게 조정했다. 한 개의 세포는 두 개의 딸세포로 유사분열(有絲分裂, mitosis)하기 전까지 G_1, S, G_2 등 세 단계를 거쳐 성장한다. S 단계에서 염색체가 복제되고 DNA가 두 배로 늘어난다. 세포가 분열되면 각각의 딸세포는 똑같은 양의 DNA를 갖게 된다.

많은 과학자들이 클론을 만들기 위해 S 단계나 G_2 단계의 공여세포와 이미 유사분열을 시작한 난자를 이용했지만 결과는 실패로 나타났다. 공여세포와 난자가 융합될 때 좀 더 많은 DNA 복제가 일어났지만 그로 말미암아 유사분열에 혼란이 오는가 하면 손상되거나 쓸모없는 염색체가 만들어지기도 했다.

그러나 월머트는 S나 G_2 단계의 세포 대신 휴지기 세포를 이용하여 놀라운 결과를 얻었다. 이것은 개구리를 이용한 실험이 포유류의 경우에도 적용될 수 있다는 것을 뜻한다. 즉 모든 유전정보를 갖고 있는 성숙한 세포를 비활성(非活性) 상태로 만들면 그 세포의 모든 유전자가 재생 가능한 상태로 돌아간다는 것이다.

🎬 DNA라는 설계도와 RNA라는 심부름꾼

DNA의 연구에서 학자들을 놀라게 한 것은 세포가 분열할 때마다, 또 생물이 생식할 때마다 자신을 충실히 복제한다는 것이다. 수많은 유전인자를 한치의 오차도 없이 정확하게 복제하는 것을 감안하면 생명의 신비는 경이롭기까지 하다.

그러나 이런 경우도 생긴다. 즉 강력한 방사선에 의한 충격, 특정 화학물질에 의한 중독 등이 일어나면 새로 만들어지는 염색체의 어딘가에 불완전함이 생길 수 있는 것이다. 이 결과가 곧 돌연변이이다.

핵산에는 RNA라는 또 다른 중요한 인자가 있다. DNA는 거대분자이기 때문에 세포의 핵이라는 격납고 안에 소중하게 간직되어 있다. 함부로 설계도를 밖으로 갖고 나가면 잃어버릴지도 모르며, 상처를 받으면 낱낱이 분해될지도 모른다.

그런데 설계도대로 유전정보를 실행하는 것은 단백질이다. 아미노산이라는 재료로 이 단백질을 만드는데 그 생산공장은 핵의 외부, 즉 세포질에 있는 리보솜이라는 입자 모양의 세포 소기관이다. 그러므로 핵 안의 정보, 즉 단백질 합성에 관한 설계도를 전해주고 아미노산을 만들라는 명령을 전달해주는 심부름꾼이 필요하다. RNA가 바로 이 심부름꾼 역할을 한다.

RNA에는 세 개의 중요한 인자가 있는데 그것은 전령(메신저) RNA(mRNA)와 운반 담당 RNA(tRNA), 그리고 리보솜 RNA(rRNA)이다. DNA가 전령 RNA를 시켜 단백질을 합성하는 과정은 우리가 사진을 찍어 필름에 옮기는 방법과 비슷하다. RNA가 DNA를 찍어 놓은 필름과 같다는 것은 필요한 정보를 정확하게 반대로 복사하기 때문이다. DNA의 정보를 청사진으로 인화해 mRNA를 완성시키는 것을 전사라고 하며, 이때 RNA 폴리머라제라는 효소가 필요한 것이다. rRNA는 단백질과 협력하여 리보솜을 만든다.

학자들은 우선 이들의 구조에 대한 규명작업에 들어갔다. 미국의 홀리(Robert W. Holly)는 1964년 알라닌이 부착된 운반 담당 RNA(tRNA)는 RNA의 총 15% 정도를 차지한다고 발표했다. 또한 tRNA의 분자는 세 개의 고리를 갖고 있어 세잎 클로버와 같은 구조를 가지고 있음을 밝혔다. 반면에 미국의 니런버그(Marshall W. Nirenberg)는 어떤 코돈(네 개의 뉴클레오티드 중 나머지 세 개의 염기로 구성된 배열)이 어떻게 특정한 아미노산과 일치하는가를 연구하였다. 코돈은 특정한 순서로 아미노산을 조립하는 일련의 명령을 담는데 세 개의 계속되는 뉴클레오티드가 한 개의 아미노산을 끌어온다고 밝혔다. 그 작업이 원활하게 끝나면 단백질로 감싸이게 된다.

모든 학자들을 깜짝 놀라게 하는 대담한 연구결과가 발표되었다. 테민(Howard Martin Temin)은 RNA 바이러스가 증식될 때 새로운 DNA의 합성이 필요하며 또 이들간에는 서로 상보성이 있으므로 RNA 바이러스가 감염되면 제일 먼저 RNA 바이러스를 모형으로 해서 DNA가 합성되고 다음에 이 DNA를 모형으로 해서 다시 RNA 바이러스가 합성된다는 논리였다.

그의 이론은 너무 파격적이므로 학자들은 순순히 그의 주장을 믿으려고 하지 않았지만 그는 대량으로 RNA 바이러스를 모으고 그것을 촉매로 해서 DNA가 합성되는 것을 드디어 확인했다. 테민은 이 효소를 '역전사 효소(逆轉寫酵素)'라고 이름을 붙였다. 이것은 DNA→RNA란 일방통로만이 아니라 RNA→DNA식의 쌍방통로의 메커니즘도 존재할 수 있다는 매우 중요한 결과를 확인시켜 준 것이다.

학자들은 이미 DNA 분자를 정확한 위치에서 절단하여 정확하게 정해진 조각들을 만들어내는 단백질이 있어야 한다는 것을 예측하고 있었다. 그것은 DNA에서 특별한 염기배열을 인식해서 절단해주는 효소가 있다는 것을 뜻하는 것이다.

이렇게 DNA 사슬에서 특별한 염기배열을 인식해 절단해 주는 효소를 '제한효소'라고 한다. 제한효소는 DNA 연구에서 매우 중요한 역할을 한다. 선택된 유전자들을 다른 유전자들로부터 잘라내어 그것들을 분리시킬 수 있게 하는 것은 이 정밀성 때문이다. 제한효소는 DNA의 열에 구획을 지정해 주며 제한효소 분해에 의해 만들어진 절편들은 서로 분리될 수 있고 다른 것들에 대한 그것들의 위치는 결정될 수 없다.

이 말은 제한효소가 없으면 재조합 DNA 기술이 존재할 수 없다는 뜻이다. 제한효소는 DNA 조각을 정확하게 잘라내고 다시 결합하는 분자 가위로 DNA 연구에서 목수의 톱만큼이나 중요한 것이다. 이것은 제한효소가 생명체 DNA 정보창고에서 유전자를 잘라내고 유전자를 작은 조각으로 자르는 수단을 제공한다는 것이다. 즉 DNA 분자를 조각으로 절단하고 결합하는 작업으로 동식물과 미생물 세포의 DNA 백과사전에 삽입할 수 있다.

🎬 복제의 득과 실

복제에 대한 이론은 일반인들에게 어렵게 느껴질 수밖에 없다. DNA, RNA를 비롯하여 거의 모든 유전자 이론들은 노벨상을 수상했다는 점에서도 알 수 있다(2002년까지 노벨 생리의학상으로 32명, 화학상으로 8명이 수상).

그런데 문제는 복제라는 것이 그렇게 단순하지 않다는 것이다. 사실 생명체 복제처럼 상상력을 마음껏 동원할 있는 분야는 거의 없다. 복제에 관한 영화가 수없이 제작되는 이유이기도 하다. 그러나 실무적인 차원에서 생명체 복제가 인간 복제의 차원으로 넘어오면 문제는 달라진다. 우선 인간복제가 가능한지 불가능한지를 설명하기 전에 인간복제에 대한 논쟁을 먼저 소개한다.

인간복제에 반대하는 사람들은 연구결과가 악용될 경우 재앙이 초래될 것이라고 주장한다. 예를 들어 인간복제가 되면 나이만 다를 뿐 생김새가 모두 똑같은 쌍둥이 가족이 생겨날 수도 있다. 황당한 이야기 같지만, 여자가 자신과 똑같은 쌍둥이를 낳는 일도 발생할 수 있다. 또 어떤 아이가 매우 우수한 것으로 판명될 경우, 얼려 놓은 그 아이의 클론들을 높은 값에 팔 수도 있다.

고약한 예는 그뿐만이 아니다. 장기이식이 필요한 경우를 대비하여 자신의 배(胚)를 냉동시켜 놓았다가, 여차하면 그걸 성장시켜 필요한 장기를 공급받는 것이다. 클론은 원래 자기 몸에서 떼어낸 세포를 복제한 것이기 때문에 거부반응도 없다.

그러나 이럴 경우, 자신의 병을 치료하기 위하여 또 다른 자신을 살해해야 한다는 모순이 생긴다.

생물학적인 측면에서도 바람직하지 않은 면이 있다. 자연질서에 따르면 생물체가 수정될 경우 정자와 난자가 서로 유전인자를 교환해서 각기 다른 면역체계를 가진 후손을 탄생시키게 된다. 결과적으로 종족 전체의 생존 가능성이 높아진다는 뜻이다. 그러나 복제된 동물들은 똑같은 체질만을 지니게 되므로 특정한 병에 약점이 있을 경우 떼죽음을 면치 못한다.

반면에 복제에 대해 찬성하는 사람들도 많다.

인간복제에 대한 사람들의 불안은 특정인을 복제하면 외모는 물론 사고와 의식까지도 똑같은 완벽한 '제2의 인물'이 탄생할 것이라는 생각에서 비롯된다. 그러나 지금까지 진행되어온 복제기술을 사용할 경우, 동일한 유전형질을 복사한 탓에 신체적인 특성은 같지만 세포를 제공한 인물과 복제인간은 완전히 다른 인격체가 된다는 것이다.

이런 맥락에서 인간복제 옹호론자들은 흔히 일란성 쌍둥이의 예를 인용하고 있다. 즉 쌍둥이들은 똑같은 유전형질을 갖고 태어난다는 점에서 복제인간과 다를 바 없지만, 각자의 자아는 개별적인 존재이며 따라서 아무런 문제 없이 살아가고 있다는 것이다.

더구나 포유동물의 복제는 인류에게 여러 가지 혜택을 가져다주는 긍정적인 효과가 적지 않다. 복제기술은 의학적인 측면에서 보면 필요한 면도 있다. 암이나 고혈압, 당뇨, 유전질환 등은 인체를 대상으로 마음껏 연구를 진행할 수 없다는 한계를 안고 있는데 복제된 모르모트나 돼지가 많으면 그것들을 가지고 인체 실험과 똑같은 효과를 얻을 수 있게 된다. 이렇게 되면 실험기간이 단축됨은 물론 실험의 오차도 크게 줄일 수 있다. 멸종 위기에 놓인 갖가지 포유동물의 개체를 인위적으로 늘릴 수도 있게 된다.

학자들은 동물복제의 가장 큰 이점으로 축산 효율의 극대화를 꼽는다. 가장 좋은 품종을 무한정 생산해낼 수 있다면 가축의 생산성이 극대화되는 것은 말할 필요도 없다. 실제로 젖을 많이 내거나 육질이 좋은 품종을 개발한 후 집중적으로 복제하는 기술은 이미 실용화 단계에 접어들었다.

황우석 박사는 복제 송아지 영롱이(젖소)와 진이(한우)를 탄생시켰는데 일반 송아지보다 6개월 정도 빠르게 성장한다고 발표했다. 한우의 경우 다 자라면 체중이 보통 소(500kg)의 두 배 가까운 800~

900kg이 되며 젖소의 경우 우유 생산량도 일본 젖소의 세 배나 된다.

한편 세상에 태어나면서 세상을 뒤흔들었던 복제 양 돌리는 2003년 2월 정상수명(평균수명 11~12살)의 절반에 불과한 6살의 나이에 폐질환 증세를 보여 도축되었다. 돌리의 사망은 복제에 대해 많은 논란을 불러왔다. 돌리는 1999년 유전자 이상으로 조기노화 현상을 보였고 현재의 복제기술이 완전하지 못하다는 것을 보여주었기 때문이다. 여섯 살 된 양을 복제한 돌리는 9장에서 이미 설명한 세포 내의 염색체 끝 부분인 텔레미어가 정상적인 양보다 짧은 것으로 보고된 바 있었다. 텔레미어가 짧은 동물은 남은 수명도 짧다는 것이 통례이다.

그러나 국내의 황우석 박사는 복제한 우리 나라 소 '영롱이'를 비롯하여 소나 돼지 등 다른 종에서는 염색체 길이가 짧아지는 조로(早老) 현상은 거의 없다고 발표했다. 사실 복제된 동물, 특히 복제인간에게도 조로 현상이 나타난다면 복제에 대한 신화는 깨어지게 마련이다.

실제로 돌리의 복제기술 특허를 보유하고 있던 제론(Geron) 사는 돌리가 죽자마자 나스닥 시장에서 장중 한때 16퍼센트나 떨어졌다고 한다. 물론 돌리가 앓은 폐질환이 일반 양에게도 자주 나타나므로 돌리의 죽음이 단순히 유전적인 조로 현상인지는 확인되지 않았으므로 성급한 판단을 내리기에는 이르다고 학자들은 말한다.

인간복제의 정확한 의미

인간복제의 초점은 살아 있는 사람은 물론이고 경우에 따라서는 죽은 사람까지도 대량 생산할 수 있다는 데 있다.

실제로 돌리를 복제한 윌마트는 "이 기술을 이용하면 인간의 유전자 복제품도 만들 수 있다"고 인정했다. 어떤 학자들은 인간을 복제하는 것이 소를 복제하는 것보다 더 쉽다고 말한다. 한마디로 복제인간을 탄생시킬 준비는 끝났다는 뜻이다.

윌마트는 인간은 매우 도덕적인 종이기 때문에 자신의 기술이 오용되는 일은 거의 일어나지 않을 것이라는 낙관적인 전망을 했다.

동물의 형질변환과 복제, 인간의 유전형질의 변환, 동물 장기이식, 태아세포의 이식 등은 인류의 복리를 위해 반드시 필요하기 때문에 오용될 것을 염려해 연구에 제한을 해서는 안 된다는 주장도 있다. 특히 생명조작 분야에 종사하는 과학자들은 그러한 기술이 인간복제에 오용될 가능성은 거의 없다고 단언한다.

그러나 인간을 복제하기 위해서는 보다 근원적인 문제점을 해결하지 않으면 안 된다. 아이러니컬한 이야기이지만, 진정한 인간복제는 자신과 똑같은 '제2의 인물'이 탄생한다는 것을 의미한다. 5장에서 설명했지만 영화 「멀티플리시티」에서 주인공 덕과 같이 복제 덕1호, 2호, 3호 등이 태어나야만 비로소 진정한 인간복제가 성공했다고 볼 수 있다는 뜻이다.

사람의 두뇌는 여러 가지 역할을 하지만, 그 중에서도 가장 중요한 것은 태어난 이래 자신이 경험하거나 보고들은 기억을 저장하는 일이다. 인간복제란 바로 지금 이 순간의 자기 자신을 똑같이 만들어내어야 의미가 있다. 새로운 쌍둥이를 만드는 것이 아니라, 말 그대로 자신과 똑같은 사람을 그대로 복제해야 진정한 인간복제라고 할 수 있다는 뜻이다.

SF 영화나 소설에서 보면 똑같은 인간을 수없이 만들어 단순 작업을 하는 일꾼이나 군인으로 이용하고 있는데, 설령 그것이 현실화된다고 해도 진정한 의미의 인간복제라고 할 수는 없다. 모든 사람은 각각 서로 다른 사고와 정신세계를 가지고 있으므로 아무리 자신을 똑같이 복제하더라도 자신의 기억을 복제된 몸에 이전하지 못하는 한 의미가 없다는 뜻이다.

복제인간의 기법은 SF의 단골 주제인 '공간이동'에서 자주 보이는데 그 가능성은 컴퓨터와 비교해 보면 이해하기가 쉽다. 기존의 복제 연구는 하드웨어, 즉 사람의 몸뚱이를 복제하는 수준에 지나지 않는다. 하지만 겉모양만 똑같은 컴퓨터를 만들어내는 것이 아니라 속에 든 소프트웨어와 각종 데이터까지 온전히 옮겨져야 진정한 복제가 되는 것이다.

지금으로서는 하드웨어인 신체가 망가지면 그 속에 든 소프트웨어, 즉 기억까지도 모두 사라져버린다. 하지만 하드웨어가 망가져도 소프트웨어를 빼내 다른 하드웨어에 카피하면 어느 정도 문제가 해결된다. 인간복제도 이러한 카피가 가능할까?

인간의 기억이라는 것

인간복제에서 가장 큰 걸림돌이 되는 것은 기억이다. 신체를 똑같이 복제했다고 하더라도 기억이 전수되지 않으면 의미가 없다.

우리는 태어날 때 뇌가 이미 '배선이 완료된' 상태라는 것을 알고 있다. 태어나기 전부터 뇌세포는 유전적으로 결정된 놀랍도록 복잡한 설계도에 따라 하나하나 서로 연결되어 있다. 그런데 경험에 의해 얻어지는 지식이 어떻게 이 촘촘한 조직에 자신의 존재를 아로새길 수 있을까?

기억이 진동하는 루프 안에 저장된다는 가설이 있다. 이것은 뇌 속의 뉴런이 폐쇄된 루프 형태로 연결되어 있다는 관찰에 의한다. 이 가설에서 기억과 학습은 루프 안에서 전기신호가 순환하거나 진동함으로써 유지된다.

두 번째로는 기억분자설이다. 이에 따르면 기억은 큰 분자에 저장되며 기억을 구성하는 비트 단위의 정보는 작은 분자들 속에 암호화되어 들어간다.

마지막으로 성형이론이라는 것인데 이것은 시냅스에 초점을 맞춘다. 시냅스는 신경세포 사이, 혹은 신경세포와 근육 사이의 맞닿은 부위를 가리킨다. 명령과 자극은 화학물질 매개체를 거쳐 전기충격으로 변환된 후 이 시냅스를 통해 이웃하는 세포나 근육으로 전달된다. 그러므로 학습과 기억은 시냅스의 연결을 강화함으로써 신경계에 스스로를 새긴다는 것이다.

행동과학자들은 기억을 세 가지로 구분한다. 첫째 순간기억. 이것은 몇 분의 1초밖에 지속되지 않는다. 이 기억은 사진 같은 것으로 망막을 잠깐 스쳐간 광경을 한순간에 모두 불러내는 것이다. 두 번째는 단기기억. 이것은 수 초 동안 지속되는 것으로 전화를 걸기 위해 수첩을 펼쳐 다이얼을 돌림과 동시에 사라지는 기억이 여기에 속한다. 마지막으로 장기기억이다. 어떤 학자들은 뇌는 모든 것을 기억하지만 대부분을 불러올 수 없는 기억의 형태로 저장한다고 말한다. 왜냐하면 우리 뇌의 데이터 저장 능력은 결코 부족한 편이 아니기 때문이다. 톰슨에 의하면 우리 뇌에는 500억 개의 세포가 있고 이들을 연결하는 시냅스의 수는 우주 전체의 소립자 총수보다도 많다.

뇌에는 두 가지 세포가 있는데 하나는 신경세포이며 또 하나는 글리아세포이다. 신경세포는 기억해야 할 정보의 전달을 맡고 글리아세포는 기억을 저장하는 것이다. 신경세포는 말할 것도 없이 세포임에는 틀림없으나 보통 세포와는 달리 핵을 중심에 가진 세포체와 거기서 방사상으로 여러 가닥 뻗친 수상돌기(樹狀突起)라는 긴 축색(軸索)으로 구성되어 있다. 신경세포와 다른 신경세포의 수상돌기가 연락하는 것을 '시냅스'라고 한다. 신경세포가 기억을 저장하면 신경세포의 축색의 지름이 커져 세포체의 표면적이 커지며 수상돌기가 붙어나고 시냅스의 결합 역할을 하는 단추가 커지는 등 모양의 변화가 신경세포의 활동에 의해 일어난다.

뉴런은 신경계의 구조적, 기능적 단위이다. 뉴런은 여러 가닥의 짧은 돌기인 수상돌기를 갖는 신경세포와 한 가닥의 긴 축색돌기로 구성되어 있다. 신경세포체에는 핵과 다른 많은 세포 내 소기관들이 들어 있어서 뉴런의 물질대사와 생장에 관계한다. 또한 신경세포체에는 활면소포체와 리보솜이 풍부해서 짙게 염색되는 부분인 닛슬 소체도 들어 있어 이곳에서 필요한 단백질을 합성한다.

뉴런의 기본구조를 전선과 비교해보자. 핵이 존재하는 신경세포체는 플러그의 몸체와 같고, 콘센트 부분은 자극을 수용하는 수상돌기, 긴 전선은 자극을 전하는 축색돌기에 비유될 수 있다. 구리선을 싸고 있는 피복은 축색돌기를 싸는 수초와 같다.

기억의 본질은 물질이다

기억은 과거에 배웠거나 경험한 것을 상기할 수 있는 능력을 말한다. 어떤 것을 기록하고 유지하여 다시 떠올리는 정신활동을 통털어 기억이라고 하는데 학자들은 새로운 기억의 저장은 뇌의 신경세포의 화학적·물리적 변화를 동반한다고 생각한다. 이 변화는 대뇌피질의

한 부분인 해마(海馬 ; 측실상에 있는 두 융기 중의 하나)라는 곳에서 일어난다.

학자들은 기억이 기억물질 때문에 가능하다고 추측한다. 스웨덴의 히덴은 쥐의 뇌를 실험한 결과 RNA가 기억에 관계함을 지적했다. 미국의 앵거는 인공적으로 합성된 '스코트포빈(어둠을 두려워하는 것)'이라는 물질을 보통의 흰쥐에게 주사한 결과 당장에 어둠을 두려워하도록 훈련시킬 수 있었다. 이것은 기억에 관련된 화학물질이 존재한다는 뜻으로 다시 말하면 훈련된 쥐의 뇌 속에 훈련 전에는 없었던 물질이 존재한다는 것이다.

어째서 기억물질이 생성되는지 그 원인은 알려져 있지 않다. 학자들은 기억물질에 대해 다음과 같이 전망하고 있다.

기억물질이라는 생각에 바탕을 둔 방법에 관한 한, 이것이 사람의 정신을 조종하는 기술에 연결될 우려성은 없다. 이것은 인식에 관한 기억 내용에 관계되는 것으로 태도라든지 신념에는 영향을 미치지 않는다. 따라서 이것을 적용하여 도움이 되는 것은 학교교육, 전문교육, 외상(外傷), 중독, 감염증 등에 의한 기억의 결함이나 또는 기억상실의 경우 등이다. 정보를 취득 · 저장 · 상기하는 메커니즘이 밝혀지면 그 결함을 수복하는 방법도 발견할 수 있을 것이다.

미국 컬럼비아 대학의 켄델 교수는 '기억의 본질은 추상이 아니라 물질이다'라는 이론을 뒷받침할 증거를 발견했다. 기억이 일어날 때 신경세포에 물리 화학적인 변화가 일어난다는 뜻이다. 전화번호 기억 시 일어나는 뇌세포의 변화가 적절한 예이다. 동사무소나 극장 등 한

번 듣고 잊어버리는 전화번호의 경우 기억이 저장될 때 신경세포의 막에 달라붙은 단백질이 살짝 변형되는 등 가벼운 변화가 일어난다.

그러나 자기 집 전화번호라면 사정이 다르다. 이 경우는 기억에 대한 신호가 세포의 핵에까지 영향을 미쳐 아예 새롭게 단백질이 만들어지는 등의 근본적인 변화가 일어난다. 잊고 싶지만 잊혀지지 않는 기억, 악몽 같은 기억이라면 이미 이처럼 뇌세포 속에 '박혀버린' 기억일 가능성이 높다. 외부의 자극이 반복되면 기억력이 강화되며 기억도 다 같은 기억이 아니라는 사실은 이제 물질적으로도 확인된 셈이다. 이것은 사람마다 기억력 자체에 약간씩 차이는 있지만 계속된 학습을 통해 향상시킬 수 있다는 것을 의미한다.

기억이 물질에 의해 좌우되는 것은 다른 생물체에서도 확인되고 있다. 예방주사로 만들어지는 항체도 나름대로 기억을 갖고 있다. 병원균이 침입하면 이를 기억해 두었다가 달라붙어 싸우는 것도 그 한 예이다.

동물에게도 판단과 유사한 행동이 있는데 이 경우 기억력 차이가 판단력 차이를 낳는 것 같다.

강가에 새끼를 낳은 꼬마물떼새의 경우 여우나 오소리 등 해를 끼칠 만한 동물이 오면 용케도 이를 기억하고 부상당한 흉내를 내며 멀리 날아간다. 반면에 소나 양이 걸어오면 이들이 새끼를 밟아 죽일 것으로 판단하고 두 날개를 퍼득이며 가까이 다가오지 못하게 한다.

기억의 이식이 가능하다는 실험도 있다.

1950년대 톰슨과 맥코넬은 핵산의 일종으로 유전작용을 하는 RNA가 동물이 학습할수록 신경세포 속에서 불어난다는 것을 발견했다. 또한 맥코넬은 플라나리아라는 거머리를 닮은 하등 수생식물에게 빛을 쬐었을 때 특별한 행동을 하도록 훈련시켰다. 그런 다음에 플라나리아를 잘게 썰어 훈련시키지 않은 다른 플라나리아에게 먹였다. 그리고 이 플라나리아에게 전과 같은 훈련을 시켰더니 이전의 경우보다 훨씬 빨리 이 특별한 행동을 익혔다는 것이다.

척추동물의 경우에도 기억의 전달이 가능하다는 것, 즉 전달되는 기억은 개별적이라는 것이 밝혀졌다.

'학생은 선생님한테서 배우는 것보다 선생님을 먹어 버리는 것이 더 교육적인 효과가 있다'는 농담도 그 후에 나왔다. 이렇게 되면 선생님들이 남아날지 의심스럽다.

먼 장래에는 뛰어난 사람의 뇌세포를 배양하여 거기서 골라낸 상처 없는 기억물질을 희망자의 뇌에 주사하는 기억이식법이 가능하리라는 추측도 있다.

실제로 1999년 미국의 하버드 대학, 프린스턴 대학, MIT대, 워싱턴 대학 유전공학 공동연구팀은 기억력과 학습능력을 향상시키는 유전자를 쥐의 수정란에 주입, 보통 쥐보다 훨씬 지능이 뛰어난 쥐 '두기'를 탄생시키는 데 성공했다. 이 쥐는 두뇌의 연상능력을 제어하는 유전자로 지능발달에 핵심적인 역할을 하는 NR2B라는 유전자를 갖고 태어났다. 이 똑똑한 쥐는 전에 한 번 보았던 레고 장난감의 한 조각을 알아봤고, 물속에 감추어진 받침대의 위치를 찾아내었으며, 가벼운 충격을 받게 되는 경우가 어떤 때인지를 미리 알아차리는 등 다른 쥐들보다 뛰어난 지능을 나타냈다.

학자들은 기억력과 학습능력 또는 IQ의 향상이 유전조작이라는 수단을 통해 가능하다고 기염을 토했다. 그렇게 되면 암기력 위주의 시험은 앞으로 사라질 것이며 대신 학습된 지식을 어떻게 활용할 수 있느냐를 주로 시험하게 될 것이다. 물론 이런 기술이 개발되었다고 해도 기억 전수 여부는 아직까지 확실하지 않다.

🎞 마음의 이전

인간의 복제에 있어서는 보다 더 심각한 문제점이 도사리고 있다. 그것은 우리들이 '마음'이라고 부르는 것도 복제가 가능한가이다. 우리들은 종종 어떤 일을 결정할 때 "내 마음이야", "내 마음대로 할 거야"라고 말한다. 그런데 마음이란 과연 어떤 것인가? 마음은 어디에 있는가? 고대로부터 많은 사람들의 이런 의문을 품어 왔다.

'마음이 어디에 있는가?'를 생각할 때 많은 사람들은 우선 마음을 어떤 종류의 '실체'로 생각하고 실체라면 특정한 장소에 있을 것으로 여긴다. 그러나 이와 같은 보편적인 생각이 아직 학계의 인정을 받고 있는 것은 아니다. 그것은 존재한다는 것과 '특정한 장소에 있다'는 것과는 별개의 일이기 때문이다.

학자들은 마음이란 뇌의 작용임에 틀림없지만 그 위치를 알 수 없으므로 '어디에 있다'는 것을 정한다는 것은 무리라고 말한다. 그러나 뇌를 없애면 마음도 없어진다.

이러한 모순점을 학자들은 다음과 같이 추론하고 있다. 외부세계에서 뇌로 정보가 들어가고 신경세포가 정보를 처리하고 판단하며 이에 입각하여 어떤 행동이 만들어진다. 그렇게 하여 뇌의 여러 장소가 관계하여 기억이나 지각·판단·행동 등 정신현상을 형성하고, 이러한 것을 모두 조합시킨 게 바로 사람의 마음이다.

따라서 뇌가 없으면 마음이 없어지게 되지만 '뇌＝마음'이 아니라 어디까지나 뇌가 작용함으로서 비로소 마음이 만들어진다는 결론이다.

사람의 뇌에서는 대뇌피질을 중심으로 지식정보 처리가 이루어지고 있다. 대뇌 표면을 덮은 두께 2.5mm의 층(회백질)은 약 140억 개의 신경세포와 그것을 지탱하는 약 400억 개의 글리아세포로 구성되어 있는데, 이를 대뇌피질이라고 한다.

뇌의 작용(기능)은 신경세포가 돌기를 뻗고 거기에 이어진 신경 회로에 활동 전위(펄스)가 전해짐으로써 이루어진다. 신경세포는 시냅스라는 이음매를 통해 신경전달물질을 교환하여 전기적 신호를 화학적 신호로 바꿔서 전달하고 있다. 그러한 것이 많이 모여 마음이 되고 있다고 생각한다면 만일 뇌의 신경회로가 모두 해석된다면 마음을 모두 알 수 있다고 할 수도 있을 것이다.

마음의 활동이란 뇌의 활동을 수반하면서 일어나는 여러 의식 수준의 조합이다. 의사(意思)의 힘이나 컴퓨터와 비슷한 기능을 갖는 매우 고차원적 정신활동이 있는가 하면, 즐겁거나 불쾌한 것처럼 본능의 수준에서 좌우되는 것도 있다.

그러나 대뇌피질의 기능 등 인간의 뇌를 잘 알게 된다고 해서 마음의 이전(移轉)이 간단해지는 것은 아니다. 뇌와 마음의 문제에서도, 비록 뇌 구조의 모든 것이 물질적으로 해명되어도 마음은 결코 유물론적으로 환원되지 않는다는 것이다. 학자들 간에 의견일치를 보이지 않는 것은 기억과 마음이 같은 것이냐 아니냐이지만 기억과 마음을 이전하는 것이 불가능하다는 것은 결국 인간복제가 불가능하다는 것을 뜻한다.

결국 태어나서 예전 자신의 기억을 그대로 갖고 있지 못하다면 껍데기뿐의 인간복제로 의미가 없다는 것이다.

🎬 인조인간 창조

영화감독들을 유전자 기법에 의한 생명창조보다는 '과학'이라는 무기를 들고 새로운 생명을 창조하는 것을 선호한다. 사실상 SF 영화에서 인공생명체가 없다면 영화 자체가 성립되지 않을 정도인데 SF의 대표적인 인공생명체는 로봇, 사이보그, 안드로이드이다.

로봇이 처음 작품에서 등장한 것은 체코슬로바키아의 카렐 차페크에 의해 쓰여진 희곡 『로섬의 유니버설 로봇』이다. 로봇은 체코어로 '일한다' 혹은 '강제노동'의 의미를 갖는 'Robota'에서 유래되었다고 하는데 이러한 로봇들이 지능과 반항심을 갖고 로봇을 제조하는 회사의 중역들을 죽이면서 반란을 일으킨다. 희곡의 내용은 로봇 남녀가 서로 사랑하는 것을 알고 두 로봇을 아담과 이브로 만들어준다는 것이지만 로봇은 '자동으로 작동하여 인간이 하는 일을 대신하는 기계'라는 의미를 갖고 있다.

로봇은 크게 산업용 로봇, 휴먼 로봇, 마이크로 로봇 등으로 나뉘어진다. 산업용 로봇은 인간이 하기에는 힘이 들고 어려운 일이나 특정한 일을 효율적으로 수행하는데 현재도 수많은 첨단공장에서 기계적인 일을 도맡아 처리하고 있다. 휴먼 로봇은 인간의 지능과 감각을 지닌 자율형 로봇으로 학습과 적응 능력을 가지고 있어 인간처럼 상황을 파악하고 적절한 행동을 수행한다. 「스타워즈」에서 맹활약하는 R2D2와 3PO 로봇이 대표적이다.

로봇의 정의는 각국에 따라 다른데 일본의 전기기계 관계의 법률에 의하면 로봇은 기억장치를 갖추고 회전 가능한 단말장치를 지니며 자동적인 동작으로 인간을 대신하여 노동하는 다목적 기계를 뜻한다. 이는 지나치게 포괄적 의미를 지니고 있다는 비판도 있는 반면에 미

▶「로보캅」
로보캅과 같은 사이보그는 인간이 갖
고 있는 육체적 한계를 기계의 힘으
로 극복한 사람들로, 실리콘 수지로
유방을 확대한 여자도 사이보그이다.

국은 매우 협의적인 정의를 내리고 있다.

미국의 로봇학회의 로봇은 '프로그램을 고쳐 만들 수 있는 다기능
의 조작기'를 말한다. 로봇은 프로그램에 의해서 결정된 다양한 변경
가능한 동작에 의해서 재료나 공구, 특별한 장치를 움직이게 하는 등
다양한 임무를 해낸다. 즉 공정을 바꿀 수 있고 반복할 수 있어야 하
며 어떤 종류의 머리가 좋은 행동이 가능할 것 등도 주문한다.

'사이보그(Cyborg)'는 '인공두뇌(Cybernetics)'와 '유기체
(Organism)'의 합성어로 기계나 인공장기 등으로 이식된 개조인간
을 의미한다. 사이보그의 주체는 인간이라는 뜻이다. 태권V나 마징가
제트는 로봇이지만 6백만 불의 사나이나 소머스, 로보캅은 대표적인
사이보그이다. 사이보그는 인간이 갖고 있는 육체적 한계를 기계의
힘으로 극복한 사람들로 인공심장이나 안구를 이식받은 사람이나 실
리콘 수지로 유방을 확대한 여자도 넓은 의미에서 사이보그로 분류하
기도 한다.

그런데 사이보그로 개조되는 주인공은 대부분 두뇌만 오리지널이
고 나머지는 거의 기계로 대체된다.「스타워즈」의 다스베이더나「로
보캅」의 로보캅도 머리만 인간의 두뇌인데 이는 로봇에 관한 과학이

점점 발전했기 때문이다. 6백만 불의 사나이나 소머즈와 비교하면 그 차이를 확실히 알 수 있다.

머리만 사람이라는 뜻은 인공 심장, 인공 폐, 인공 위, 인공 뼈, 인공 근육, 인공 피부 등 모든 기관이 인조제품으로 되어 있다는 뜻이다. 영화에서는 사이보그 인간들이 초능력을 갖고 현실에 잘 적응하지만 실제로는 만만한 것이 아니다.

「사이보그 009」에서는 주인공 시마무라 조의 머리카락까지 인조제품으로 만들었다. 사이보그 인간은 보통 인간보다 탁월한 능력을 갖고 있는데 대체로 스피드와 높이뛰기, 청각과 시력 등이 월등하다. 시마무라 조의 스피드는 초음속 비행기에 버금가는 마하 3(초음속 전투기는 보통 마하 2.5 이상)이다. 마하 3의 초인적인 질주를 위해서는 이에 견딜 수 있는 인공 근육이 절대적으로 필요하다.

그러나 사이보그의 스피드가 빠르기 위해서 근육만 강화할 수는 없다. 마하로 달리는 순간 뼈가 부서지므로 인공 뼈를 삽입해야 한다. 더구나 공기와 직접 닿는 부분의 온도는 몇백℃까지 가열되면 생체 피부가 곧바로 타버리므로 단열 피부도 필요하다.

더구나 사이보그인 시마무라 조는 0.1초라는, 그야말로 눈깜짝할 사이에 가속하는 재주도 갖고 있는데 이때 뇌에 걸리는 압력은 무려 1.5톤이나 된다. 머리가 남아나지 못한다. 「6백만 불의 사나이」, 「소머즈」의 주인공들은 보통 인간에서 몇몇 부위만 강화시킨 것이므로 감독들이 그들의 스피드를 무작정 늘리지 않은 것을 이해할 수 있을 것이다.

그뿐이 아니다. 「로보캅」에서 로보캅이 된 경찰관 머피 역시 머리만 살아 있는 사이보그이다. 머리만 인간이고 나머지는 모두 기계인데 머리가 살아 있으려면 계속 에너지를 주어야 한다. 이 에너지는 머피가 생명체이기 때문에 전기 등 일반 동력으로는 어림도 없다. 그러므로 인간이 소화시키는 것과 같은 에너지, 즉 음식을 주는데 영화에서는 죽과 같은 이유식을 공급하는 장면이 나온다.

「스타워즈」에서 나오는 다스베이더 역시 머리만 살아 있는 사이보그이지만 무엇을 먹는지에 대해서는 자세한 설명이 없으므로 그 역시 로보캅과 같은 식사를 하고 있다고 보는 것이 가장 타당하다. 여하튼 영화에서 이런 장면을 삽입하느냐 아니냐는 감독들의 권한이지만 감독들이라고 해서 마냥 비현실적인 상상력에만 매달리는 것은 아니다.

「공각기동대」의 쿠사나기 소령의 경우도 뇌를 제외한 신체의 모든 부분이 기계로 이뤄진 사이보그다. 재미있는 것은 쿠사나기 소령은 체내 플랜트로 혈액 중의 알코올을 수십 초 내에 분해할 수 있다. 음주와 숙취로 자주 고생하는 사람은 쿠사나기 소령에게 적용된 기술을 부착하면 그야말로 세상을 보다 산뜻하게 살 수 있을 것이다.

한 발명가의 아이디어. 자신이 돈을 내지 않아도 되는 분위기 좋은 술좌석에서는 술을 많이 마시는 사람은 좋지만 술에 약한 사람은 여간 고생하는 것이 아니다. 그러므로 몸에 술 조절기구를 부착하여 여건이 될 때 많이 마셔두었다가 술을 천천히 분해시키는 기계를 만들자는 것. 생각도 야무지다. 전세계 60억 인구의 절반인 30억 명만 구입한다고 해도 1개 당 10만 원을 생각하면 그야말로 떼부자가 될 수 있다. 이 돈이 얼마인지는 각자 계산해 볼 일.

안드로이드(Android)는 '인간을 닮은 것'이라는 뜻의 그리스어에서 기원한다. 이름처럼 안드로이드는 인간과 같이 세포 등의 원형질로 되어 있어서 겉으로 보기에는 인간과 전혀 구별할 수 없는 가공의 생물을 의미한다. 안드로이드는 분자생물학의 발달로 탄생된 SF의 주인공으로 정의에 따라 복제인간으로 지칭할 수도 있는데 스필버그

▶ 「A.I.」
「A.I.」의 주인공은 인공적으로 배양된 생명체로 이루어진 인공물 즉, 안드로이드이다.

감독의 「A.I.」가 대표적이다.

이를 종합하여 설명하면 로봇은 생명체가 없는 기계를 의미하며 사이보그는 기계와 생명체의 접합, 또는 인간과 기계의 접합을 의미하며 안드로이드는 인공적으로 배양된 생명체로 이루어진 인공물을 의미한다.

유사 매머드 복제

마지막으로 이제까지 여러 장에 걸쳐 설명된 유전학 연구결과를 토대로 영화 「쥐라기공원」에서 설명된 것과 같은 공룡의 복제는 과연 가능한지를 알아보자.

우선 호박 속 곤충의 피에서 생물의 DNA를 분리한다는 착상은 매우 현실적이다. 실제로 호박 안에 포착된 식물의 씨나 곤충으로부터 게놈 DNA를 분리한 예들이 많이 있다. 호박은 탄수화물 고분자로서 DNA가 손상되는 것을 막아주기 때문으로 1993년 라울 카노 박사는 1억 3500만 년 전에 살았다고 추정되는 곤충으로부터 바구미 이종 (異種)의 유전정보를 가진 게놈 DNA를 분리해내는 데 성공했다.

물론 호박 속에 갇혀 있는 흡혈곤충 내장에 공룡의 피가 섞여 있더라도 그것이 단 하나의 공룡의 피라고는 단정할 수 없다. 흡혈곤충의 내장에 여러 가지 공룡의 피가 섞여 있다면 하나하나의 공룡에 대한 DNA 정보를 분리해낸다는 것은 불가능하다. 또 그 피가 공룡의 피인지 꼭 확인할 필요가 있다.

그러나 공룡의 DNA, 즉 공룡의 DNA 청사진만으로 공룡을 복제할 수 있는 것은 아니다. DNA가 파리나 병아리, 또는 사람을 직접 만드는 것이 아니기 때문이다. 이것은 송아지 요리를 하기 위해서는 요리책에 있는 내용만으로는 만들어지지 않는 이치와 마찬가지이다. 그것은 요리책의 종이 속에 설명되어 있는 것처럼 DNA는 단지 그 자리에 가만히 있다는 것을 뜻한다. 공룡의 DNA만 있으면 공룡을 복제한다고 생각하지만 공룡과 파리는 DNA로 만드는 것이 아님은 일단 이해해야 한다.

DNA란 이 모든 과정에 관여해서 매 순간마다 어떤 도구를 사용해야 하는지 구체적으로 지정해 준다. 일부 DNA 배열, 즉 유전자는 작업과정과 방식을 조절하는 시계, 걸쇠, 작업대, 작업 일정표 등의 역할을 하는 생화학적 도구를 일일이 지정해 준다. 그러나 DNA가 파리를 만드는 설명서를 한 군데에 모아서 갖고 있는 것은 아니다. 중요한 것은 사람의 코를 이루는 형태가 간단하게 하나의 청사진으로 구체화되어 있는 것이 아니라 모든 DNA 유전자들이 복합적으로 작용하여 형성된다는 점이다.

이것은 특정생물이 특정한 키트를 만들거나 역으로 특정 DNA가 특정한 생물을 만들 것이라고 말할 수 없다는 것이다. 수학자들이 DNA 염기 배열에서 그 배열을 기초로 발생하는 생물의 구조를 구체화해 낼 수 없다는 것이다.

알 속에 들어 있는 DNA는 스스로 발생을 시작할 수 없다. 그러기 위해서는 'DNA를 판독하고 그에 따라 작동하는' 도구 상자가 순조롭게 작동할 수 있어야 한다. 그런 도구들은 세포핵을 둘러싸고 있는 알의 다른 부분들에 의해 제공된다. 거의 모든 동물의 발생은 암컷의 난소 속에서 알세포가 만들어지면서 시작된다.

따라서 공룡의 DNA 테이프를 재생하기 위해서는 같은 종(種)의 공룡알, 즉 규격에 맞는 테이프 재생기가 필요하다. DNA는 전체를 만들어내는 반쪽에 불과한 것이다. 테이프를 틀 재생기가 없는 상태에서 비디오를 볼 수는 없는 일이다. 그것처럼 다행히 공룡의 DNA를 얻었다 해도 그 DNA를 공룡으로 키워줄 수 있는 유사 공룡이 없는 한 공룡을 복제한다는 것은 불가능하다.

반면에 남극이나 시베리아에 냉동된 채 보존되어 있는 매머드라면 어떨까? 매머드를 살려내는 작업도 매우 흥미로운데 이 경우는 공룡의 경우보다 훨씬 쉽다. 매머드의 DNA를 착상시켜 증식시킬 자궁을 발견하기만 하면 된다. 다행하게도 매머드와 코끼리가 유사하기 때문에 코끼리의 자궁을 통해 매머드를 복제할 수 있다. 매머드와 코끼리는 유사한 종이기 때문으로 말과 당나귀 사이에서 노새가 태어나는 것과 마찬가지이다.

이제 독자들은 필자가 말하고자 하는 것을 금방 알아차렸을 것이다. 매머드의 경우 코끼리의 자궁에서 성장할 수 있도록 만들 수만 있다면 적어도 유사 매머드를 만들 수 있다는 것이다. 그 후 이것을 계속 교배시켜서 결국 멸종된 매머드와 유사한 동물을 만들 수 있다.

그러나 인간복제는 나와 똑같은 기억을 갖고 있는 인간을 탄생시키는 것이므로 그런 상황은 절대로 일어날 수 없다는 것.

그렇다고 앞에서 소개한 영화나 문학작품들 속 복제의 묘사가 엉터리이거나 비현실적이라고 너무 실망할 필요는 없다. 영화나 소설의 특성은 인간에게 상상력이라는 무기를 주는 데 보다 더 큰 가치가 있는 것이니까. 감독은 그야말로 부러운 직업이다.

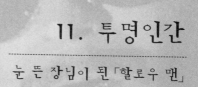

11. 투명인간

눈 뜬 장님이 된 「할로우 맨」

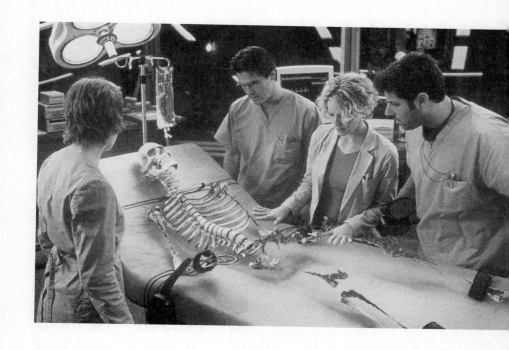

　어린아이들에게는 뭐니뭐니해도 투명인간이 최고 인기다. 투명인간이 되면 자신을 괴롭히는 친구를 보기좋게 골탕먹일 수 있으며 어느 누구에게도 방해받지 않고 가고 싶은 곳 어디라도 마음대로 가볼 수 있다.

　가장 신나는 것은 선생님이 출제하는 시험문제를 미리 알 수 있다는 점이다. 보이지 않으니까 선생님을 졸졸 따라다니다가 시험문제 출제하는 것을 본 후 시험을 보면 전교수석은 물론 대학입학 수능시험에서 전국수석도 따논 당상이다.

　그뿐 아니다. 007로 변해 악당을 통쾌하게 물리칠 수도 있으며 야구나 축구 경기에서 공을 사라지게 하여 여러 사람들을 놀라게 할 수도 있다. 인간이 상상할 수 있는 모든 재미난 일을 사람 눈에 보이지 않는다는 것을 무기로 자유자재로 수행할 수 있다는 것이다.

1887년 영국의 소설가 H. G. 웰스는 소설 『투명인간』을 발표하여 『해저 2만 리』, 『80일간의 세계일주』의 저자 프랑스의 쥘 베른과 함께 현대 SF의 아버지로 추앙 받는다.

웰스의 대표작 『타임머신』에 버금가는 작품으로 꼽히는 『투명인간』의 주인공은 그리핀이란 이름의 냉혈 과학자다. 그는 빛의 밀도에 관한 연구에 몰두하던 중 인체에 돌고 있는 붉은 피와 검은 머리카락을 무색으로 만드는 실험에 성공하고 스스로 투명인간이 된다. 그러나 투명인간이 되자마자 욕심이 발동, 재산과 권력을 움켜잡으려고 하다가 비극적인 최후를 맞는다는 줄거리이다.

그러나 투명인간에 대한 소설을 내놓은 사람은 웰스가 처음이 아니다. 연대순으로 보자면 에드워드 미첼의 『수정인간』이나 제임스 달톤의 『투명신사』가 앞선다. 그럼에도 불구하고 이들 작가보다 웰스의 작품이 투명인간의 원조로 추앙받는 데는 나름대로 이유가 있다. 즉 웰스가 창안한 투명인간은 이전의 누구도 소유하지 못한 견고한 과학적 지식을 바탕으로 투명인간의 실체를 실감 있게 그렸기 때문이다.

웰스는 인간의 마음속에 숨겨져 있는 약점을 투명인간이라는 형태를 통해 나타내면서 이기주의와 잘못 이용된 과학이 인간을 얼마나 비참한 운명으로 이끄는가를 보여주고 있다.

그는 기본적으로 인간의 이성이 본능보다 우월하며 과학은 궁극적으로 인간을 안락하게 할 것이라고 믿었다. 그러나 과학의 효용성은 과학이 긍정적으로 사용되었을 때에 한하는 이야기로 인류가 과학을 선용하기 위해 공동으로 노력을 기울이지 않으면 지구 역사에 등장했던 여타 생물처럼 멸망하고 말 것이라는 메시지를 던졌다.

이와는 다른 각도에서 다룬 투명인간도 있다. H. F. 세인트는 『투

명인간의 고백』에서 웰스의 투명인간과는 좀 다른 주제를 극적으로
펼쳐 보인다.

　뉴욕의 증권회사 직원인 할러데이는 자신의 의지와는 상관없이 핵
융합장치를 연구하고 있던 연구소를 방문하다가 갑작스러운 폭발로
투명인간이 된다.

　투명인간의 가치는 세상 사람들이 그 존재를 인정하지 않는 데 있으
므로 정보기관에서는 그를 비밀리에 잡기 위해 모든 방법을 동원한다.
할러데이는 잡혔을 경우 그의 '가치'를 몽땅 상실하므로 남들이 그의
존재를 눈치채지 못하도록 생존과 자유를 위한 투쟁을 전개한다.

　세인트는 투명인간이 되었을 때 장점도 있지만 단점도 만만치 않
다는 점을 예리하게 부각시켰다. 우선 투명인간은 눈꺼풀이 빛을 차
단하지 못하기 때문에 눈을 뜬 것과 마찬가지 상태로 잠을 자야 한다.
더구나 투명상태를 유지하기 위해서는 한겨울에도 옷을 입을 수 없으
며 유리 파편이 널려 있는 마룻바닥일지라도 신발을 신지 못한다. 자
신의 존재를 밝힐 때 사용할 수 있는 방법이라곤 영화나 소설처럼 옷
을 입거나 붕대로 몸을 친친 감는 것뿐이다.

　할러데이는 길을 가는데도 남과 부딪지 않기 위해 부단한 주의
를 기울여야 하고 조금 전에 먹은 음식물이 자기 몸 안에서 끔찍한 모
습을 드러내는 것을 보고 투명인간이 남에게 알려지지 않은 채로 살
아가기가 얼마나 어려운 일인가를 뼈저리게 느낀다.

　투명인간이 됨으로써 남들이 볼 수 없는 인간의 뒷면을 본다는 것
도 그리 유쾌한 것은 아니다. 작가는 정숙한 숙녀와 점잖은 신사들이
남의 시선이 미치지 않는 곳에서 어떤 행동을 하는지, 철저한 개인주
의 사회에서 남의 사생활에 대한 호기심이 항상 흥미를 유발하는 것
은 아니라는 점도 그렸다.

세인트는 결국 투명인간이 됨으로써 특별한 인간이 되기는 했지만 동시에 스스로를 감옥에 가둔 인간 이하의 존재가 된다는 점을 강조했다. 어렸을 때 꿈꾸던 투명인간이란 그야말로 환상임을 깨닫게 되는 것이다.

폴 버호벤 감독의 「할로우 맨Hollow Man」도 투명인간의 비극적인 삶을 그렸다.

미 국방성은 최고의 과학자들을 동원하여 '할로우 맨' 실험에 착수하여 마침내 카인이 실험용 고릴라를 사라지게 하는 데 성공한다. 담당 과학자 카인은 미 국방성의 명령을 어기고 바로 자신에게 투명인간 실험을 강행하여 투명인간이 된다. 곧바로 투명인간에서 본래의 모습으로 돌아갈 수 있는 주사를 맞지만 엄청난 고통만 가해질 뿐 실패한다. 이에 낙담한 카인은 그의 몸속에 숨어 있던 욕망과 과대망상이 분출되어 파멸의 길을 걷는다.

이 영화는 '투명인간'이 될 수 있다는 것이 매력적이기는 하지만 막상 그 능력을 얻은 이후 인간의 행동은 어느 누구도 장담할 수 없다는 사실을 보여주고 있다.

투명인간이 서양의 전유물만은 아니다. 『도깨비감투』는 『도깨비 방망이』와 함께 우리나라의 대표적인 설화 중의 하나로 이 감투를 머리에 쓰면 사람의 형체가 보이지 않는다.

충청남도에서 구비전승되는 이야기를 김열규의 『도깨비 날개를 달다』에서 발췌한다.

옛날 갓을 만들어 근근이 살아가는 영감이 있었다. 그는 날마다 열심히 갓을 만들어 팔았지만 늘 생활이 쪼들리므로 갓 만드는 짓을 언제나 면할 것인가 한탄했다. 그런데 어느 날 그가 평소와 같이 한탄을 하고 있는데 누군가가 늙도록 갓만 만드니 화가 날 만하다고 웃는 것이다. 소리나는 곳을 보니 시커먼 그림자가 있는데 언제 들어왔는지 까만 도깨비였다. 놀랍게도 도깨비는 영감의 소리를 듣고 도와주러 왔다며 회색 감투를 주었다. 감투를 쓰기만 하면 다른 사람이 영감을 볼 수 없으니 영감 마음대로 할 수 있다는 것이다.

그 날 밤부터 영감은 감투를 쓰고 아무 집이나 들어가서 무엇이고 필요한 것이 있으면 가지고 나왔다. 도둑 때문에 마을이 온통 소동이 벌어졌지만 범인을 잡을 수 없었다.

그런데 영감이 감투를 벗어 놓고 담배를 피우다가 실수로 담뱃불에 감투 한쪽을 태워 버리고 말았다. 그는 아내에게 감투를 기워 달라고 했다. 마침 붉은 헝겊밖에 없어서 아내는 그것으로 기워주었다.

그는 빨간 헝겊이 보인다는 생각을 하지 못하고 감투를 계속 쓰고 남의 집 물건을 훔쳐왔다. 마침내 도둑을 맞은 사람들은 빨간 헝겊조각이 왔다 갔다 하면 물건이 없어진다는 것을 알았다.

하루는 그가 소금장수 집에 들어가서 지게에 얹어 놓은 소금을 지고 나오는데 주인이 몽둥이로 후려치는 바람에 그는 겨우 집으로 도망쳐 왔다. 아내는 영감을 자리에 뉘면서 공연히 딴 생각 말고 부지런히 갓이나 만들어 팔자고 하면서 도깨비감투를 불살라 버렸다.

『도깨비감투』는 서양의 투명인간과 같이 인간의 육신이 지닌 한계를 벗어나 상상의 세계에서 욕구를 충족한다는 내용이다. 그러나 우리의 주인공은 투명인간이 되었음에도 남을 해치거나 감투를 이용하여 권력이나 정권을 잡으려는 등의 극단적인 행동을 하지는 않는다. 기껏해야 남의 집 음식을 훔쳐먹는 정도이고 결국 붙잡혀 곤욕을 치르고 자기의 잘못을 뉘우친다는 것으로 끝을 맺는다.

『도깨비감투』는 인간의 본능적 욕구에 대해서 기본적으로 긍정하고 있지만 그것을 충족하는 과정에서 부당한 일을 저지르면 벌을 받는다는 도덕적이고 교훈적인 내용으로 채워져 있다.

권선징악이 주류를 이루던 예전 사회 분위기를 감안하여 도깨비의 내용도 도덕적이고 교훈적인 주제를 당연시한 감이 있지만, 현대 감각에 무리하게 맞추어 사람들을 죽이고 정권을 탈취하는 사람이 된다는 것도 아름다운 이야기는 아니다.

『도깨비감투』는 우리나라 설화 중에서는 비교적 흔치 않은 환상적인 소재를 다루었다는 데서 주목을 받았다. 우리나라 설화는 비교적 과학적 지식이 필요한 공상적인 내용을 설화의 대상으로 삼지 않았고 바로 이 점이 우리나라가 과학 기술면에서 뒤떨어지는 요인이었다고 줄기차게 비판을 받아왔기 때문이다. 그러나 『도깨비감투』는 우리 선조들도 상상력이 뛰어났으며 공상적인 소재를 사용하는 데 주저하지 않았다는 것을 보여준다. 우리나라에도 SF 소재가 무궁무진하다는 것을 많은 사람들이 알았으면 좋겠다.

🎞 투명한 물체는 가능

우리 주변에는 투명한 것과 불투명한 것이 있다. 유리나 물은 투명해서 속에 있는 물체가 잘 보이지만 나무나 벽돌로 만든 벽 뒤에 있는 물체는 보이지 않는다.

투명과 불투명의 차이는 무엇인가?

햇빛이나 백열전구 등에서 나오는 빛에는 여러 가지 파장의 빛이 섞여 있다. 햇빛을 프리즘에 통과시키면 빛이 파장에 따라 분리되어 무지개가 보이는 것을 잘 안다. 이 무지개가 햇빛을 이루고 있는 여러 가지 빛의 일부분인 가시광선이다. 빛이 물체에 부딪치면 빛과 물체 사이에서 반사 · 투과 · 흡수라는 세 가지 현상이 일어난다. 반사는 빛이 물체에 부딪히면 되돌아 나가는 것이고, 투과는 빛이 물체를 통과하는 것인데 이때 물체에 따라 빛이 꺾이는 것이 굴절이다. 흡수는 말 그대로 빛이 물체 속에서 흡수되는 것을 뜻한다.

사람은 보통 물체에서 반사한 빛을 눈으로 받아서 물체의 색깔이나 형태를 느낀다. 붉은색 빛을 반사하고 다른 파장의 빛을 흡수하면 붉은색, 초록색 빛을 반사하고 다른 파장의 빛을 흡수하면 초록색, 모든 빛을 모두 흡수하면 검은색, 모두 반사하면 흰색으로 보인다. 반면에 모든 빛을 투과하면 물체는 투명해진다. 즉 빛을 반사하지도 않고 흡수하지도 않으면 그 물체는 투명하다고 말한다.

투명인간이란 바로 다른 사람들이 보았을 때 빛을 반사하지도 않고 흡수하지도 않는 조건을 갖고 있는 사람을 말한다. 진정한 투명인간을 탄생케 한 장본인으로 일컬어지는 H. G. 웰스. 그가 투명인간을 어떻게 만들었는지 그의 과학적인 식견을 보자.

"우리 주변에는 투명한 물질이면서 언뜻 보면 그렇게 보이지 않는 것이 많이 있어. 예컨대 유리를 가루가 되도록 부수면 작은 알맹이 하나하나는 희고 불투명하게 보이지. 인간의 몸을 구성하고 있는 여러 가지 물질 가운데 혈액의 붉은 색소와 모발의 검은 색소를 제외하면 모두 무색투명한 조직으로 이루어져 있어. 인간의 몸

이 보이거나 보이지 않는 것도 아주 미묘한 작용에 의한 걸세. 생
물 조직의 대부분은 물에 가까운 투명한 물질로 이루어져 있네."

1800년대는 빛의 파동이론이 많이 발전하던 시기였다. 호이겐스,
맥스웰, 헤르츠 등이 빛의 파동에 대해 획기적인 이론을 발표했고 굴
절률이 어떤 개념인지도 비로소 알려졌다.

H. G. 웰스가 투명인간을 만드는 방법은 사람 몸에 있는 굴절률을
공기의 굴절률과 똑같이 만드는 약품을 개발하여 인간에게 주입하는
것이다.

이러한 투명인간은 전적으로 허구이지만 과학적으로 그렇게 불가
능한 것만은 아니다. 사실 지구상에는 인간의 눈에는 보이지 않는 투
명한 생물들이 많이 살고 있다. 1934년, 백변종 개구리(유전자 이상에
의해 색소를 만드는 효소가 생성되지 않아 생긴 돌연변이로 온몸이 하얗
다)가 발견되었는데 그 개구리를 관찰한 과학자는 다음과 같이 투명
개구리의 놀라운 점을 적었다.

얇은 피부조직과 근육조직은 환히 투명하게 들여다보인다. 즉 내
장들과 골격이 밖에서도 보인다. 간단한 구조의 심장과 소화관이
매우 잘 보인다.

투명한 매질 속에 있는 모든 투명물체는 그 물체와 매질 사이의 굴
절률의 차이가 0.05보다 작게 되면 보이지 않는다. 이들을 만드는 방
법은 다음과 같다.

김상수의 『생활 속의 물리 이야기』의 요점을 인용한다.

원칙적으로 동물을 표백하고 세척하는 등 일정한 가공을 거친 후

표본을 살리틸산의 메틸에스테르(강력한 빛의 굴절성을 가지는 빛깔이 없는 액체)에 담그면 투명한 물질이 된다. 이는 박물관에서 동물들의 일부분, 또는 전체를 투명하게 만든 투명표본을 만들 때 사용하는 방법이다.

이처럼 표본들을 전혀 보이지 않을 만큼 투명하게 만드는 것이 불가능한 일은 아니지만 학자들은 표본을 완전히 투명하게 만들지 않는다. 표본이 보이지 않게 된다면 해부학자들에게 전혀 소용이 없는 표본이 되기 때문이다.

그러나 이 원리를 투명인간을 비롯한 살아 있는 유기체에 적용할 때는 문제가 달라진다. 우선 살아 있는 생물조직을 손상시키지 않으면서 투명한 액체로 적신다는 것이 그리 간단한 일이 아니며, 그렇게 한다고 해도 좀 투명해지기는 하겠지만 완전히 보이지 않는 것은 아니다.

더구나 투명인간에서의 결정적인 문제점은 자연진동수가 빛의 진동수와 달라야 한다는 점이다. X선이 우리 몸을 지나가는 것은 고진동수로 떨고 있기 때문인데 인간이 투명해지기 위해서는 우리 몸의 자연진동수도 영역이 달라져야 한다. 이른바 분자들의 떨림을 꽉 조여 주어야 한다.

그러나 우리 몸의 70% 이상이 물로 이루어져 있고 수소 결합이 우리 몸을 조이고 있기 때문에 분자들의 떨림을 조여준다면 정상적인 생명활동이 불가능하거나 구조가 깨질 것으로 추정된다.

다소 어렵게 생각되면 지나쳐도 된다. 설명의 요지는 투명인간이 원천적으로 불가능하다는 뜻이기 때문이다.

약품을 사용하는 것말고도 투명인간을 만들 수 있는 재미있는 아이디어가 있다. SF 분야에 신기원을 이룩했다는 H. G. 웰스의 일대기를 다룬 영화 「웰스 이야기」에서 감독은 웰스의 회상을 빌어 1893년 9월 17일 하루에 일어났던 이야기를 전개한다. 타임머신, 투명인간 등을 섞어 버무렸는데 여기에서의 투명인간은 그의 소설과는 완전히 다른 이론을 전개한다.

마틴 교수는 인간의 반응 사고를 가속화시킬 수 있는 가속제를 만드는데 이것은 벌새처럼 빨리 움직이면 벌새의 날개 움직임을 인간들이 볼 수 없다는 사실에 근거한 것이다. 그가 만든 가속제를 마시면 스스로 가속되는데 그가 얼마나 빨리 가속되는지 그가 보는 모든 세계의 현상이 정지된 것처럼 보인다. 반면에 사람들은 그의 움직임을 전혀 포착할 수 없으므로 투명인간을 본 것처럼 놀란다.

영화에서 마틴 교수는 가속제의 효과가 떨어지지 않을 뿐만 아니라 제어제를 만드는 데 실패하여 일반인들에게는 고작 1시간 30분의 시간인데 무려 50년이라는 세월을 겪는다. 그는 웰스와 만나서 자신의 심경을 실토한다. 모든 것이 정지된 호기심의 세계에서 50년이나 살았지만 함께 이야기를 나눌 사람이 한 명도 없었다는 것이 가장 큰 문제였다고 말이다. 투명인간도 친구가 필요하다는 뜻이지만 여하튼 굳이 인간이 투명할 필요가 없다는 결론을 제시했다.

「드래곤볼」에서도 유사한 원리가 나온다. 일명 '잔상권'이라 하여 인간의 동작을 빠르게 하면 마치 수많은 사람이 있는 것처럼 보인다는 것이다. 손오공이 빨리 회전하자 수많은 손오공으로 보이므로 진짜 손오공이 누구인가를 알아차리지 못하는 것은 물론, 워낙 빠르기 때문에 아무도 그의 동작을 식별하지 못한다. 결론은 손오공의 승리!(보이지 않는 사람과 어떻게 싸우겠는가!)

영화나 텔레비전은 한 화면을 만드는 데 30분의 1초밖에 걸리지 않는데 사람 눈의 잔상(殘像, Persistence of vision) 효과는 15분의 1

초이므로 우리는 단절감을 느끼지 않고 영화나 브라운관 속의 연속적인 동작과 행동을 볼 수 있다. 여하튼 잔상을 이용하면 인간의 모습이 보이지 않을 수는 있겠지만 인간이 그와 같이 빨리 움직일 수 없다. 이것 역시 '불가능의 영역'이기 때문이다(세계에서 가장 빠른 사람이 100m 달리기에서 결승 테이프를 끊는 장면을 너무 빨라서 볼 수 없다는 사람은 없다).

재미있는 사실 하나, 「웰스 이야기」에서 주인공인 제인이 자신의 애인인 마틴 교수의 발명품을 가리켜 X선의 발견만큼이나 대단한 것이라고 칭찬하는데 이 영화가 다룬 날짜는 1893년 9월 17일이다. 그런데 뢴트겐의 X선은 1895년 말에 발견된다.

이런 정도의 모순은 관객들이 양해하리라 생각한다.

과학 앞에 무릎 꿇는 투명인간

인간의 장점은 바로 불가능한 과학이 현실로 되었을 때를 상상해 볼 수 있다는 점이다. 타임머신이나 초광속 여행이 불가능의 과학 영역에 들어가지만 그 영역을 과감히 떨쳐버릴 수 있기 때문에 SF 영화나 소설의 소재는 줄어들지 않는다. 과학이 발달하여 한반도 전체를 투명공간으로 만든다면 투명인간들이 마음껏 활보할 수 있지 않을까 상상해볼 수도 있다. 그러나 이런 상황도 불가능하다.

공간 안에 있는 투명인간은 아무것도 볼 수 없는 장님이기 때문이다. 신체의 모든 부분이 투명하다는 것은 눈의 수정체 등 모든 부분이 투명하다는 것으로 눈이 투명하다는 것은 눈의 굴절률이 공기의 굴절률과 같다는 뜻이다. 눈이란, 수정체 · 유리체 및 기타 부분들은 외부

▶「할로우 맨」
투명인간은 눈 뜬 장님이다. 수정체 등 눈의 모든 기관이 투명하면 공기와 굴절률이 같아져 빛을 굴절시키지 못하기 때문이다.

에 있는 대상의 영상이 눈앞에 있는 망막 뒤에 맺어지도록 광선을 굴절시키는 것이다. 그런데 눈과 공기의 굴절률이 같다고 하면 빛의 굴절을 일으키는 유일한 원인이 제거되고 만다.

즉 동일한 굴절률을 가지는 하나의 매질로부터 다른 매질로 넘어갈 때에 광선의 방향은 변하지 않으며 광선이 한 점에 모이지도 않는다. 광선을 굴절하지 않을뿐더러 눈에 색소가 없기 때문에 아무런 방해도 없이 투명인간의 눈을 지나친다는 뜻이다. 완전히 투명한 눈이라면 광선은 물론 흡수하지도 못한다는 뜻으로 그렇지 않으면 투명하지 않다는 뜻이 된다.

해양학자들은 다음과 같은 사실을 너무 잘 알고 있다.

"바다의 수면 바로 아래에 사는 대부분의 동물은 투명하고 빛깔이 없다. 그들을 그물로 건져올리면 그들의 혈액에는 헤모글로빈(혈색소)이 없으므로 완전히 투명하다. 그들을 알아볼 수 있는 방법은 눈알로 파악하는 것뿐이다."

아무리 투명인간이 된다고 해도 투명효과를 얻을 수 없다면 투명인간이 존재해야 할 이유가 없다. 투명공간을 만든다고 해도 투명인간을 만들 수 없다면 투명공간을 만들 필요가 없음은 당연한 일이다.

바로 이런 아이러니컬한 문제를 적나라하게 보여주는 것이 바로 보이지 않는 잠수함이다. 잠수함 자체는 보이지 않으므로 비밀리에 적군의 함선에 다가갈 수 있다. 그러나 투명공간에서 일어났던 문제점이 여기에서도 일어난다. 적군의 함선이 어디 있는지 등을 정확하게 파악하기 위해서는 눈(잠망경)이 있어야 한다는 점이다. 잠망경이 없는, 즉 눈이 없는 잠수함은 적에게 보이지 않는다는 이점(利點)을 하나도 살릴 수 없다.

투명잠수함을 찾는 임무를 가진 구축함 선장의 구호, '잠망경을 찾아라?' 망망대해에서 잠망경을 찾는 것이 쉽지 않겠지만 투명잠수함도 밖을 보지 않으면 지나가는 선박들과 충돌할 수 있으므로 발각될 위험은 항상 있다. 누가 이기는지는 감독의 마음이지만 필자는 50대 50으로 추정한다.

투명인간은 존재할 수 없다고 하지만 과학은 보이지 않는 세계를 보기 위한 노력을 통해 발전해 왔다고 볼 수 있다. 미시세계를 살피는 현미경이나 망원경, 또 X선의 발명과 발견이 현대과학에 어떤 영향을 미쳤는지 생각해 본다면 충분히 수긍할 수 있는 이야기이다.

하지만 자물쇠가 있으면 열쇠도 있는 법. 반대의 경우, 즉 보이지 않는 세계를 보이게 만드는 '투명과학'도 이와 함께 발전해 왔다.

미국이 개발해 실전에 투입하고 있는 스텔스기는 적의 레이더에 잡히지 않고 비행해 적진을 공격할 수 있는 이른바 '보이지 않는 비행기'이다. 이 전폭기의 비밀은 적의 레이더에서 발사된 전파를 흡수해 반사하지 못하게 하는 전파흡수재에 있다.

원래 레이더는 전파 빔을 발사하여 대상물에 부딪혀 반사돼 돌아오는 반사파를 잡아 대상물의 위치와 거리를 파악하는 장치다. 즉 레이더는 대상물체에서 반사되는 반사파가 없다면 아무것도 식별할 수 없다. 스텔스기는 레이더에서 발사되는 전자 빔이나 마이크로파 등을 자체에서 흡수해 대상 물체를 인식하지 못하게 하는 도료를 입히고, 동체의 각을 특수하게 하여 적의 레이더를 피할 수 있다.

이 도료는 특수 도료용 합성수지(바인더)에 특수 전파흡수재를 가해 만드는데 그 성분이 자세히 알려지지는 않았지만 대체로 카본블랙·금속분말·페라이트·금속섬유 등을 사용한 것으로 알려져 있다.

세계2차대전 말, 독일의 대형 군용차량들이 한밤중에 라이트도 켜지 않고 전속력으로 목적지를 향하고 있었다. 차량들은 유명한 V-2 미사일과 그 발사대를 영국과 가까운 네덜란드로 옮기고 있었다. 이미 전세는 기울어 연합군이 제공권을 장악하고 있었음에도 독일군 트럭들은 아무런 공습도 받지 않았다. 이들이 연합군의 공습을 피할 수 있었던 것은 적외선 반사경과 야간탐지를 위한 영상변환기를 갖춘 특수장비를 트럭에 장착했기 때문이었다.

연합군은 전쟁이 끝나자마자 적외선 시스템을 노획하여 곧바로 실용화에 들어갔다. 미국은 적외선을 사용하는 야간사격 조준경을 소총에 부착시켰다. 이 조준경으로 어둠 속에서도 80m 떨어진 곳의 적병을 정확히 명중시킬 수 있었다. '저격 조준경'이라고 알려진 이 장비는 미군이 태평양전쟁에서 처음 사용하였고 당시 일본군에게 크나큰 타격을 안겨주었다.

적외선 조준경은 인간 시력의 한계를 획기적으로 높인 것이라 할 수 있다. 조준경을 비롯한 적외선 탐지장치는 물체의 모양을 그대로 관측함으로써 신속한 대응책을 강구할 수 있게 하는데 어둠 속이나 혹은 벽 뒤에 있는 생명체를 감지할 수 있다. 영화 「할로우 맨」에서는 투명고릴라나 개를 포착하기 위해서 적외선탐지 안경을 사용한다.

적외선 장비는 능동형과 수동형이 있는데 능동형이란 전파 대신 레이더의 원리대로 목표에 비추어 반사해서 되돌아오는 적외선을 이미지관이 장착된 일종의 모니터로 보는 방식이고, 수동형이란 목표로부터 오는 미약한 빛, 또는 적외선을 모니터에서 증폭하여 보는 것이다.

적외선을 이용한 야간 감시장비의 유효 사거리가 3km에 달하는 것도 있다. 장갑차에 적재돼 있는 적외선 감시장비는 영하 125℃보다 더 높은 온도의 물체면 탐지와 함께 조준 사격을 가할 수 있을 정도로 정교하다. 쌍안경을 눈에 걸치는 듯한 고글도 많이 사용되는데 배율은 아홉 배이고 약 150m 떨어진 거리에 있는 물체를 탐지할 수 있다. 이 정도면 차량이나 전차를 야간에 운전하는 데 문제가 없다.

그러나 이러한 장비도 주위의 환경조건에 큰 영향을 받는다. 존 맥티어난 감독의 영화 「프레데터Predator」에서는 적외선을 감지하는 바이오 헬멧을 쓴 외계인 프레데터를 맞아 주인공인 더취 소령이 진흙을 몸에 바르자 프레데터는 알아차리지 못하고 그대로 지나친다. 이것은 진흙에 함유된 물분자가 적외선을 강하게 흡수하기 때문이다. 하지만 역으로 적외선 감지기는 비가 오면 사용할 수 없다는 사실을 뜻한다.

실제로 적외선 감지기는 '보안장치' 로 사용된다. 오우삼 감독의 영화 「종횡사해Once A Thief」에서는 귀중한 미술품이 보관되어 있는 전시관에 침입자가 있을 경우 경보기가 작동되도록 레이저 보안장치가 설치되어 있다. 눈에 보이지는 않지만 레이저 빛이 방안을 거미줄 같이 지키고 있어 이 선을 건드리기만 하면 경보가 울린다. 이때 사용하는 레이저 빛이 적외선이다.

▶「프레데터」
투명인간이 적외선 카메라에 대비
하여 위장용 물체 속에 들어가 있더
라도 고분광 이미지 처리기술로 위
장용 물체인지, 진짜 물체인지 금방
알아낼 수 있다.

그뿐이 아니다. 최신형 스파이 위성은 고분광 이미지(hyperspec
tral imaging) 처리가 가능한 고분광 카메라를 사용하여 전자기 스펙
트럼의 적외선을 포함하여 육안으로 볼 수 없는 색까지 감지해낼 수
있다. 투명인간이 적외선 카메라에 대비하여 위장용 물체 속에 들어
가 있더라도 고분광 이미지 처리기술은 위장용 물체인지 진짜 물체인
지를 페인트 간의 미묘한 차이로 알 수 있는 것이다.

여하튼 이런 장비들은 현재까지 알고 있는 위장기술조차 식별하므
로 투명인간이 등장해도 소용이 없다는 것을 의미한다.

누구나 투명인간이 되면 이루 헤아릴 수 없는 거의 무한한 자유를
거머쥘 수 있으리라 상상한다. 어디 있건 아무 흔적도 남지 않으며 어
디에나 갈 수 있고 무엇이든 손에 넣을 수 있다고. 남의 비밀 이야기
도 마음대로 들을 수 있고 마음에 드는 물건을 훔쳐내는 것도 자유
다! 아무한테도 방해받지 않고 말이다.

그러나 사람의 몸이 다른 사람의 눈에 띄지 않아야 하는 일은 소설
이나 영화에서처럼 범죄 이외에는 그 쓸모를 찾아보기 어렵다. 투명
인간이 등장해 범죄를 계속 일으키면, 그가 출몰할 지역을 미리 예상

하여 적외선 투시장치나 비가시광선 센서 등의 장비를 설치해 놓으면 된다. 투명인간이 일반 사람들의 눈에는 보이지 않을지 몰라도 첨단 장비 앞에서는 꼼짝할 수 없기 때문이다.

19세기에 등장한 투명인간은 20세기 후반의 첨단과학 앞에 무릎을 꿇어야 한다는 뜻이다. 그러므로 만약 투명인간의 필요성에 대한 합목적성을 가진 사회적 요구가 제기된다면 투명인간은 이제까지와는 다른 모습으로 등장해야 한다.

J.R.R 톨킨의 「반지의 제왕The Load of the Rings」은 절대적인 힘과 권력을 가진 반지를 둘러싼 호비트족과 악의 제왕 사우론의 치열한 전투를 그렸다. 반지는 악의 제왕 사우론이 만든 것으로 모든 힘의 상징이며 세계의 운명이 그 반지에 달려 있다. 악을 쳐부술 수 있는 유일한 방법은 반지가 처음 만들어졌던 '운명의 산'의 용암 속에 던져넣는 것으로 이를 위해 수많은 난관을 돌파해야만 한다.

영화는 반지의 주인들에게 반지를 절대로 손에 끼지 못하게 한다. 반지를 손에 끼면 투명인간이 되지만 투명인간이 되었다고 자유로워지는 것이 아니라 오히려 악의 영령이 나타나는 등 위험에 처하기 때문이다. 그러므로 위험이 닥쳤을 때 잠시 반지를 끼곤 하지만 곧바로 반지를 빼고 본래의 모습이 된다. 투명인간이 되면 주인공 마음대로 모든 일을 할 수 있다는 사람들의 환상을 여지없이 깨버리는 것이다.

반면에 조앤 롤링이 창작한 신세대의 영웅 해리포터는 여러모로 다르다.

해리포터는 호그와트 마법학교에 입학하던 해, 크리스마스 이브 선물로 아버지가 맡긴 은회색 망토를 선물 받는다. 망토를 걸치고 거울을 보자 망토에 덮인 부분은 전혀 보이지 않고 머리만 공중에 떠서 자기를 바라보는 것이다. 이번에는 망토를 머리에서부터 뒤집어쓰자

거울 속 영상은 완전히 사라졌다.

생애 최고의 선물을 받은 해리. 호그와트 전체가 자신에게만 열려 있는 것을 알아차리게 된다. 해리가 가지 못할 곳은 아무도 없다.

그러나 해리는 망토만 걸치면 전혀 보이지 않는다는 것을 알지만 투명망토를 나쁜 목적으로 쓰지 않는다. 착한 해리포터이니까 그럴 수 있다고 생각하지만 실제로 투명망토가 있다면 유혹에 빠지지 않을 사람은 없을 것이다. 해리가 마법사이기는 해도 호그와트 마법학교에서는 엄연히 학생 신분이므로 적어도 시험지 정도는 미리 빼낼 생각 정도는 했을 것이 당연하다. 어떻게 보면 그런 생각을 꿈도 꿔보지 않는 해리가 이상할 정도다.

그러나 원작자인 조앤 롤링은 해리가 나쁜 짓을 하지 않더라도 망토의 위력을 십분 이용하여 독자들을 즐겁게 해준다. 해리가 나쁜 짓에 투명망토를 이용하지 않는 이유도 곁들였다. '어둠의 마법 방어술'을 가르친 무디 매드아이 교수는 투명망토 속에 있는 사람을 볼 수 있으며 덤블도어 교장도 그런 능력을 가졌다. 조앤 롤링이 두 마법사가 가진 능력이 무엇인지 정확하게 적지는 않았더라도 두 마법사는 보통의 빛 말고도 적외선을 감지하는 능력을 가졌을지도 모를 일이다.

여하튼 『해리포터』를 보면 투명인간이 항상 악한 일을 해야만 사람들이 재미있게 생각하는 것은 아님을 알 수 있다. 과학자들도 어쩌면 투명인간을 만들겠다는 욕심보다는 소설이나 영화처럼 투명인간이 보여주는 여러 가지 상황을 상상해보는 것이 더 즐거운 일일지 모른다.

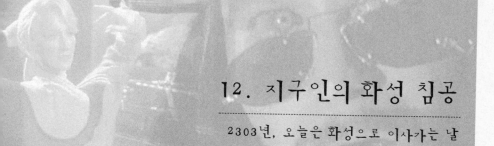

12. 지구인의 화성 침공

2303년, 오늘은 화성으로 이사가는 날

　팀 버튼 감독의 「화성 침공Mars Attack」은 연대가 불분명한 어느 날 화성인이 지구에 출현한다는 기상천외한 스토리이다.

　세계 평화와 자유 진영의 지도자를 자처하는 미국 대통령 제임스 데일은 이들을 영접할 준비를 한다. 그러나 평화를 원한다며 지구를 방문한 화성인들은 네바다 사막의 환영장에 나타나 환영인파를 무참히 살해한다. 화성인들의 예기치 못한 행동은 화성과 지구의 문화적 차이 때문이라고 판단한 데일은 화성인들과 재교신을 시도하고 화성인들이 공식적인 사과문을 보내오자 이를 순수한 마음으로 받아들이는데…….

　그러나 미국 국회의사당에서 사과 연설을 하겠다고 도착한 화성인들은 거기 모인 정치인들을 모조리 살해한다. 데일은 백악관 집무실까지 침공한 화성인들에게 이럴 것이 아니라 공생번영하자고 제안하지만 화성인들은 묵살하고 그마저 살해한다.

지구를 침공한 화성인은 마지막에 격퇴되는데 전형적인 할리우드 스타일의 영화를 팀 버튼 감독은 특유의 재치로 코믹하게 만들었기 때문에 영화로 나올 당시 큰 화제를 불러일으켰다.

외계 생명체를 소재로 한 영화, 애니메이션, 소설 등은 셀 수 없을 정도로 많다. 「스타워즈」, 「스타트랙」, 「에이리언」처럼 시리즈물로 연속하여 제작된 것도 많고, 「미지와의 조우Close Encounters of the Third Kind」, 「E.T.」, 「인디펜던스 데이」, 「맨 인 블랙Men in Black」, 「스피시즈Species」, 「스타십 트루퍼스Starship Troopers」 등 특히 흥행에 성공한 SF는 외계인을 주제로 한 것들이 많다. 대부분의 외계 생명체들은 특수한 능력을 가지고 있으며 혐오스러운 모습으로 그려져 인간들이 퇴치해야 할 적으로 등장한다.

물론 외계인을 모두 부정적으로만 묘사하는 것은 아니다. 「미지와의 조우」, 「E.T.」처럼 외계 생명체에 대한 궁금증을 토대로 외계인에 대한 환상을 표현하기도 하며 존 카펜터 감독의 「스타맨Starman」처럼 지구인과 우주인의 사랑을 감미롭게 그린 영화도 있다.

「스타맨」은 1977년 미국에서 우주탐사선 보이저 2호를 발사하면서 우주를 향해 지구인의 메시지를 발송하자 이 전파를 받은 외계인이 지구의 실상을 관찰하기 위해 정찰원을 파견하는 것으로부터 이야기가 시작된다.

그의 이름은 스타맨 제프인데 놀라운 것은 그의 등장 방법. 남편이 사망한 지 얼마 안 되는 제니의 집에 들어가 사망한 그녀의 남편의 머리카락을 이용하여 남편과 똑같은 모습으로 복제되어 나타난 것이다. 제프는 3일 안에 그의 모선으로 돌아가야 하는데 그의 도착을 안 지구인들은 군대까지 동원하여 그를 쫓는다.

제프가 외계인이므로 감독은 그에게 상상할 수 없는 능력을 주었다. 죽은 사슴은 물론, 총알이 머리를 관통한 제니까지 살려내는 것이다. 여하튼 제프는 제니를 사랑하게 되지만 그를 데리러 온 우주선이 도착하자 제니에게 자신과 남편의 아이(남편의 머리카락으로 자신이 태어났으므로 남편의 아들도 됨)가 태어날 것이라고 말한 후 지구를 떠난다. 외계인과 지구 여인의 3일간에 걸친 사랑, 탈출, 기적을 감동적으로 화면에 담아 외계인을 꽤 우호적인 모습으로 그렸다.

여하튼 지구 밖에 우리와 같은 지적 생물이 있는가, 라는 질문은 새로운 종류의 호기심과 공포를 만들어낸다. 만약 우리보다 우수한 과학기술을 가진 외계인이 존재한다면 그들이 우리의 적이 될지 친구가 될지 알 수 없는 일이다.

외계인은 때로 인간의 창조주나 구원자로 신격화되기도 한다. 그러나 만일 외계인이 없다면 이는 거대한 우주 속에 인간과 같은 생명체가 지구에만 있다는 것을 뜻하며 이는 우리가 얼마나 외로운 존재인지를 부각시켜주는 것이다. 영화 「콘택트」도 지구인들의 외계인에 대한 관심을 단적으로 보여준 것이다.

여하튼 18세기까지만 해도 태양계의 다른 행성에 생물체들이 살고 있다는 생각에 의문의 여지가 없었다. 호이겐스라든가 퐁트넬, 보드와 같이 유능한 천문학자들은 지구가 아닌 다른 태양계 행성에 사는 주민들의 특성에 대해 기록했다. 칸트는 화성인들이 신체적으로는 아닐지라도 최소한 정신적 측면에서는 우리들과 비슷할 것이라 생각했다.

19세기 초에 가우스는 시베리아에 직각삼각형 모양의 거대한 밀밭을 만들어서 인근 행성에 사는 주민들에게 눈에 띄는 메시지를 보이

▶「미지와의 조우」
지구 밖에 우리와 같은 지적 생물이
있는가, 라는 질문은 새로운 종류의
호기심과 공포를 만들어낸다.

자고 제안했다.

19세기 말에 화성을 대중들에게 알리는 데 크게 기여했던 카미유 플람마리옹은 화성이 쇠처럼 단단하다고 믿었다. 화성인들은 아마도 날개가 달려 있어서 최소한의 중력이라도 이용할 수 있는 종(種)일 것이며 우리보다 더 오래되었고 그렇기 때문에 더 '완벽할 것' 이라고 생각했다. '그들은 사회생활을 하고, 가족을 이루어 생활하며 결합하여 국가를 구성하고 도시를 세웠으며 예술을 정복하였다' 라고 그는 적었다.

이런 면을 종합해 볼 때 옛날 사람들은 다른 행성의 생명체가 지구인들에게 어떠한 위해를 가할지도 모른다고는 생각조차 하지 않았다는 사실을 알 수 있다.

화성의 운하는 인공수로?

고대인들에게 화성은 별로 주목의 대상이 아니었다. 하늘을 날 수 있다는 상상조차 못한 상태에서 달보다 훨씬 더 멀리 있는 화성에 대해 무슨 생각을 할 수 있었겠는가!

그런데 망원경이 발명되고 과학이 발달하기 시작하자 지구와 달이 아닌 다른 행성에 대해서도 사람들은 관심을 보이기 시작했다. 1830년에 독일의 천문학자 베어가 화성의 지도를 그렸는데 그는 어두운 부분은 바다이고 밝은 부분은 육지라고 가정했다. 그리고 영국인인 도즈는 1864년에 화성의 바다를 연구했는데 그가 제시한 바다는 대륙으로 추측되는 황토색의 밝은 지대와 그와 대비되는 어두운 회색지대였다. 베어는 여러 가지의 바다가 있는데 어떤 바다는 끝이 뾰족하고 큰 강처럼 분기된 지류로 이루어져 있다고 눈으로 직접 본 듯 상세하게 설명했다.

예수회의 천문학자인 안젤로 세키는 이런 바다를 고랑이라는 의미에서 '카날리(canali)'라고 명명했는데 이 단어가 '운하(canal)'로 잘못 번역되어 화성에도 지적(知的) 생물체가 있다는 견해가 전해지기 시작했다. 그리하여 1877년 화성과 지구가 가장 가까운 거리로 접근하자 많은 학자들이 화성에 운하가 있다는 것을 기정사실로 믿기 시작했다.

특히 밀라노 천문대장인 지오반니 스키아파넬리는 화성의 운하를 자세히 연구해서 도면을 그리더니 이들 운하마다 신화에 나오는 이름이나 고대 그리스, 로마, 이집트의 지명을 붙였다. 그는 이 운하들이 마치 극지의 빙원이 녹으면서 바닷물이 불어나는 것처럼 더운 계절에는 두 줄기로 보인다고 주장했다.

1894년 미국인 퍼시벌 로웰이 무대에 등장한다. 로웰은 1883년과 1884년에 조선을 방문, 극동에 관한 책도 쓴 사람이다. 그는 화성인을 만나보겠다는 야심을 갖고 뒤늦게 천문학에 관심을 기울였다. 로웰은 지구와 화성이 근접하자 전재산을 투자해서 대구경 천체망원경을 구입, 애리조나 주의 산악도시인 플래그스테프의 해발 1,600m에 사설 천문대를 세우고 본격적인 화성탐사를 시작했다. 로웰은 500개 이상의 운하를 발견하고 다음해에 『화성』이라는 책을 발간했다. 그의 결론은 운하는 인공수로로 화성인이 틀림없이 존재한다는 것이다.

1896년에 로웰은 『화성과 운하』, 『생명의 발상지로서의 화성』을 출간했다. 로웰도 스키아파넬리처럼 화성의 계절을 상세하게 연구하여 겨울이 끝날 무렵이면 극지방의 얼음이 녹으면서 물이 흐르면 운하가 짙어지는 동시에 초목이 성장하므로 색깔이 점점 더 진해진다고 주장했다. 또한 화성에 살고 있는 주민들은 지구인보다 진보된 종족이라고 추정했다.

그러나 천체망원경이 발전하면 발전할수록 화성에 존재한다는 운하에 관해서는 초기의 발표와는 정반대되는 결과가 쏟아져 나오기 시작했다. 수많은 천문학자들이 성능이 좋은 망원경으로 관찰했으나 보이는 것이라고는 무수히 많은 불규칙한 반점들뿐이었다.

운하를 적극 주장하던 로웰은 1916년에 사망했지만 화성의 운하에 대한 논쟁은 사라지지 않았다. 결국 천체망원경이 커지면서 세밀하게 화성을 관측할 수 있게 되자 운하에 대한 논쟁보다는 화성의 생명체에 대한 관심이 부각되기 시작한다.

1921년 마르코니는 모스 부호로 된 V자가 포함된 신비로운 신호를 우주에서 포착했다고 발표했다.

1924년 화성이 지구에 근접하자 미국 정부는 화성에서 보내는 신호를 들을 수 있게끔 몇 시간 동안 방송을 중단하도록 모든 라디오 방송국에 요구했다. 물론 아무런 신호도 포착되지 않았다.

🎬 지구를 침공한 화성인

화성인에 대한 열풍을 작가들이 가만히 놔둘 리 없었다. 그 중에서 가장 유명한 것이 1897년에 H. G. 웰스에 의해 발간된, 화성인들의 지구 침공을 다룬 『세계전쟁』이다. 1938년 10월 30일 화성인이 미국의 뉴저지에 착륙한다는 줄거리로 여기에서 그는 화성인을 마치 문어와 같이 묘사했다.

"화성인은 지능이 매우 발달해서, 1.2m 정도밖에 되지 않는 몸의 대부분을 뇌가 차지하고 있고 이를 16개의 더듬이가 떠받치고 있어서 흡사 문어와 비슷하게 생겼다. 심폐기능은 발달되어 있지만 후각과 같은 감각이나 생식기관, 소화기관들은 모두 퇴화되어 있다. 이들은 다른 생명체의 신선한 혈액을 뽑아서 자신들의 몸에 주입하는 방법으로 영양을 섭취한다."

화성인들이 지구에 온 것은 지구가 자신들이 살 수 있는 지역인지를 조사하기 위해서이다. 화성인들은 물 부족과 혹한의 기후 문제를 극복하기 위해 지구정복 계획을 가지고 있었던 것이다. H. G. 웰스는 화성인들이 엄청난 크기의 대포로부터 발사된 원통형 발사체를 이용해 지구에 도달하는 것으로 가정했다.

이때까지만 해도 외계인들에 대해 부정적인 이미지는 거의 없었다고 해도 과언이 아니다. 그러나 1938년이 되자 화성인에 대한 신화는 공포로 바뀐다. 오손 웰스가 『세계전쟁』을 라디오 드라마로 제작했는데 이 드라마가 워낙 실감나는 뉴스 형식으로 방송되는 통에 수많은 청취자들이 공포에 사로잡혀 지하로 대피하거나 보따리를 싸들고 도

망치는 초유의 사태가 벌어졌다. 이 후 외계인들이 지구를 식민지로 만들기 위해 공격하거나 지구인들을 납치한다는 스토리의 소설이나 영화들이 쏟아져 나왔다.

이런 위기감에 편승한 듯 태양계에는 지구를 제외하고는 지적 생명이 없으므로 안심해도 된다는 얘기가 나돌았다. 더구나 1941년에 베르나르 리오가 남프랑스의 산봉우리에서 화성을 관찰, 운하는 없다고 함으로써 운하에 대한 시비에 종지부를 찍는다.

그러나 아무래도 이런 시비는 현장에 직접 가서 확인해 보는 것이 가장 좋은 방법이다.

드디어 과학이 발달하여 지구에서 다른 행성으로 우주선을 보낼 수 있게 되자 화성이 우주탐험의 제1목표가 되었다. 1965년에 마리너 4호가, 1971년에 마리너 9호가 화성 상공을 날았다. 1976년에는 바이킹호의 착륙선이 화성에 무사히 안착했다. 화성으로부터 수많은 사진과 측정치가 지구로 송신되자 로웰이 주장하던 운하는 사라져 버렸다.

지구인들을 열광으로 몰아갔던 화성의 운하가 결정적으로 부정되자 도대체 어떤 연유로 화성에 운하가 존재한다는 말이 나올 수 있었느냐가 의문이 부각되었다. 운하의 존재를 발표한 스키아파렐리나 로웰은 나름대로 성실한 과학자였으므로 거짓으로 운하를 조작했다고는 믿을 수 없었기 때문이다.

이러한 중요한 사건에 대해서는 나름대로의 결론을 내리는 사람이 한두 명은 꼭 나온다. 영국의 심리학자인 에드워드 W. 마운더는 로웰이 존재하지도 않은 124개의 운하를 어떻게 그렇게 상세하게 그릴 수 있었는지 알아보기 위해 간단한 실험을 했다. 그는 서로 꼬인 선들을 알아보기 어렵도록 아무렇게나 그린 다음 교실에 모인 학생들에게 보이는 대로 그려보라고 했다. 교실 뒤쪽에 앉은 학생일수록 기하학적인 선과 구조를 그림으로써 자신이 그린 그림을 분명하게 해석하였다.

그의 결론은 간단했다.

로웰이나 사람들은 자신들이 보기 원하는 것을 보았다고 그림으로써 화성의 본 모습을 왜곡하는 결과를 낳았다는 것이다.

그들은 과학이 발달하여 화성에 우주선을 보낸다면 그들의 거짓말이 들통나리라는 사실을 미처 생각하지 못했던 것이다.

🎞 지구인의 화성 침공

화성인의 지구 침공은 원천적으로 불가능한 일이다. 지금까지 알려진 자료에 의하면 화성에는 지구를 침공할 만한 지적 생물체가 없으며 고도의 문명도 존재하지 않는다. 그러므로 이 책에서 다루는 불가능의 과학이라는 분야를 감안할 때 화성인의 지구 침공이 이 책의

▶「스타십 트루퍼스」
지금까지 알려진 자료에 의하면 화성에는 지구를 침공할 만한 지적 생물체가 없으며 고도의 문명도 존재하지 않는다.

주제에 부합되는가 의문을 품음직도 하다.

그럼에도 불구하고 필자가 이 장을 다루는 뜻은 간단하다. 지금까지 거론한 11장에 걸친 주제들은 과학기술의 발전에도 불구하고 해결할 수 없는 내용이 주조를 이루어 과학의 한계성을 말해주는 내용들이다. 이를테면 사람들로서는 별로 유쾌하지 않은 주제인 것이다. 그러나 마지막 장은 제한되거나 불가능한 결론만을 유도하는 것이 아니라 이제까지 불가능하다고 생각했지만 인간의 노력에 의해 얼마든지 실현될 수 있다는 희망적인 이야기를 하고 싶은 것이다.

외계의 생물이 지구를 침공한다는 가정은 많은 SF 영화의 소재가 되었다. 결론은 지구인이 외계인을 물리친다는 판에 박힌 이야기였으니 이번엔 지구인이 오히려 외계를 침공하는 얘기를 해보면 어떨까? 지구를 침략하려는 외계인에 대항하여 싸운다는 수동적인 이야기에서 우주를 개척한다는 공격적인 이야기로……

이에 가장 근접한 이야기가 지구인의 화성 침공이다.

지구인의 화성 침공이라니 무슨 해괴한 이야기냐고 반문하는 사람들도 있겠지만 이것은 화성에 운하가 있으며 화성인이 지구를 침공한다는 것과 같은 공상적인 이야기는 아니다. 이와 같은 이야기가 나올 수 있는 근거는 현재 세계의 인구는 60억이나 되며 이런 추세로 나간다면 2050년 이전에 100억에 도달할 것이라는 데 근거한다.

지구의 인구가 100억 이상이 된다면 당연히 심각한 문제가 발생한다. 그것은 바로 식량이다. 과학기술이 발달하여 지구에 있는 모든 사람이 현재 미국 정도의 식생활을 한다고 하면 한 사람이 1년 동안에 필요한 식량은 곡물량으로 환산할 때 0.8t이 된다.

현재 세계 총곡물생산량은 약 19억t으로 추정된다. 그리고 모든 토지를 가능한 한 경지로 바꾸고 단위 면적당 수확량 등이 폭발적으로 증가한다고 가정하면 미래의 곡물 생산량은 지금보다 네 배 가까이 증가할 수 있다. 지구에서의 총 생산량이 76억t까지는 가능하다는 뜻인데 이 곡물 생산량을 1인당 소비량으로 나누면 100억 명까지 먹여 살릴 수 있다는 뜻이다.

그러나 앞으로 과학기술이 점점 발달하여 암 등 난치병들이 사라지고 식생활이 개선되어 지금보다 평균수명이 높아진다면 100억 명을 초과하는 시간은 매우 빨라질 것으로 예상된다. 학자들에 따라 그 시기를 2020년으로 예상하기도 한다. 이는 인간들이 아무리 삶의 방식을 바꾸고 에너지 자원 절약에 노력한다 하더라도 100년 후 지구의 미래가 결코 밝지 않다는 것을 뜻한다.

지구상의 생명은 새로운 환경으로 바뀔 때마다 도전하고 변모하여 새로운 환경에 적응하는 일에 성공해 왔다. 그렇지 않을 경우는 거의 모든 생명체가 도태한다. 이 지구상에서 생명이 존재하지 않는 환경이 없다고 할 만큼 생명은 지구 전체에 폭넓게 분포하고 있지만 그들 모두 각자 자신이 처한 환경에 적응하기 위해 최선을 다하는 것이다.

그러나 인구가 폭발적으로 늘어난다면 둘 중 하나를 선택하지 않으면 안 된다. 초과된 인구를 줄이든가 그렇지 않으면 초과된 인구들이 모두 살 수 있는 새로운 공간을 찾는 것이다. 바로 이러한 문제점의 해결이 지구 아닌 다른 행성으로의 이주이다.

그런데 문제는 태양계에는 인간이 살 수 있는 행성이 지구 외엔 없다는 것이다. 지구를 제외한 행성은 모두 생물의 자취가 없는 불모의 행성으로 인간이 도저히 살 수 없다. 지구보다 태양에 가까이 있는 행성은 몇백℃나 되는 지옥과 같은 기온이고, 지구보다 먼 행성은 일부 행성을 제외하고는 얼음나라같이 차갑다.

태양에서 제일 가까운 수성은 낮 평균온도 350℃, 밤 평균온도는 영하 170℃로 하루의 일교차가 500~600℃나 된다. 금성은 평균온도가 480℃나 되며, 화성은 평균 최고 표면온도는 20℃, 최저는 영하 140℃이지만 평균기온은 영하 50℃에서 70℃를 웃돈다. 참고로 지구의 표면온도 평균은 20℃이며 최고온도는 60℃, 최저온도는 영하 90℃이다.

목성을 비롯한 외각의 행성들은 태양에서 멀리 떨어져 있으므로 환경이 더욱 불리하다. 목성의 평균 표면온도는 구름 상층부에서 영하 110℃이며 토성도 구름 상층부에서 영하 180℃이다. 천왕성과 해왕성은 더욱 차가워 구름 상층부에서 영하 216℃이며 명왕성의 경우는 영하 223℃이다.

학자들은 태양계의 행성 중에서 인간이 살 수 있는 조건에 비교적 가까운 행성으로 화성과 금성을 꼽는다. 즉 화성과 금성은 비교적 지구화할 수 있다는 것이다. 지구화란 SF 영화나 소설에서 보는 것처럼 우주복을 입고 제한된 공간에서 사는 것을 뜻하는 것이 아니라, 지구에서 인간이 마음껏 활보하는 것처럼 화성과 금성이 지구와 비슷한 환경이 될 수도 있다는 것이다.

우선 인간이 우주복을 입지 않고도 살 수 있는 행성의 첫째 조건이 무엇인지 알 필요가 있다. 제일 먼저 고려되어야 할 것은 인간이 쾌적하게 살 수 있는 조건의 온도이다. 지구상에서 인간의 대부분은 연간 평균기온이 0~30℃ 지역에 살고 있다. 이 기온은 인간이 견뎌낼 수 있을 뿐만 아니라 인간의 생존에 필요한 식물이나 동물에게도 적당한 온도이다. 그러므로 최저 영하 10℃, 최고는 40℃ 정도가 유지되는 면적이 행성 전 표면의 최소한 10% 정도는 되어야 하는 것이다.

기온이 적당하더라도 일사량에도 한계가 있어야 한다. 또한 햇빛의 스펙트럼도 붉은색에서 보라색까지 이른바 가시(可視)광선이어야 한다. 그래야만 인간뿐만 아니라 식물의 광합성에 있어서도 꼭 필요한 것이다. 또한 낮과 밤이 있어야 하며 그 교차의 주기도 지구와 유사해야 한다.

더불어 지구인이 평소에 느끼는 중력의 적정치에서 너무 높거나 낮지 않아야 한다. 인간은 일반적으로 표면중력 2G에 일정시간 이상 견딜 수 없다. 표면중력이 2G이라면 체중이 70kg인 사람은 70kg의 짐을 항상 등에 짊어지고 있다는 뜻이다. 그러므로 인간이 살 수 있으려면 중력은 1.5g을 초과해서는 안 된다.

인간이 호흡할 수 있는 대기가 있어야 하는 것은 물론이다. 대기는 적당한 농도로 산소를 포함하고 있어야 하며 산소가 지나치게 적으면 '산결병', 산소가 지나치게 많으면 '산독증'이 되므로 지구와 비슷한 요건이 되어야 한다. 지구에서는 1기압하에서 대기 중의 산소와 질소의 체적비가 1 대 4이므로 이런 요건이 가장 바람직하다는 뜻이다.

물의 유무는 결정적이다. 인간뿐만 아니라 거의 모든 생명체와 밀접한 관계에 있는 것이 물이다. 물의 큰 기화열, 융해열은 지구 표면의 온도 분포를 적당히 조절하고 있는데 바다를 갖고 있는 것이 가장 바람직하다. 또한 바람이 지나치게 세거나 강한 방사능을 맞거나 또는 큰 지진이나 번개, 화산, 운석의 충돌 따위가 빈번해도 곤란하다.

화성은 인간이 살 수 있는 행성

화성은 태양으로부터의 평균거리가 약 2억 2,800만km(전파가 도달하는 데 10~11분, 현 우주선으로 약 8개월간 걸림)이며, 영어로는 '마르스(Mars)'이다. 적도의 반지름은 3,397km(지구는 6,378km)이며, 자전축 경사각(지구는 23.5도, 화성은 25도), 하루의 길이(화성 24시간 37분, 지구 24시간), 중력은 0.38(지구를 1로 보았을 때) 등 여러 가지 측면에서 지구와 너무나도 유사하다. 수소 · 산소 · 질소 · 탄소 · 인 등 생명체 구성의 기본원소가 갖춰져 있고, 사계절이 존재하는 등 환경 조건도 지구와 비슷하다.

화성이 지구와 가장 유사하다고 해도 인간이 곧바로 화성에 가서 살 수는 없다. 그럼에도 불구하고 화성이라면 인간이 살 수 있다고 선수를 친 것은 영화감독들이다.

감독들은 실무적인 문제점에 구애받지 않고 화성을 인간이 살 수 있는 환경으로 그리는 데 주저하지 않았다.

폴 버호벤은 「토탈 리콜Total Recall」을 통하여 화성이 지구화되었다고 가정하고 지구와 떨어진 식민지에서 일어날 수 있는 인간들의 음모와 암투를 그렸다.

서기 2084년. 지구인들은 남북의 두 그룹으로 갈라져 제3차대전을 벌이고, 한때 지구를 지배하던 북반부 그룹은 화성에서 생산되는 터

▶「토탈 리콜」
화성과 같은 행성으로 이주했을 경우, 큰 문제점 두 가지는 지구 환경과 다른 중력과 부족한 물이다.

비나움이라는 광물질로 만든 신무기로 간신히 명맥을 유지한다.

그런데 어느 신도시에서 광산 일을 하는 퀘이드는 밤마다 이상한 꿈을 꾼다. 한 번도 가본 적이 없는 화성에서 이름도 모르는 아내와 행복하게 살고 있는 것이다. 이 꿈을 자주 꾸자 퀘이드는 저렴한 값으로 우주여행을 다녀온 것처럼 뇌 속에 기억을 이식시켜 줌으로써 가상현실의 욕구를 충족시켜 주고 있는 '리콜'이라는 여행사를 찾아간다. 이 곳에서 기억 이식을 받은 퀘이드는 놀라운 사실을 알게 된다.

지구의 식민지인 화성의 책임자 코하겐은 지구의 혼란을 이용해서 화성을 자신의 왕국으로 삼고 독재를 휘두르고 있었던 것이다. 그러나 코하겐은 심복부하 하우저가 자신에게 반기를 드는 것을 알고 하우저의 뇌에 퀘이드라는 인간의 기억을 이식시켜 지구에 살게 한 것이다. 퀘이드는 코하겐의 추적을 받으며 화성으로 가서 꿈 속에서 만나던 여자가 진짜 아내 멜리나라는 사실을 깨닫는다.

퀘이드는 곧바로 코하겐의 비리를 알아낸다. 코하겐은 자신의 독재를 유지하기 위해 외계인이 만든 '자연대기 제조장치'를 무기로 화성에 있는 인간들을 통제하고 있었다. 이로 인해 태양광선으로부터 해로운 물질을 차단하는 대기가 없어 많은 화성인들이 끔찍한 모습의 돌연변이로 태어나고 있었다. 정의의 사나이 퀘이드가 코하겐을 없애고 마침내 '자연대기 제조장치'가 가동되자 화성은 지구와 같은 대기가 조성되면서 안심하고 살 수 있는 아름다운 행성이 된다.

「토탈 리콜」에서는 화성에 인간들이 살 수 있는 절대적인 요소로 '공기'를 상정했다. 사실상 화성과 같은 행성에 인간들이 당장에 이주했을 때의 문제점은 다음 두 가지로 나뉘어진다.

첫 번째는 장기간 지구 환경과 다른 중력에 살게 되면 인간의 순환계와 근육이 약화되기 쉽고, 두 번째 화성에는 지구와 같이 풍부한 물이 없으므로 식량을 생산하는 데 제한요소가 많다는 것이다. 그러나 이러한 문제점은 다른 행성으로 이주하기 위해서는 필수적으로 겪어야 할 난관인데 그 중 화성이 그래도 조건이 제일 낫다는 것이다.

우선 화성에 도착한 지구인들이 제일 먼저 해야 할 일은 자신들이 거주할 구조물을 건설하는 것이다. 영화에서 보는 것처럼 화성에 인공 구조물을 세워 그 속에서 인간이 살 수 있다면 쾌적한 환경으로 변모시키는 것은 어려운 일이 아니기 때문이다. 그러나 지구에서 인간이 이주하기 위한 첫 번째 열쇠는 정착에 필요한 자원을 지구에서 옮겨가는 대신 그 행성에서 직접 얻을 수 있는가 하는 것이다.

그런 점에서도 화성은 꽤 유리한 여건을 갖고 있다.

우선 화성의 토양 속에는 칼슘과 유황이 석고 형태로 되어 있다는 점이다. 화성의 진흙 같은 미세한 흙에 물을 섞어 틀에 넣어 말리면 제법 쓸 만한 벽돌이 만들어지고 붉은 석재를 물과 섞으면 회반죽을 만들 수 있다.

또한 화성에서 채취한 석고를 구워 거기에 철분이 풍부한 흙먼지와 물을 섞으면 건물 등을 지을 때 필요한 충분한 양의 시멘트를 제조할 수 있다. 화성이 보유하고 있는 자원만 갖고도 인간이 살 수 있는 기초 구조물을 만들 수 있다는 뜻이다.

또 다른 걸림돌은 화성에 도착한 지구인이 화성을 출발하여 지구로 돌아올 때 우주 여행에 필요한 연료를 어떻게 공급받을 것인가 하는 문제다. 현지에서 연료를 공급받지 못한다면 지구에서 상상할 수 없는 큰 우주선을 건조한 후 화성을 왕복하지 않으면 안 된다. 이 문제를 해결하지 못하면 행성 이주 계획에 치명상을 입는 것은 물론이다.

화성 이주의 장점은 바로 화성의 대기에서 로켓 연료를 얼마든지 합성할 수 있다는 점이다. 즉 화성 대기의 95%가 이산화탄소이므로,

지구에서 가져간 수소로 화성 대기 중의 이산화탄소에 반응을 일으키면 액화산소와 메탄가스 연료를 만들 수 있다. 그것으로 지구로 돌아오는 에너지뿐만 아니라 화성에서 필요한 동력(탐사 차량의 연료탱크 등)의 에너지원으로 사용할 수 있다.

여기에 가장 큰 걸림돌은 물론 물이다. 인간과 같은 생명체는 물이 없으면 잠시도 살 수 없다. 어떠한 행성이라도 물이 없다면 이주 계획 자체를 재검토해야 한다.

그러나 1997년 화성에 도착한 패스파인더가 보낸 사진은 화성에 홍수가 있었다는 명백한 증거들을 보여주고 있다. 화성의 지하에는 아직도 물이 많이 있다는 것을 간접적으로 시사한다. 2000년 6월에는 화성에 물이 존재했다는 증거로 화성 남극 인근의 지표 사진을 공개했다. 그들이 발표한 지형은 표면에 물이 액체 상태로 스며들어 흘렀을 때 생기는 흔적으로서 지구의 남극 대륙에서도 발견된 바 있다.

2001년 6월 프랑스의 「르몽드」지는 2000년 12월 서부 사하라에서 발견된 무게 104g의 운석에서 화성 표면 아래의 내부에서 나온 것으로 추정되는 물기가 포함돼 있다고 발표했다. 프랑스 국립우주과학연구소는 화성의 맨틀에 표면으로 솟아오르지 않은 물이 있다고 주장했다.

화성에 물이 존재한다는 것은 이제 결론이 난 것이나 마찬가지이다. 우선 NASA는 2002년 2월, 2001년 4월 7일 발사한 무인화성탐사선 오디세이가 보내온 화성 관측 데이터를 분석한 결과 먼지와 암석이 뒤섞인 얼음이 넓은 지역에 걸쳐 90cm 가량의 두께로 덮여 있는 것으로 보인다고 발표했다. 얼음 흔적은 화성 남극에서 남위 60도에 이르는 지역에 퍼져 있는 것으로 추정되었다.

2002년 5월 NASA는 지난번 발표 내용을 보완해서 다시 발표했다.

자신들이 얼음 흔적이라 한 곳이 사실은 거대한 양의 얼음호수를 의미하며 표토(表土) 1m 아래 묻혀 있다고 전했고 이것이 녹을 경우 화성 표면 전체를 500m 깊이의 바다로 만들 수 있다는 것이다. 탐사선 오디세이에는 감마선 분광계가 설치되어 있는데 그것으로 화성 표토 1m 내의 수소에서 발산되는 특별한 신호를 가진 감마선을 검출했다. 이렇게 수소가 많다면 물이 있다는 게 아닐까 생각한 것이다.

천문학자들은 '과거 화성이 뜨거웠을 때 물이 흘렀음을 뒷받침한다. 그것이 식으면서 지하에서 얼음 형태로 변한 것으로 보인다'고 발표했다. 무려 35억 년 동안 땅속에 물을 포함하고 있었다니 대단한 일이 아닐 수 없다. 화성 만세!

이번 발견은 인간이 화성을 연구한 이후 찾아낸 가장 중요한 사실로 평가된다. 그 동안 과학자들은 과거에 화성에 물이 많았다는 증거를 찾아내긴 했으나 그 많은 물이 어떻게 사라졌는지를 해명하지 못하여 골머리를 썩이고 있었다. NASA의 발표에 의해 표면에 있던 물이 기온 변화에 따라 얼어붙은 뒤 시간이 지나면서 땅 밑에 묻히게 됐다는 추론이 가능해졌다. 화성에 물이 존재한다는 주장은 꾸준히 이어져 왔지만 이처럼 많은 양의 물이 있을 것이라는 근거 자료가 제시되기는 처음이다.

일단 물을 확보한다면 그 후의 생존에 필요한 문제는 거의 해결된 것이나 마찬가지다. 지구에서 화성으로 이주하는 사람들이 화성의 동토층(凍土層)을 분쇄해 물을 추출하기 위한 장비를 갖고 간 이후 화성의 자원을 이용, 그곳 정착에 필요한 모든 것을 갖춘다는 것은 더 이상 공상에 머물지 않는다.

화성의 매력은 그것에만 그치지 않는다. 대기를 지구인이 살기에 가장 적당하게 지구처럼 바꾸는 것도 용이하다는 것이다.

방법은 간단하다. 일단 화성에 정착할 이주민이 화성에 도착, 화성의 자원으로 정착에 필요한 모든 것을 준비한다. 그 다음 화성의 대기를 지구인들이 살 수 있도록 변환시키는 것이다.

화성 대기의 주성분은 이산화탄소 95%, 질소 2.7%, 알곤 1.6%와 산소, 일산화탄소, 수증기 등이 극소량 존재한다. 반면에 지구 대기의 주성분은 질소 77%, 산소 21%로 되어 있으므로 보호장비가 없다면 당장은 화성에서 살 수 없다.

가장 시급한 것은 화성 대기의 대부분을 차지하고 있는 이산화탄소를 탄소와 산소의 두 원소로 분해하는 것이다. 지구에서의 이산화탄소 분해는 광합성 작용으로 행해지고 있다.

과학자들은 화성의 대기 속에 지구처럼 적당한 식물을 심을 수만 있다면 틀림없이 광합성이 이루어지고 광합성으로 이산화탄소가 파괴되면 인간들이 호흡할 수 있는 산소를 만들 수 있다고 말한다.

그렇다면 화성의 대기에서 인간이 살 수 있는 산소를 어떻게 만들 수 있을까? 비결은 바로 지구의 극한 온도에서도 살 수 있는 생물을 심는 것이다.

이들은 몇백m나 되는 두터운 얼음이 얼어서 흙이란 전혀 없는 영하 70℃의 극저온의 남극에서 살 수도 있고 200℃가 넘는 뜨거운 온천에서도 생겨난다. 지구상에서 가장 생명력이 강한 남조식물이라고 일컬어지는 조류이다.

남조식물은 지구상에서 가장 원시적인 생명 형태로 알려져 있으며 완전한 식물도 아니고 동물도 아닌 중간 형태이다. 증식 속도가 엄청나게 빠르며 세포핵을 가지지 않아 세균과 흡사하다. 단세포로 세균의 어머니로 알려져 있어 현재 지구상에 있는 모든 생명 형태의 어버이라 할 수 있다.

30억 년 전에 지구의 대기는 현재와 같은 산소와 질소의 혼합물이 아니었다. 금성과 같이 수소·암모니아·메탄·수분이 넘쳐 흘렀다. 26억 년 전 무렵에 비로소 엽록소를 몸 안에 갖고 있는 시아노박테리아(남조식물)가 출현하여 이산화탄소를 흡수, 탄소를 곁들여 포도당이나 그 외의 당질을 만들어 섭취하면서 살 수 있었다.

포도당은 햇빛에 의해 산소와 전분을 만든다. 이산화탄소에서 방출된 산소는 바다나 공중에 표류하면서 메탄 등을 없애는 작용을 한다. 산소가 있으면 동물이 태어날 수 있고 동물은 이산화탄소를 뿜어내므로 그것을 식물이 섭취할 수 있게 된다. 지구의 원시 대기가 현재와 같이 변환할 수 있는 순환을 계속하도록 하면 결국 남조식물이 화성의 대기를 인류가 살 수 있게 변모시킬 수 있다.

이런 가설의 증거가 스트로마톨라이트 화석이다. 스트로마톨라이트는 내부가 층 모양의 단단한 암석이고 그 표면은 시아노박테리아로 덮여 있어 부드러운 해면처럼 되어 있는데 현재도 서(西)오스트레일리아를 중심으로 계속 생명활동을 하면서 산소를 배출하고 있다. 이들은 난(暖)바다의 수심 5m 정도인 곳까지 분포하고 있는데 물이 상당히 투명하여 상황에 따라서는 산소의 기포가 표면으로 올라오는 모습도 볼 수 있다.

이와 같은 가설이 과연 타당성이 있는지 사강 박사를 비롯한 여러 명의 과학자들이 실험해 보았다. 놀랍게도 그들은 이산화탄소를 가득 채운 탱크 속에서 각종 남조식물이 자라나는 것을 확인하였다. 그들은 화성의 대기와 비슷한 금성의 대기와 똑같이 만들어 실험했는데 그 상황에서도 남조식물은 급속하게 증식하였다. 어떤 실험에서는 남조식물의 세포 100만 개마다 매일 산소를 380%나 증가시켰다.

영화 「레드 플래닛Red Planet」은 바로 이와 같은 상황을 극적으로

▶「레드 플래닛」
이끼들을 화성에 이식하여 화성 대기를 변화시키므로 지구화한다는 설정이 상상만은 아니다.

그리고 있다. 영화는 6개월에 걸쳐 화성 궤도에 도착한 탐사대의 모선과 탐사선이 고장나 고립된 지역에 불시착하면서 사건이 진행되는데 화성의 지구화를 매우 신빙성 있게 그렸다. 이미 이식한 이끼들이 활성화하면서 화성 대기를 변화시키게 만드는데, 영화는 지구의 과학자들이 예상한 것보다 빨리 화성에서 대기가 생성되었다고 추정했다. 이는 과학적 사실에도 부합되는 내용이다. 남조식물을 이끼와 사촌으로 볼 수 있는 데다가 동물들의 호흡기구는 산소를 들이키고 이산화탄소를 내뱉지만 식물은 정반대로 산소를 내뱉기 때문이다.

이와 같은 시나리오가 상상이 아니라는 것은 이산화탄소 대기로부터 산소를 많이 만들어내는 데 적합한 남조식물인 시아니드암과 칼다리암이라는 종류의 단세포종을 발견했기 때문이다. 온천에서 발견되는 이들을 화성에 갖고 가서 이산화탄소가 산소로 바뀌면 화성의 대기 중에 잡혀 있던 태양광선의 자외선이 우주로 방출되고, 대기 아래쪽의 온도는 내려가게 되며 수증기는 물방울이 된다. 어느 날 화성 표면에 폭포수처럼 비가 내리는 것도 공상이 아니라는 것이다.

영원히 사막으로만 생각되는 작열지옥이 폭우에 의해서 하천이나 호수가 되며 화성의 지표 온도가 20℃에서 25℃로 상승한다. 이 후 지구에서 살고 있는 다른 동식물을 옮기면 된다. 지구에서 진화된 순서대로 생물체를 추가해 간다는 뜻이다. 지구에서는 화성에서 필요한 모든 생명체를 손쉽게 구할 수 있으므로 화성의 지구화를 무척 빠른 속도로 재현할 수 있다고 보는 것이다.

물론 화성을 지구화하는 프로젝트에 반대하는 학자들도 있다. 그들의 생각은 화성을 지구화하는 사업이 너무 규모가 크고 시간이 오래 걸리며 인간으로서 주제넘는 행위라는 것이다.

그러나 화성을 인간이 살 만한 곳으로 만드는 데 겨우 300년밖에 걸리지 않는다면 모두들 고개를 갸웃할지 모른다. 바로 그것이 화성으로 이주하려는 가장 큰 이유일 것이다. 일반적으로 300년이라면 흔히 생각할 수 있는 시간 규모도 아니고 어떤 프로젝트를 현실적으로 그렇게 오랫동안 지속할 수 없다고 치부하기 쉽지만 지구의 절반만한 화성을 지구와 같이 만들 수 있는데 단 300년밖에 걸리지 않는다는 것은 너무나 놀라운 일이다.

지구에서 인류가 살아남아야 하는 것도 장기 사업이다. 그것은 앞으로 500년, 1만 년 후에도 지구에 사람이 살아남아야 하기 때문이다. 1만 년 후의 인간들은 우리들의 후손이며 스스로 돌볼 수 있는 살기 좋은 행성을 넘겨받을 권한이 있다. 그렇다면 인간이 1만 년 후까지 살아남기 위해 지구인들이 해야 하는 모든 것 역시 장기적인 사업이고 또 현실적으로 꼭 추진해야 할 프로젝트인 것이다.

타임머신의 장에서 설명한 바와 같이 460만 년 후 인간이 지구에 살지 않고 다른 행성으로 옮겨 지구인들이 산다는 가정이 마냥 허황된 것만은 아니다. 인간이 살 수 있는 공간으로 화성을 바꾸는 것이 공상만은 아니라는 것은 바로 그것이 우리들이 지구에 사는 차원의 프로젝트의 일환이 될 수도 있다는 뜻이다. 가장 중요한 점은 우리가 알고 있는 물리적 현실에서 벗어난 것이 아니라 현대과학으로 충분히 실현시킬 수 있다는 점이다.

금성도 유력한 후보지

금성을 지구화시키는 것이 화성보다 유리하다는 학자들도 있다.

그것은 금성이 화성과는 또 다른 면에서 지구와 가장 흡사한 혹성이기 때문이다. 금성은 지름이 1만 2,100km(지구 1만 2,760km)이며 질량은 지구의 0.82배, 평균밀도는 5.2(지구 5.5)로서 태양계의 아홉 개 행성 중에서 지구와 쌍둥이 행성이라 할 정도로 흡사하다.

금성의 대기는 이산화탄소 96%, 질소 3%, 소량의 이산화황, 황산, 수증기 0.7%, 불화수소 등으로 이루어졌다. 금성도 화성과 마찬가지로 이산화탄소 위주로 되어 있지만 환경은 매우 다르다.

미국과 소련의 무인 우주선이 1960년대에 조사한 바에 의하면 금성의 표면 온도는 화성과는 달리 480℃나 되었다. 이것은 요리할 때 주방에서 사용하는 아궁이의 최고온도의 두 배에 이른다. 또한 금성의 대기압은 지구의 90배인 90기압이 된다. 지구로 말하면 바다 밑 890m에서 잠수할 때와 같은 무게의 압력을 받는 것과 같다.

우주에 태어났을 때는 금성도 지구와 흡사한 환경이었을 것으로 추측된다. 지구와 금성은 생겨난 후 수억 년 동안은 수소·암모니아·메탄·수분의 함유율이 매우 비슷한 대기권을 지닌 채 거의 변함이 없었다. 그러나 금성이 생겨난 지 약 10억 년이 지나자 금성과 지구는 아주 다른 행성으로 변한 것이다. 금성은 태양과 매우 가까운 위치였기 때문에 온도가 오르게 되고 처음에는 완만하다가 차츰 급격하게 이산화탄소가 대기 중에 축적되기 시작, 40억 년 후 현재의 금성이 되었다.

그렇다면 어떤 방법으로 금성을 지구와 같이 만들 수 있을까? 방법은 간단하다. 조류를 넣은 로켓을 금성에 쏘아 금성을 뒤덮고 있는 탄산가스를 산소와 대체하도록 하는 것이다. 금성이 지구와 같이 변화되는 과정은 화성을 변화시키는 것과 같다. 조류에 의해 이산화탄소가 분리되고 금성에도 비가 내리기 시작한다. 강이나 바다가 생겨나며 마침내는 인류가 살 수 있는 지구를 닮은 혹성으로 바뀌게 된다.

물론 금성은 화성과는 달라서 인간이 막상 금성에 살게 되면 불편한 점이 한두 가지가 아닐 것이다. 금성은 매우 느리게 자전하고 있어 지구상의 하루가 금성에서는 118일에 해당한다. 또한 금성은 이상하게도 역자전 현상이 일어난다. 해가 동쪽에서 뜨는 것이 아니라 서쪽에서 뜨는 것이다. 밤은 60일 동안이나 계속된다. 60일 동안은 기온이 내려가므로 마치 북극의 겨울처럼 추워진다.

그러나 과학자들은 이런 정도의 문제점은 간단하게 해결할 수 있다고 말한다. 금성 표면 반대쪽에 주간용과 야간용 가옥을 짓고 주간용 가옥과 야간용 가옥을 교대로 선택하여 사용한다는 것이다.

또한 금성을 지구와 같이 만든다면 인공태양을 만들어 밤을 낮으로 만드는 것도 그리 어려운 일은 아닐 것이다.

결국 화성과 금성의 이주는 그것이 지구인들에게 닥칠 당장의 이야기인가 혹은 미래에 해결해야 할 일인가 하는 문제로 구분되어진다. 어쨌든 화성이나 금성을 현대의 과학기술로 몇백 년 정도의 기간을 투입, 인간이 살 수 있는 환경으로 만들 수 있다는 것은 희망적인 일이 아닐 수 없다.

로웰의 화성 운하나, 오손 웰스의 화성인의 지구 침공은 비록 거짓

말이기는 하지만 사람들이 화성이라는 행성에 매력을 느끼는 계기가
되었다.

화성인이 지구를 침공하는 것이 아니라 지구인이 화성을 접수할
수 있다는 아이디어는 생각만 해도 즐거운 일이다. 화성과 금성 중 어
느 행성을 먼저 지구화시키는 것이 유리한가는 후손들의 선택에 달려
있다.

화성의 지구화는 이미 시작되고 있다. 미국 애리조나 대학에서는
연료전지의 원리를 역이용하여 이산화탄소로부터 산소를 만들 수 있
는 '산소생산 시스템' 을 개발했는데, NASA는 앞으로 발사되는 모든
화성 탐사선에 이 장비를 싣고 가서 화성에서 산소를 만드는 작업을
수행하겠다고 발표했다. 인간이 우주에 산다는 것이 결코 꿈과 같은
일이 아닌 것이다.

참고문헌

『21세기 과학의 쟁점』, 임경순, 사이언스북스, 2000

『39가지 과학 충격』, 김준민, 지성사, 1997

『갈릴레오 갈릴레이는 '그래도 지구는 돈다' 고 말하지 않았다』, 게르하르트 프라우제, 한길사, 1994

『거꾸로 읽는 교과서』, 교과모임연합, 푸른나무, 1989

『건강과 바다』, 김기태, 양문, 1999

『걸리버여행기』, 조나단 스위프트, 해누리, 2001

『공상과학대전』, 리카오 야나기타 외, 도서출판 대원, 2000

『공상비과학대전 1, 2』, 리카오 야나기타, 대원씨아이, 2002

『과학, 그 위대한 호기심』, 서울대학교 자연대학 교수 외, 궁리, 2002

『과학사의 뒷얘기』, A. 섯클리프 외, 전파과학사, 1996

『과학사 X파일』, 최성우, 사이언스북스, 1999

『과학으로 풀어보는 건강에세이』, 김영식 외, 도서출판 동아, 1990

『과학의 개척자들』, 로버트 웨버, 전파과학사, 1993

『과학의 세계, 미지의 세계』, 아이작 아시모프, 고려원미디어, 1994

『과학은 모든 의문에 답할 수 있는가』, 존 브록만 외, 두산동아, 1996

『과학이야기』, 곽영직, 사민서각, 1997

『과학이 있는 우리 문화유산』, 이종호, 컬쳐라인, 2001

『과학, 인간을 만나다』, 헨버리 브라운, 한길사, 1994

『과학인명사전』, 뉴톤 편집부, 계몽사, 1995

『과학자는 왜 선취권을 노리는가』, 고야마 게이타, 전파과학사, 1991

『과학의 개척자들』, 로버트 웨버, 전파과학사, 1993

『구조지질학 용어집』, 장태우, 도서출판 춘광, 1997

『궁극의 가속기 SSC와 21세기 물리학』, 모리 시게키, 전파과학사, 1994

『그들은 누구인가』, 윤한채, 명지출판사, 1998

『기계의 발명』, 편집부, 홍신문화사, 1994

『기술의 역사』, F. 플럼, 미래사, 1992

『김치도 과학이에요?』, 정동찬, 한림출판사, 1998

『꿈의 에너지, 핵융합』, 박덕규, 전파과학사, 1997

『나는 생각한다 고로 실수한다』, 장 피에르, 문예출판사, 1995

『내가 듣고 싶은 과학교실』, 데이비드 엘리엇 브로디 외, 가람기획, 2001

『노벨상 따라잡기』, 과학동아 편집부, 아카데미서적, 1999

『노벨상으로 말하는 20세기 물리학』, 고야마 게이타, 전파과학사, 1994

『노벨상의 발상』, 미우라 겐이치, 전파과학사, 1995

『노벨상의 빛과 그늘』, 과학 아사히, 전파과학사, 1995

『노벨상 이야기』, 박병소, 범한서적주식회사, 1998

『노벨상 따라잡기』, 과학동아 편집부, 아카데미서적, 1999

『놀라운 발견들』, 프랭크 애셜, 한울, 1996

『닭이냐 달걀이냐』, 로버트 사피로, 책세상, 1990

『대장장이와 연금술』, 미르치아 엘리아데, 문학동네, 1999

『도대체 에너지란 무엇일까?』, 한국브리태니커주식회사, 1988

『라이프 인간과 과학 시리즈』, 존 R. 윌슨, 타임라이프북스, 1985

『레이저와 영상』, 다쓰오까 시즈오, 겸지사, 1994

『레이저와 홀로그래피』, W.E.칵, 전파과학사, 1993

『문명의 불을 밝힌 과학의 선구자들』, 이세용, 겸지사, 1993

『물리학을 뒤흔든 30년』, G.가모프, 전파과학사, 1994

『물리학자는 영화에서 과학을 본다』, 정재승, 동아시아, 2000

『물질과 생명』, 강영선 외, 향문사, 1992

『바이오테크놀러지의 세계』, 와타나베 이타루, DNA 연구소, 1995

『발명특허의 정석』, 김익철, 현실과미래, 2001

『배꼽티를 입은 문화』, 찰스 패너티, 자작나무, 1995

『백만인의 유전학』, 존. J. 프리드, 중앙일보 중앙신서, 1978

『백범일지』, 김구, 삼중당, 1986

『보이지 않는 권력자』, 이재설, 사이언스북스, 1999

『봉화에서 텔레파시 통신까지』, 진용옥, 지성사, 1996

『분자생물학 입문』, 김은수, 전파과학사, 1994

『불사의 신화와 사상』, 정재서, 민음사, 1994

『빛을 만들어 낸 이야기』, 고인수, 동인기획, 1998

『빛의 역사』, 리처드 바이스, 도서출판 끌리오, 1999

『사람의 유전과 환경』, 정영호, 아카데미서적, 1992

『사이언티스트 100』, 존 시몬스, 세종서적, 1997

『산업미생물학』, 배무, 민음사, 1992

『새로운 생물학』, 노다 하루히코 외, 전파과학사, 1992

『상식밖의 세계사』, 안효상, 새길, 1994

『새로운 유기화학』, 사키키와 노리유키, 전파과학사, 1994

『생각하는 생물』, 프랭크 H.헤프너, 도솔, 1993

『생리학 에세이』, B.F. 세르게이에쁘, 도서출판 나라사랑, 1991

『생물공학 이야기』, 유영제 외, 고려원미디어, 1996

『생물들의 신비한 초능력』, 리즈네스키, 청아출판사, 1997

『생명의 기원에 관한 일곱가지 단서』, 그래이엄 케언스 스미스, 동아출판사, 1991

『생명이란 무엇인가』, 린 마굴리스 외, 지호, 1999

『생태학이란 무엇인가?』, M. 꿔젱, 현대과학신서, 1975

『생활 속의 물리이야기』, 김상수, 자작B&B, 2000

『서양과학사』, 오진곤, 전파과학사, 1997

『서양문화의 수수께끼』, 찰스 패너티, 일출, 1997

『선구자들이 남긴 지질과학의 역사』, 김정률, 도서출판 춘광, 1997

『성의학자의 초과학 이야기』, 설현욱, 성아카데미, 1997

『세계과학백과대사전』, 광학사, 1989

『세계 최고의 우리 문화유산』, 이종호, 컬쳐라인, 2001

『세계를 속인 거짓말』, 이종호, 뜨인돌, 2002

『세이렌의 노래』, 시공디스커버리 총서, 2002

『셜록홈스의 과학 미스테리』, 콜린 브루스, 까치, 1999

『소립자를 찾아서』, Y. 네이먼 외, 미래사, 1993

『슈퍼맨의 비밀』, 전영석, (주)동아사이언스, 2002

『스파게티에서 발견한 수학의 세계』, 알브레히트 보이텔슈파허, 이글리오, 2001

『시간의 역사』, 스티븐 호킹, 삼성이데아, 1988
『시간의 지배자들』, 존 보슬로, 새길, 1996
『시네마 사이언스』, 정재승, 아카데미서적, 2000
『시인을 위한 물리학』, 로버트 H. 마취, 한승, 1999
『식물의 생명상』, 후루야 마사끼, 전파과학사, 1996
『신과학 바로 알기』, 강건일, 가람기획, 1999
『신토불이, 우리 문화유산』, 이종호, 한문화, 2003
『신화와 역사로 읽는 세계 7대 불가사의』, 이종호, 뜨인돌, 2001
『실험실 밖에서 만난 생물공학 이야기』, 유영제 외, 고려원미디어, 1995
『아누비스』, 이종호, 명진출판사, 1997
『아시모프의 과학 에세이』, 아이작 아시모프, 언어문화사, 1990
『아시모프의 천문학 입문』, 아이작 아시모프, 전파과학사, 1994
『아시모프의 물리학』, 아이작 아시모프, 웅진문화, 1992
『아시모프의 생물학』, 아이작 아시모프, 웅진문화, 1992
『아시모프의 지구과학 화학』, 아이작 아시모프, 웅진문화, 1992
『아인슈타인의 우주』, 나이절 콜더, 미래사, 1992
『아, 좋은 생각 오른쪽 뇌』, 김종안, 길벗, 1993
『알고 싶은 과학의 세계』, 리처드 플레이스트, 문예출판사, 2000
『알기 쉬운 양자론』, 스즈끼 타구찌, 손명수, 전파과학사, 1988
『알기 쉬운 양자역학』, B.E.루드니끄, 나라사랑, 1991
『알기 쉬운 전파기술 입문』, 도쿠마루 시노부, 전파과학사, 1996
『알기 쉽고 재미있는 항공우주 이야기』, 임달연, 고려원, 1997
『양자전자공학』, 존 R. 파이어스, 전파과학사, 1993
『역사로 읽는 우리 과학』, 과학사랑, 아침, 1994
『역사를 바꾼 씨앗 5가지』, 헨리 홉하우스, 세종서적, 1997
『열화학법에 의한 수소제조기술 연구』, 손영목 외, 한국동력자원연구소, 1990
『영화 속의 철학』, 박병철, 서광사, 2001
『에세이 의료 한국사』, 허정, 한울, 1995
『오디세이 3000』, 게로 폰 뵘, 이끌리오, 2001

『오, 통일코리아』, 이종호, 새로운사람들, 2002

『우리도 도전하자 노벨상』, 이시타 도리오, 겸지사, 1998

『우리들을 위한 원자력 이야기』, 이용수, 도서출판 보고, 1991

『우리 조상들은 얼마나 과학적으로 살았을까』, 황훈영, 청년사, 1999

『우연과 행운의 과학적 발견 이야기』, 로이스톤 M.로버츠, 도서출판 국제, 1997

『우주선과 카누』, 케네스 브라워, 창작과 비평사, 1997

『우주 오디세이』, 미즈타니 히토시, 신지평, 1994

『우주의 암호』, 하인즈 페이겔스, (주)범양사출판부, 1989

『우주의 충돌』, 다나 데소니, 김영사, 1996

『우표 속의 수학』, 로빈 윌슨, 한승, 2002

『원숭이는 어떻게 인간이 되었는가』, 요한 그롤레, 이끌리오, 2000

『원자력과 핵은 다른 건가요?』, 이순영, 한세, 1995

『원자력의 기적』, 사이또 기이찌로 외, 한국원자력문화재단, 1994

『원자폭탄 만들기』, 리처드 로즈, 민음사, 1995

『위대한 발명 · 발견 이야기』, 유한준, 대일출판사, 1994

『위험한 이야기』, 히로세 다카시, 푸른산, 1990

『윙크하는 원숭이』, 오영근, 인간능력개발원, 1994

『유레카! 발명의 인간』, 이효준, 김영사, 1996

『유레카, 유레카』, 미카엘 매크론, 세종서적, 1999

『유전자가 세상을 바꾼다』, 김훈기, 궁리, 2000

『유전자 사냥꾼』, 제리 비숍 외, 동아출판사, 1995

『유전자의 분자생물학』, 제이 디 왓슨, 대광문화사, 1985

『유전자 진단으로 무엇을 할 수 있을까』, 나라 노부오, 아카데미서적, 1999

『의학사 산책』, J.H. 콤로, (주)미래사, 1995

『응용초전도』, 이와다 아키라, 전파과학사, 1995

『이것이 공해다』, 박창근, 동화기술, 1993

『이기적인 유전자』, 리처드 도킨스, 동아출판사, 1992

『인간 게놈 프로젝트』, 로버트 쿡 외, 민음사, 1994

『인간의 역사』, 미하일 일리인, 홍신문화사, 1994

『입체로 읽는 화학』, 이인호, 자작나무, 1994

『자동차 마케팅』, 김상대, 새로운사람들, 2001

『자연과 우주의 수수께끼』, 김제완 외, 서해문집, 1999

『자연과학의 역사』, 곽영직 외, (주)도서출판 북힐스, 2002

『자연의 탐구자들』, 정해상, 겸지사, 1989

『작은 아이디어로 삶을 변화시킨 발명이야기』, 아이라 플래토, 고려원미디어, 1994

『재미있는 물리학 I, II』, 후지카와 겐지, 전파과학사, 1995

『재미있는 생체공학 이야기』, 도비오까 겐, 인암문화사, 1992

『재미있는 원자분자 이야기』, 21세기 열린과학인 모임, 청암미디어, 1994

『전기상식백과』, 기쿠치 마코토, 아카데미서적, 1998

『전파기술에의 초대』, 도쿠라무 시노부, 전파과학사, 1996

『전파기술입문』, 도쿠라무 시노부, 전파과학사, 1996

『젊은이에게 들려주는 원자력 이야기』, 무라타 히로시, 한국원자력문화재단, 1997

『조명공학』, 지철근, 문운당, 1971

『중년의 건강과 성생활』, 이문호 외, 국제문화출판공사, 1991

『즐거운 과학산책』, 강건일, 학민사, 1996

『지구란 무엇인가』, 다케우치 히토시, 전파과학사, 1993

『지구물리학』, 김광호 외, 도서출판 춘광, 1997

『지구의 마지막 선택』, S. 보일 외, 동아출판사, 1991

『지구의 수호신 성층권 오존』, 시마자키 다쓰오, 전파과학사, 1992

『진리의 섬』, 이바스 피터슨, 웅진출판, 1993

『진화, 치명적인 거짓말』, 한스 요하임 칠머, 푸른나무, 2002

『질투하는 문명』, 와타히키 히로시, 자작나무, 1995

『차종환 박사가 들려주는 재미있는 핵 이야기』, 차종환, 좋은글, 1995

『첨단 자연과학』, 기초과학연구회, 형설출판사, 1991

『초전도란 무엇인가』, 오쓰카 다이이치로, 전파과학사, 1996

『초보자를 위한 DNA』, 이스라엘 로젠필디 외, 오월, 1994

『초이론을 찾아서』, 배리 파커, 전파과학사, 1998

『초전도혁명의 이론적 체계』, 최동식, 고려대학교 출판부, 1994

『카오스』, 제임스 글리크, 동문사, 1996

『카오스란 무엇인가』, 스티븐 켈러트, 범양사출판부, 1995

『쿼크에서 코스모스까지』, 레온 M. 레더만, 범양사출판부, 1996

『탄압받는 과학자들과 그들의 발견』, 조나단 에이센, 양문, 2001

『태양전지란 무엇인가』, 구와노 유키노리, 아카데미서적, 1998

『테마가 있는 20가지 과학 이야기』, B. E. 짐머맨 외, 세종서적, 1999

『파리가 잡은 범인』, M. 리 고프, 해바라기, 2002

『평양의 핵미소』, 남찬순, 자작나무, 1995

『푸른 행성 지구』, 김규환, 시그마플러스, 1998

『피라미드(전12권)』, 이종호, 새로운 사람들+자작나무, 1999

『피라미드의 과학』, 이종호, 새로운 사람들, 1999

『한국인의 일생』, 월간조선 2000년 1월 별책부록, 조선일보사, 2000

『해리포터의 사이언스』, 정창훈 외, 과학동아, 2003

『핵물질 보고서』, 데이빗 알브라이트 외, 도서출판 해인기획, 1996

『핵의 세계와 한국핵정책』, 이호재, 법문사, 1987

『핵, 터놓고 이야기합시다』, 장순근, 대원사, 1997

『화학사 상식을 다시 보다』, 일본화학회, 전파과학사, 1993

『화학의 발자취』, H. W. 샐츠버그, 범양사출판부, 1993

『현대과학으로 다시 보는 세계의 불가사의 21가지 I, II』, 이종호, 새로운 사람들, 1998

『현대과학으로 다시 보는 한국의 유산 21가지』, 이종호, 새로운사람들, 1999

『현대물리학과 한국철학』, 김상일, 고려원, 1993

『현대물리학 입문』, 이노끼 마사후미, 현대과학신서, 1987

『홀로그램 우주』, 마이클 텔보트, 정신세계사, 1999

『과학과 기술』, 한국과학기술단체총연합회

『과학동아』, 동아일보사

『뉴턴』, 계몽사
『별과우주』, (주)천문우주기획
『월간과학』, 계몽사
『사이언스 올제』, (주)과학과문화

Egypt splendours of an ancient civilization, Alberto Siliotti, Thames and Hudson, 1994

Etude numerique du model de Boussinesq de convection naturelle laminaire transitoire dans un ellipsoide de revolution de grand axe vertical, Souad Najoua etc., Revue Generale de Thermique, Vol 36, 1997Growth characteristics of CaCl2.6H2O Crystals」, Chongyoup Kim etc., Asian Chemical Conference, Seoul, June 29-July 3 1987

Le grand livre du mystere, Editions Atlas, 1994

Le mystere des pyramides, Jean-Philippe Lauer, France Loisirs, 1991

Les dragons, Karl Shuker, Solar, 1997

Les hauts lieux et leurs mysteres, *Babel*, France Loisirs, 1988

Les lieux enigmatiques, Editions Time-Life, 1991

Les Momies, Francois Durand, Decouvertes Gallimard, 1991

Manuel de l'Energie des pyramides, Serge V. King, 1977

Popular Science Magazine R. & D. Freezing and Refrigeration system using CHP, Lee Jong Ho etc., Int. Ondol Conference, 28-31.july, Seoul. 1996

Theoretical study of the natural convection flows in a partially filled vertical cylinder subjected to a constant wall temperature, Lee Jong Ho etc., 2nd ASME-JSME thermal engineering joint conference, Honolulu Hawaii, 1987

Vers l'inconnu, National Geographic Society, 1990